Prof. G. Mani Sankar
Dr. S. Muthu Vijaya Pandian
Dr. M. Muthukrishnaveni

Réseaux de communication 4G/5G

Prof. G. Mani Sankar
Dr. S. Muthu Vijaya Pandian
Dr. M. Muthukrishnaveni

Réseaux de communication 4G/5G

ScienciaScripts

Imprint

Any brand names and product names mentioned in this book are subject to trademark, brand or patent protection and are trademarks or registered trademarks of their respective holders. The use of brand names, product names, common names, trade names, product descriptions etc. even without a particular marking in this work is in no way to be construed to mean that such names may be regarded as unrestricted in respect of trademark and brand protection legislation and could thus be used by anyone.

Cover image: www.ingimage.com

This book is a translation from the original published under ISBN 978-620-7-46358-9.

Publisher:
Sciencia Scripts
is a trademark of
Dodo Books Indian Ocean Ltd. and OmniScriptum S.R.L publishing group

120 High Road, East Finchley, London, N2 9ED, United Kingdom
Str. Armeneasca 28/1, office 1, Chisinau MD-2012, Republic of Moldova, Europe
Printed at: see last page
ISBN: 978-620-7-24254-2

Copyright © Prof. G. Mani Sankar, Dr. S. Muthu Vijaya Pandian, Dr. M. Muthukrishnaveni
Copyright © 2024 Dodo Books Indian Ocean Ltd. and OmniScriptum S.R.L publishing group

CEC331 4G / 5G COMMUNICATION NETWORKS L T P C

2 0 2 3

OBJECTIFS DU COURS
- Apprendre l'évolution des réseaux sans fil.
- Se familiariser avec les principes fondamentaux des réseaux 5G.
- Étudier les processus associés à l'architecture 5G.
- Étudier le partage et l'échange de fréquences.
- Pour connaître les caractéristiques de sécurité des réseaux 5G.

Table des matières

UNITÉ I : ÉVOLUTION DES RÉSEAUX SANS FIL 4

UNITÉ II : CONCEPTS ET DÉFIS DE LA 5G 46

UNITÉ III : ARCHITECTURE DE RÉSEAU ET PROCESSUS 85

UNITÉ IV : GESTION DYNAMIQUE DU SPECTRE ET ONDES MILLIMÉTRIQUES 151

UNITÉ V : SÉCURITÉ DANS LES RÉSEAUX 5G 202

Caractéristiques de sécurité dans les réseaux 5G, sécurité du domaine du réseau, sécurité du domaine de l'utilisateur, cadre de qualité de service basé sur le flux, atténuation des menaces dans la 5G.

30 PÉRIODES

RÉSULTATS DU COURS

CO1 : Comprendre l'évolution des réseaux sans fil. CO2 : Apprendre les concepts des réseaux 5G.
CO3 : Comprendre l'architecture et les protocoles de la 5G. CO4 : Comprendre la gestion dynamique du spectre. CO5 : Apprendre les aspects de sécurité dans les réseaux 5G.

TOTAL 60 PÉRIODES

LIVRES DE TEXTE

Réseaux centraux 5G : Powering Digitalization, Stephen Rommer, Academic Press, 2019
1. Introduction aux réseaux sans fil 5G : technologie, concepts et cas d'utilisation, Saro Velrajan, première édition, 2020.

RÉFÉRENCES

1. La 5G simplifiée : L'ABC des communications mobiles avancées Jyrki. T.J.Penttinen, Copyrighted Material.
2. Conception du système 5G : An end to end Perspective, Wan Lee Anthony, Springer Publications, 2019.

CO's-PO's & PSO's MAPPING

CO	PO1	PO2	PO3	PO4	PO5	PO6	PO7	PO8	PO9	PO10	PO11	PO12	PSO1	PSO2	PSO3
1	3	3	2	3	2	-	-	-	-	-	-	-	1	1	3
2	3	3	3	2	2	-	-	-	-	-	-	-	1	1	2
3	3	3	2	2	2	-	-	-	-	-	-	-	2	2	2
4	3	3	3	3	2	-	-	-	-	-	-	-	3	2	2
5	3	2	3	3	2	-	-	-	-	-	-	-	2	2	2
CO	3	2.8	2.6	2.6	2	-	-	-	-	-	-	-	1.8	1.6	2.2

1 - faible, 2 - moyen, 3 - élevé, '-' - pas de corrélation

CEC331 - RÉSEAUX DE COMMUNICATION 4G / 5G

UNITÉ I : ÉVOLUTION DES RÉSEAUX SANS FIL

Évolution des réseaux : 2G, 3G, 4G, évolution des réseaux d'accès radio, nécessité de la 5G. 4G versus 5G, cœur de prochaine génération (NG-core), cœur de paquet évolué visualisé (vEPC).

CEC331 - RÉSEAUX DE COMMUNICATION 4G / 5G

Unité - I : ÉVOLUTION DES RÉSEAUX SANS FIL

1. Introduction à l'évolution des réseaux sans fil

Aujourd'hui, la technologie fait partie intégrante de notre vie et a radicalement changé notre mode de vie. Avec la pénétration des smartphones et l'application des services, nous sommes désormais habitués à réserver des voitures, à transférer de l'argent, à commander de la nourriture et à réserver nos billets d'avion, de presque n'importe où - que ce soit dans un parc ou dans un train en marche. Nous pouvons bénéficier de la plupart des services en ligne, d'un simple clic. Tout cela est rendu possible par la croissance de l'infrastructure des réseaux sans fil. Si, à l'origine, les réseaux sans fil ont été inventés pour aider les gens à communiquer entre eux par la voix, ils ont évolué pour transférer des données et prendre en charge une myriade de services.

Les réseaux sans fil sont devenus omniprésents et leur capacité s'est accrue au fil des ans, offrant une plus grande largeur de bande et prenant en charge davantage de connexions.

Aujourd'hui, les réseaux sans fil ne connectent pas seulement les personnes, mais aussi les entreprises et presque tout ce qui existe dans le monde. Dans ce chapitre, nous examinerons l'évolution des réseaux sans fil de la 1G à la 4G et nous comprendrons la nécessité des réseaux 5G.

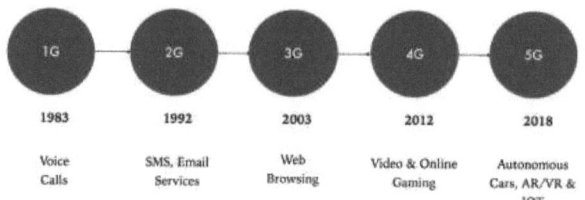

FIG 1.1 - ÉVOLUTION DES RÉSEAUX SANS FIL

1.1 Évolution des réseaux

1.1.1 Réseaux 1G

FIGURE 1.2 - MOTOROLA DYNATAC PHONE

En 1983, le réseau sans fil de première génération (également appelé réseau 1G) a été lancé aux États-Unis avec le téléphone mobile Motorola DynaTAC. Plus tard, la technologie 1G a été lancée dans d'autres pays tels que le Royaume-Uni et le Canada. La technologie 1G était principalement utilisée pour passer des appels vocaux sur un réseau sans fil. Le réseau 1G était basé sur des normes de télécommunication analogiques. Les appels vocaux sur le réseau 1G étaient transmis à l'aide de systèmes analogiques.

Le Motorola DynaTAC 8000x est le premier téléphone mobile commercial utilisé pour passer des appels vocaux analogiques. Le téléphone ressemblait presque à un combiné de téléphone sans fil et pesait 1,75 lb.

Dans la 1G, le spectre était divisé en un certain nombre de canaux, pour que les utilisateurs puissent passer des appels vocaux - chaque utilisateur dispose d'un canal. Cela limitait le nombre d'utilisateurs pouvant effectuer des appels vocaux simultanés. La technologie 1G était confrontée à d'autres problèmes tels que la mauvaise qualité de la voix (due aux interférences), les téléphones mobiles étaient énormes et avaient une faible autonomie, la couverture du réseau était très limitée. C'est ce qui a conduit les chercheurs à élaborer les normes 2G. La principale différence entre les réseaux 1G et 2G est que le premier utilise des normes analogiques et le second des normes numériques.

Système 1G le plus populaire dans les années 1980
- Système avancé de téléphonie mobile (AMPS)
- Système nordique de téléphonie mobile (NMTS)
- Système de communication à accès total (TACS)
- Système européen de communication à accès total (ETACS)

Principales caractéristiques (technologie) du système 1G
- Fréquence 800 MHz et 900 MHz
- Largeur de bande : 10 MHz (666 canaux duplex avec une largeur de bande de 30 KHz)
- Technologie : Commutation analogique
- Modulation : Modulation de fréquence (FM)
- Mode de service : voix seulement

- Technique d'accès : Accès multiple par répartition en fréquence (FDMA)

Inconvénients du système 1G
- Mauvaise qualité de la voix en raison d'interférences
- Faible autonomie de la batterie
- Téléphones portables de grande taille (peu pratiques à transporter)
- Moins de sécurité (les appels pourraient être décodés à l'aide d'un démodulateur FM)
- Un nombre limité d'utilisateurs et de couvertures cellulaires
- L'itinérance n'était pas possible entre systèmes similaires

1.1.2 Réseaux 2G

En 1991, l'organisme de normalisation Global System for Mobile Communications (GSM) a publié les normes de la technologie 2G. La technologie 2G a été lancée en 1992 et permettait de traiter les appels vocaux sur des systèmes numériques. Outre les appels vocaux, la technologie 2G prenait également en charge les services de messagerie courte (SMS).

Le réseau 2G offrait une couverture plus large que le réseau 1G. Elle permet aux utilisateurs de s'envoyer des messages textuels par l'intermédiaire d'un réseau sans fil. L'architecture du réseau GSM comporte deux couches distinctes : le sous-système de la station de base (BSS) et le sous-système de commutation du réseau (NSS). Le BSS comprend la station de base et la fonction de contrôle de la station de base. Le NSS comprend les éléments du réseau central. Les éléments du réseau central dans le NSS étaient responsables de la commutation des appels entre le mobile et d'autres utilisateurs de lignes terrestres ou de réseaux mobiles. En outre, les éléments du réseau central du NSS prennent en charge la gestion des services mobiles, y compris l'authentification et l'itinérance. L'Institut européen des normes de télécommunication (ETSI) a mis en place le General Packet Radio Service (GPRS), une norme de données mobiles basée sur le protocole Internet (IP), afin d'améliorer la technologie 2G. Le nouveau service, appelé 2,5G, offrait une vitesse de transmission de 56 à 114 Kbps. La technologie 2.5G s'est finalement transformée en EDGE (Enhanced Data Rates for GSM Evolution) et était idéale pour les services de courrier électronique. La technologie 2,5G a entraîné la croissance de téléphones mobiles tels que le Blackberry, qui offrait des services de courrier électronique mobile.

Principales caractéristiques du système 2G
- Le système numérique (commutation)
- Les services SMS sont possibles
- L'itinérance est possible
- Sécurité renforcée
- Transmission vocale cryptée
- Premier accès à l'internet à un débit inférieur
- Inconvénients du système 2G
- Faible débit de données
- Mobilité limitée
- Moins de fonctionnalités sur les appareils mobiles
- Nombre limité d'utilisateurs et de capacités matérielles

1.1.3. Réseaux 3G

Les services cellulaires 3G ont été lancés en 2003. La 3G était beaucoup plus avancée que la 2G/2,5G et offrait une vitesse allant jusqu'à 2 Mbps, prenant en charge les services basés sur la localisation et les services multimédias. Elle était idéale pour la navigation sur le web. Apple, connu pour être un fabricant d'ordinateurs, s'est lancé dans le secteur des équipements mobiles en lançant l'iPhone, avec l'avènement de la 3G. Android, le système d'exploitation mobile à source ouverte, est devenu populaire avec la 3G.

Avec la 3G, le groupe 3GPP a normalisé l'UMTS. L'Universal Mobile Telecommunications System (UMTS) est un système cellulaire mobile de troisième génération pour les réseaux basés sur la norme GSM. Il est développé et maintenu par le 3GPP (^{3rd} Generation Partnership Project). L'UMTS utilise la technologie d'accès radio W-CDMA (wideband code division multiple access) pour offrir une plus grande efficacité spectrale et une plus grande largeur de bande aux opérateurs de réseaux mobiles.

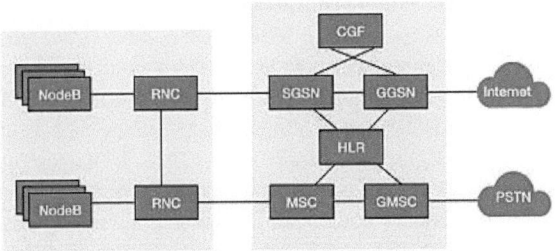

Radio Access Network   **Core Network**
FIG 1.3 - ARCHITECTURE 3G

L'UMTS spécifie un système de réseau complet, qui comprend le réseau d'accès radio (UMTS Terrestrial Radio Access Network, ou UTRAN), le réseau central (Mobile Application Part, ou MAP) et l'authentification des utilisateurs au moyen de cartes SIM (Subscriber Identity Module).

L'architecture du réseau 3G comprend trois entités distinctes :

1. **Équipement utilisateur (UE)** : En 2G, les combinés étaient appelés téléphones mobiles ou téléphones cellulaires, car ils étaient principalement utilisés pour passer des appels vocaux. Cependant, dans la 3G, les combinés peuvent prendre en charge à la fois les services vocaux et les services de données. C'est pourquoi le terme d'équipement de l'utilisateur ou UE est utilisé pour représenter l'appareil de l'utilisateur final, qui peut être un téléphone mobile ou un terminal de données.

2. **Réseau d'accès radio (RAN)** : Le RAN, également connu sous le nom de réseau d'accès radio de l'UMTS, UTRAN, est l'équivalent de l'ancien sous-système de station de base (BSS) du GSM. Le RAN comprend la fonction NodeB et la fonction RNC (Radio Network Controller). La fonction NodeB fournit l'interface radio. Le RNC gère l'interface radio pour l'ensemble du réseau.

3. **Réseau central** : Le réseau central est l'équivalent du sous-système de commutation de réseau ou NSS dans le GSM et fournit tous les traitements centraux et la gestion du système. Le réseau central comporte à la fois des éléments de réseau à commutation de circuits et des éléments de réseau à commutation de paquets. L'architecture du réseau central 3G comprend les

fonctions suivantes :

Registre des emplacements de domicile (HLR)

Le HLR est une base de données qui contient toutes les informations relatives à l'abonné, y compris sa dernière localisation connue. L'enregistreur HLR maintient une correspondance entre le numéro d'annuaire international de l'abonné de la station mobile (MSISDN) et l'identité internationale de l'abonné mobile (IMSI). Le MSISDN est le numéro de téléphone mobile utilisé pour passer et recevoir des appels vocaux et des SMS. L'IMSI est utilisé pour identifier de manière unique une carte SIM et le numéro est stocké dans la carte SIM. Chaque réseau peut avoir un ou plusieurs HLR physiques ou logiques. L'équipement de l'utilisateur met périodiquement à jour les détails de sa localisation auprès de l'enregistreur HLR, afin que les appels puissent être acheminés de manière appropriée vers l'utilisateur. En fonction de la mise en œuvre, le HLR peut également comporter un registre d'identité de l'équipement (EIR) et un centre d'authentification (AuC).

Registre d'identité des équipements (EIR)

L'EIR est la fonction qui décide si un équipement d'utilisateur est autorisé à entrer dans le réseau ou non. La fonction EIR est généralement intégrée à l'enregistreur HLR. L'EIR est utilisé pour bloquer ou contrôler les appels provenant d'un équipement utilisateur volé. Chaque équipement utilisateur est identifié de manière unique par un numéro connu sous le nom d'identité internationale d'équipement mobile (IMEI). L'IMEI est échangé par l'équipement de l'utilisateur au moment de l'enregistrement avec le réseau. Ainsi, l'EIR identifie un équipement volé grâce à son IMEI.

Centre d'authentification (AuC)

La fonction AuC est utilisée pour stocker une clé secrète partagée, qui est générée et gravée dans la carte SIM au moment de sa fabrication. La fonction AuC est généralement située au même endroit que la fonction HLR. L'AuC n'échange pas la clé secrète partagée, mais exécute un algorithme sur l'identité internationale d'abonné mobile (IMSI), afin de générer des données pour l'authentification d'un abonné ou d'un équipement d'utilisateur. Chaque IMSI est unique et est associé à une carte SIM.

Centre de commutation mobile (MSC)

Le MSC est responsable de fonctions telles que l'acheminement des appels et des messages SMS. Il s'interface avec le HLR pour suivre la localisation de l'abonné et effectue les transferts d'appel lorsque l'abonné mobile se déplace d'un endroit à l'autre.

La passerelle MSC (GMSC) est une fonction présente à l'intérieur ou à l'extérieur du MSC. Un GMSC assure l'interface avec les réseaux externes tels que le réseau téléphonique public commuté (RTPC), qui est notre ancien réseau de lignes terrestres.

Nœud de support GPRS de desserte (SGSN)

Le SGSN est responsable de la gestion de la mobilité et de l'authentification des abonnés/appareils mobiles dans un réseau GPRS. Il joue un rôle similaire à celui du MSC pour les appels vocaux. Le SGSN et le MSC sont souvent situés au même endroit dans le réseau.

Nœud de support GPRS de la passerelle (GGSN)

Le GGSN fait office de passerelle vers l'internet. Il relie le réseau GPRS au réseau de données par commutation de paquets. Le GGSN reçoit les données adressées à un abonné donné, vérifie si l'abonné est actif et transmet les données au SGSN qui dessert l'abonné en question. Si l'abonné est inactif, les données sont rejetées. Le GGSN tient un registre des abonnés actifs et du SGSN auquel ils sont rattachés. Le GGSN attribue une adresse IP unique à chaque abonné. Il génère également les enregistrements détaillés des appels (CDR), qui sont traités par la fonction de passerelle de facturation (CGF) ou les serveurs de facturation.

Fonction de passerelle de chargement (CGF)

Le CGF traite les enregistrements détaillés des appels (CDR) générés par le GGSN dans un réseau GPRS. Il existe différents types de CDR traités par le CGF, en fonction du nœud de réseau qui génère le CDR. Par exemple, lorsqu'un SGSN génère des CDR, on parle de S-CDR. Lorsqu'un GGSN génère des CDR, on parle de G-CDR. L'une des principales différences entre les S-CDR et les G-CDR est que les G-CDR ont des informations sur les transferts de données de l'abonné (par exemple, le volume de données téléchargées/téléchargées par l'abonné).

La technologie 3G a évolué au fil du temps pour offrir des vitesses plus élevées en prenant en charge une nouvelle norme appelée High Speed Packet Access (HSPA). Les fournisseurs de services qui offraient des services 3G avec la prise en charge HSPA appelaient leurs services 3,5G ou 3G+. Les réseaux 3,5G qui prenaient en charge les normes HSPA pouvaient offrir des vitesses allant jusqu'à 7 Mbps. Avec l'évolution de la norme HSPA (également appelée HSPA évoluée), les réseaux 3G ont pu offrir des vitesses allant jusqu'à 42 Mbps.

Principales caractéristiques du système 3G
- Débit de données plus élevé
- Appel vidéo
- Sécurité renforcée, plus d'utilisateurs et de couverture
- Appui aux applications mobiles
- Prise en charge des messages multimédias
- Localisation et cartes
- Meilleure navigation sur le web
- Télévision en continu
- Jeux en 3D de haute qualité

Inconvénients des systèmes 3G
- Des licences d'utilisation du spectre coûteuses
- Infrastructure, équipement et mise en œuvre coûteux
- Exigences plus élevées en matière de largeur de bande pour supporter un débit de données plus élevé
- Des appareils mobiles coûteux
- Compatibilité avec les systèmes et les bandes de fréquences de l'ancienne génération 2G

1.1.4 Réseaux 4G

En 2012, les services 4G ont été lancés, avec des vitesses allant jusqu'à 12 Mbps. La 4G est un réseau tout IP (Internet Protocol) et a entraîné des changements massifs au niveau du réseau radio et de l'architecture du réseau central.

Dans le réseau 4G,

- la fonction radio est basée sur les normes 3GPP de l'évolution à long terme (LTE) et sur les normes de l'Union européenne.
- le réseau central est basé sur les normes 3GPP "Evolved Packet Core" (EPC)

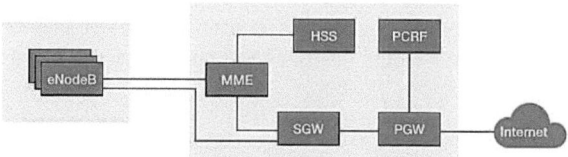

FIG 1.4 - ARCHITECTURE 4G

L'un des changements importants introduits par les normes Long Term Evolution (LTE) dans les réseaux 4G est la modification de la fonctionnalité de la station de base. Dans les réseaux 3G, les ressources radio étaient contrôlées de manière centralisée par un nœud appelé contrôleur de réseau radio (RNC). La norme LTE introduit une nouvelle fonction appelée Evolved NodeB (eNodeB), qui gère les ressources radio et la mobilité dans la cellule.

Afin de répondre aux exigences de la 4G LTE, les fonctions de l'eNodeB comprennent non seulement les fonctions de la station de base (NodeB) pour terminer l'interface radio, mais aussi les fonctions du contrôleur de réseau radio (RNC) pour gérer les ressources radio. Cette architecture est appelée architecture RAN terrestre UMTS évoluée (E-UTRAN). Dans l'architecture 3G, la fonction RAN comprenait la station de base (Node B) et les antennes. Dans l'architecture 4G LTE, la fonction de station de base est divisée en deux fonctions principales : l'unité de bande de base (BBU) et la tête radio distante (RRH). La RRH est connectée à la BBU par fibre optique. La fonction BBU est déplacée hors du site cellulaire et hébergée dans un lieu centralisé, appelé RAN centralisé. La fonction RRH (c'est-à-dire la fonction d'antenne) est déployée plus près des utilisateurs de manière distribuée. L'architecture RAN et la distribution des RRH et des BBU sont influencées par plusieurs facteurs tels que la qualité de service, la latence, le débit, la densité d'utilisateurs et la demande de charge.

Les principaux nœuds fonctionnels/éléments de réseau de l'architecture LTE sont décrits ci-dessous :

Nœud B évolué (eNB)

L'eNodeB est l'entité qui prend en charge l'interface radio et assure la gestion des ressources radio. Il fournit des fonctions de gestion des ressources radio telles que la compression de l'en-tête IP, le cryptage des données utilisateur et l'acheminement des données utilisateur vers la passerelle de desserte (SGW).

L'interface radio fournie par l'eNodeB peut être partagée par plusieurs opérateurs en ayant des passerelles MME, SGW et PDN distinctes.

Home Subscriber Server (HSS)

Le Home Subscriber Server (HSS) est une base de données qui stocke le profil de l'abonné et les informations d'authentification. Le MME télécharge les informations relatives au profil de l'abonné à partir du HSS lorsqu'un équipement d'utilisateur/appareil mobile se connecte au réseau. Le HSS fournit également les informations relatives au profil de l'abonné à la fonction centrale du sous-système multimédia IP (IMS), au moment de l'enregistrement IMS.

Passerelle de service (SGW)
Le SGW sert de point d'ancrage de la mobilité pour le plan utilisateur. Il s'occupe des transferts entre eNodeB et de la mobilité de l'équipement de l'utilisateur (UE) entre les réseaux 3GPP. Il est responsable du routage/de l'acheminement des paquets de données entre l'eNodeB et la passerelle de réseau de données par paquets (PDN GW).

Passerelle de réseau de données par paquets (PGW)
Le PDN GW fournit à l'UE la connectivité aux réseaux de données par paquets externes tels que l'internet. Il sert de point d'ancrage pour la mobilité à l'intérieur du réseau 3GPP, ainsi que pour la mobilité entre les réseaux 3GPP et les réseaux non 3GPP. Il s'occupe de la fonction d'application de la politique et de la tarification (PCEF), qui comprend la qualité de service (QoS), la génération de données de tarification basées sur le flux en ligne/hors ligne, l'inspection approfondie des paquets et l'interception légale.

Entité de gestion de la mobilité (MME)
La MME gère la mobilité, les identités de l'UE et les paramètres de sécurité. Elle opère dans le plan de contrôle et fournit des fonctions telles que la gestion des états de session, l'authentification, la mobilité avec les nœuds 3GPP 2G/3G et l'itinérance.

Fonction des règles de politique et de tarification (PCRF)
La fonction de règles de politique et de tarification (PCRF) gère les contrôles liés à la politique et à la tarification pour tous les abonnés.

Par exemple, la politique de qualité de service d'un abonné est stockée dans le serveur PCRF. La politique de qualité de service peut différer d'un service à l'autre pour chaque abonné. La qualité de service d'un support IMS peut être différente de celle d'un support Internet pour le même abonné. Ces différences de qualité de service peuvent être appliquées en définissant des règles dans le serveur PCRF. En outre, le PCRF aide également les fournisseurs de services à fournir des services basés sur la localisation. Le PCRF permet à un fournisseur de services de définir des règles de tarification basées sur le flux. Par exemple, un service peut être arrêté lorsque la limite de crédit pour le service est atteinte. Avec des vitesses de données plus élevées, la technologie 4G a permis aux utilisateurs de regarder des vidéos haute définition et de jouer à des jeux en ligne. Au fil du temps, de nombreuses améliorations ont été apportées à la technologie 4G - LTE-M (LTE catégorie M1 pour les machines) a permis aux appareils IOT de faible puissance de se connecter aux réseaux 4G et les normes LTE-Advanced offrent une vitesse de réseau allant jusqu'à 300 Mbps.

Aujourd'hui, la 4G offre une vitesse de réseau adéquate pour les services de pointe tels que la vidéo en ligne, les jeux et les médias sociaux. Cependant, elle ne répond pas aux besoins de bande passante et de latence de services tels que la réalité augmentée, la réalité virtuelle et les voitures autonomes. C'est ce qui a ouvert la voie à la recherche sur la technologie 5G.

Principales caractéristiques du système 4G
- Débit de données beaucoup plus élevé, jusqu'à 1Gbps
- Sécurité et mobilité accrues
- Réduction du temps de latence pour les applications critiques
- Streaming vidéo haute définition et jeux
- Voix sur réseau LTE VoLTE (utilisation de paquets IP pour la voix)

Inconvénients du système 4G
- Matériel et infrastructure coûteux
- Spectre coûteux (dans la plupart des pays, les bandes de fréquences sont trop chères)
- Des appareils mobiles haut de gamme compatibles avec la technologie 4G sont nécessaires, ce qui est coûteux.
- Le déploiement à grande échelle et la mise à niveau prennent du temps

1.1.5 Établissement d'une connexion de données 4G

Il existe de nombreuses similitudes entre l'établissement d'une connexion de données sur un réseau 3G et sur un réseau 4G. Cette section décrit les procédures à suivre pour établir une connexion de données entre l'équipement mobile et le réseau 4G.

Lorsqu'un téléphone mobile est mis sous tension, il recherche des signaux provenant des tours de téléphonie cellulaire situées à proximité. Sur la base de l'identité internationale d'abonné mobile (IMSI) de la carte SIM, le téléphone mobile choisit le bon fournisseur de services. Le téléphone demande ensuite une ressource radio à l'eNodeB.

L'eNodeB attribue une ressource radio à l'abonné mobile. Dès que l'équipement mobile reçoit la ressource radio, il commence à afficher la "barre de signal" sans fil sur la console.

Ensuite, l'appareil mobile (également appelé équipement utilisateur ou UE) envoie une demande d'attachement au réseau. La "demande d'attachement" parvient au MME (Mobility Management Entity) dans l'EPC (Evolved Packet Core). La première étape de l'EPC consiste à authentifier l'abonné sur la base des informations d'identification de la carte SIM. Le MME récupère les informations relatives au profil de l'abonné auprès du HSS/HLR. Le MME émet un défi (qui comprend un ensemble de clés cryptées) à l'UE. L'UE compare le défi aux informations d'identification stockées dans la carte SIM. L'UE répond au défi par une réponse d'authentification. Le MME valide la réponse d'authentification sur la base des informations de profil récupérées auprès du HSS/HLR. L'abonné est maintenant authentifié.

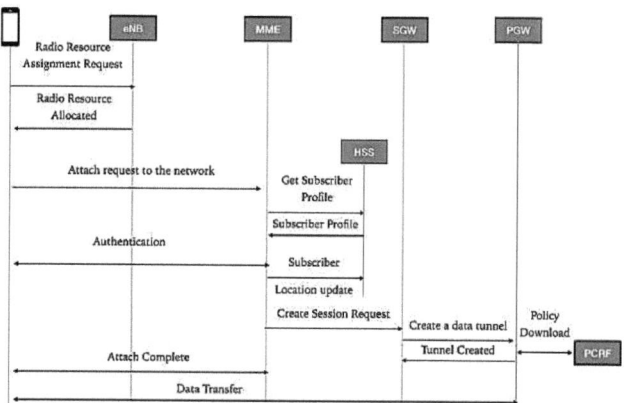

FIG 1.5 - ÉTABLISSEMENT D'UNE CONNEXION DE DONNÉES 4G

Une fois l'abonné mobile authentifié, l'EPC procède à l'ouverture de la session. Le MME envoie une "demande de création de session" à la passerelle de desserte.

La passerelle de desserte établit un tunnel avec la passerelle PDN (PGW). Dans le cadre de l'établissement du tunnel, la PGW télécharge les informations de politique de la PCRF et les applique au contexte de l'abonné. Une fois le tunnel créé, le MME répond à l'UE par une réponse "Attach Accept". Le support / tunnel est configuré sur la base du nom du point d'accès à Internet (APN). L'APN ressemble généralement à "internet.telco.com" et est configuré dans l'UE par le fournisseur de services, dans le cadre du téléchargement de la configuration initiale vers l'appareil mobile. Dès qu'un tunnel est créé (ce qui signifie que la session de données est établie), l'équipement mobile commence à afficher le symbole Ô4G' sur la console.

1.1.6 Appels vocaux sur le réseau 4G

Il existe différents mécanismes pour traiter les appels vocaux dans un réseau 4G. Les deux mécanismes les plus courants sont le Circuit Switched Fall-Back (CSFB) et le Voice over LTE (VoLTE).

Circuit Switched Fall-Back (CSFB)

Lorsque le LTE n'est utilisé que pour le transfert de données, les appels vocaux sont traités par les anciens mécanismes de commutation de circuits - en se rabattant sur un réseau 3G ou 2G. La commutation de circuits (CSFB) ne fonctionne que lorsque la zone couverte par un réseau LTE est également couverte par un réseau 3G. Le CSFB sera utile aux fournisseurs de services lorsqu'ils passeront d'un réseau 2G/3G à un réseau 4G. Dans le cas du CSFB, le MME 4G communique avec le MSC 3G par l'intermédiaire de la nouvelle interface SGs, afin d'établir l'appel vocal.

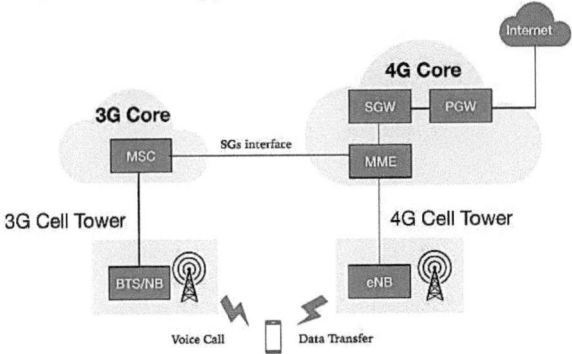

FIG 1.6 - CIRCUIT COMMUTÉ DE REPLI

L'équipement de l'utilisateur (UE) lance une procédure de "rattachement combiné" aux réseaux PS (commutation de paquets) et CS (commutation de circuits). Le MME reçoit la demande de "rattachement combiné" et établit la connexion PS sur le cœur 4G pour les transferts de données. L'interface SGs nouvellement introduite entre le MME et le MSC est utilisée pour l'établissement de la connexion CS sur le cœur 3G, pour les appels vocaux. Une fois que l'UE est connecté aux réseaux 4G et 3G, l'eNodeB le dirige vers la radio du NodeB 3G. L'UE établit un appel vocal sur le nœud 3G. Cette commutation de circuit vers le réseau 3G équivaut à un transfert du réseau 4G vers le réseau 3G pour les appels vocaux.

Voix sur LTE (VoLTE)

La voix sur LTE est un concept relativement nouveau, qui permet d'effectuer des appels vocaux sur le réseau 4G. CSFB a aidé les fournisseurs de services lors de la migration des réseaux 2G/3G vers les réseaux 4G, mais VoLTE fonctionne entièrement sur le réseau 4G. Dans le cas de la VoLTE, l'équipement de l'utilisateur / le mobile doit être capable d'initier un appel VoLTE et le réseau doit supporter la VoLTE. Les appels VoLTE sont traités par le cœur du sous-système multimédia IP (IMS), dans le réseau 4G.

Contrairement aux services d'appel OTT (Over the Top) comme Skype ou Whats app, le service VoLTE utilise la même application de numérotation que le service CSFB. Il est également plus fiable que les services d'appel OTT. Par exemple, lorsque le fournisseur de services n'est pas en mesure d'établir l'appel via le service VoLTE, le téléphone bascule automatiquement vers les appels à commutation de circuits 2G/3G. Cela est utile lorsqu'un client passe un appel d'urgence.

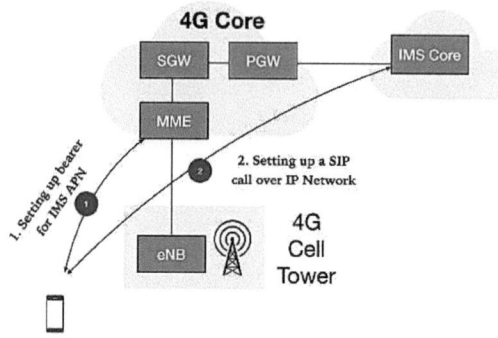

FIG 1.7 - VOIX SUR LTE

La mise en place d'un système VoLTE se fait en deux étapes :

1. Dans un premier temps, l'UE établit un support/tunnel dédié pour l'APN (nom de point d'accès) de l'IMS. Par exemple, le nom APN ressemblera à ims.telco.com. Ces paramètres sont configurés par le fournisseur de services sur l'UE. Ces paramètres sont automatiquement téléchargés sur le téléphone mobile, dans le cadre de l'activation du service par le fournisseur de services. Ce support pour l'APN IMS sera configuré, en plus de la configuration du support pour l'APN Internet (c'est-à-dire pour les transferts de données). La procédure de configuration du support est similaire à la procédure décrite dans la section "Établissement d'une connexion de données 4G".

2. Une fois le support établi, l'UE établit une connexion SIP (Session Initiation Protocol) avec l'IMS Core. Le SIP est un protocole populaire utilisé pour les communications vocales sur IP (VOIP), sur l'internet. Contrairement aux applications de numérotation VOIP OTT, le fournisseur de services garantit la fiabilité et la sécurité des appels vocaux effectués via une connexion LTE. La voix sur WiFi (VoWiFi) est également similaire à la VoLTE. Toutefois,

le fournisseur de services sans fil n'est pas en mesure de garantir la fiabilité des appels vocaux passés via une connexion WiFi. Lorsque les débits internet sur WiFi sont élevés et fiables, les appels VoWiFi aident le fournisseur de services à décharger le réseau mobile sans fil pour d'autres applications/services. C'est pourquoi de nombreux fournisseurs de services prennent en charge les capacités VoWiFi.

1.1.7 5G - Système de communication de cinquième génération

Le réseau 5G utilise des technologies de pointe pour offrir aux clients une expérience multimédia et un accès à l'internet ultra-rapide. Les réseaux avancés LTE existants se transformeront à l'avenir en réseaux 5G suralimentés.

Dans les premiers déploiements, le réseau 5G fonctionnera en mode non autonome et en mode autonome. En mode non autonome, le spectre LTE et le spectre 5G-NR seront utilisés ensemble. La signalisation de contrôle sera connectée au réseau central LTE en mode non autonome.

Il y aura un cœur de réseau 5G dédié, avec un spectre 5G - NR à plus grande largeur de bande pour le mode autonome. Le spectre inférieur à 6 GHz des gammes FR1 est utilisé dans les déploiements initiaux des réseaux 5G.

Afin d'atteindre un débit de données plus élevé, la technologie 5G utilisera des ondes millimétriques et des spectres sans licence pour la transmission de données. Une technique de modulation complexe a été mise au point pour prendre en charge des débits de données massifs pour l'internet des objets.

Principales caractéristiques de la technologie 5G

- Internet mobile ultra-rapide jusqu'à 10 Gbps
- Faible latence en millisecondes (important pour les applications critiques)
- Déduction du coût total des données
- Sécurité accrue et réseau fiable
- Utilise des technologies telles que les petites cellules et la formation de faisceaux pour améliorer l'efficacité.
- Le réseau de compatibilité ascendante offre de nouvelles améliorations à l'avenir.
- L'infrastructure basée sur l'informatique en nuage offre une efficacité énergétique, une facilité de maintenance et de mise à niveau du matériel.

1.1.8 Comparaison entre les technologies 1G et 5G

Generation	Speed	Technology	Key Features
1G (1970-1980s)	14.4 Kbps	AMPS, NMT, TACS	Voice only services
2G (1990 to 2000)	9.6/14.4 Kbps	TDMA, CDMA	Voice and Data services
2.5G to 2.75G (2001-2004)	171.2 Kbps 20-40 Kbps	GPRS	Voice, Data and web mobile internet, low speed streaming services and email services.
3G (2004-2005)	3.1 Mbps 500-700 Kbps	CDMA2000 (1xRTT, EVDO) UMTS and EDGE	Voice, Data, Multimedia, support for smart phone applications, faster web browsing, video calling and TV streaming.
3.5G (2006-2010)	14.4 Mbps 1-3 Mbps	HSPA	All the services from 3G network with enhanced speed and more mobility.
4G (2010 onwards)	100-300 Mbps. 3-5 Mbps 100 Mbps (Wi-Fi)	WiMax, LTE and Wi-Fi	High speed, high quality voice over IP, HD multimedia streaming, 3D gamming, HD video conferencing and worldwide roaming.
5G (Expecting at the end of 2019)	1 to 10 Gbps	LTE advanced schemes, OMA and NOMA	Super fast mobile internet, low latency network for mission critical applications, Internet of Things, security and surveillance, HD multimedia streaming, autonomous driving, smart healthcare applications.

1.2 Réseaux d'accès radio

1.2.1 Qu'est-ce qu'un réseau d'accès radio ?

Un réseau d'accès radio (RAN) est un composant majeur d'un système de télécommunications sans fil qui connecte des appareils individuels à d'autres parties d'un réseau par le biais d'une liaison radio. Le RAN relie l'équipement de l'utilisateur, tel qu'un téléphone portable, un ordinateur ou toute autre machine commandée à distance, via une connexion de liaison par fibre ou sans fil. Cette liaison est reliée au réseau central, qui gère les informations relatives aux abonnés, la localisation et d'autres éléments.

Le RAN, parfois également appelé *réseau d'accès*, est l'élément radio du réseau cellulaire. Un réseau cellulaire est constitué de zones terrestres appelées *cellules*. Une cellule est desservie par au moins un émetteur-récepteur radio, bien que la norme soit généralement de trois pour les sites cellulaires.

Les RAN ont évolué de la première génération (1G) à la cinquième génération (5G) de réseaux cellulaires. Avec le développement de la technologie de quatrième génération (4G) dans les années 2000, le projet de partenariat de troisième génération a introduit le RAN Long-Term Evolution (LTE), et le réseau d'accès radio et le réseau central ont changé de manière significative. Avec la 4G, la connectivité du système a été basée pour la première fois sur le protocole Internet (IP), remplaçant les anciens réseaux à base de circuits.

Aujourd'hui, avec le LTE Advanced et la 5G, les améliorations prennent la forme d'un RAN centralisé, également appelé RAN *en nuage* (C-RAN), et de réseaux d'antennes multiples, tels que l'entrée multiple, la sortie multiple (MIMO).

Depuis l'introduction des premiers réseaux cellulaires, les capacités du RAN se sont étendues aux appels vocaux, à la messagerie texte et à la diffusion vidéo et audio en continu. Les types d'équipements utilisant ces réseaux ont considérablement augmenté, y compris tous les types de véhicules, les drones et les appareils de l'internet des objets.

1.2.2   Quels sont les composants d'un RAN ?

Les composants RAN comprennent des stations de base et des antennes qui couvrent une région spécifique, en fonction de leur capacité. Les puces en silicium présentes à la fois dans le réseau central et dans l'équipement de l'utilisateur fournissent la fonctionnalité RAN.

Un RAN est composé de trois éléments essentiels :
1. **Les antennes** convertissent les signaux électriques en ondes radio.
2. **Les radios** transforment les informations numériques en signaux qui peuvent être envoyés sans fil et garantissent que les transmissions s'effectuent dans les bandes de fréquences correctes avec les niveaux de puissance adéquats.
3. **Les unités de bande de base (BBU)** fournissent un ensemble de fonctions de traitement des signaux qui rendent possible la communication sans fil. La bande de base traditionnelle utilise des composants électroniques personnalisés combinés à plusieurs lignes de code pour permettre la communication sans fil, généralement en utilisant le spectre radio sous licence. Le traitement des BBU détecte les erreurs, sécurise le signal sans fil et garantit que les ressources sans fil sont utilisées efficacement.

Basic RAN architecture

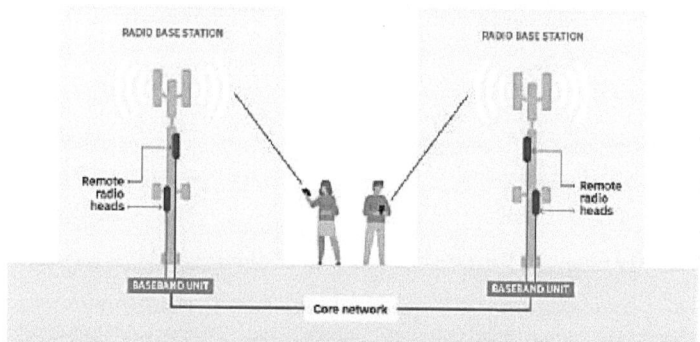

Fig 1.8 Architecture de base du RAN

L'antenne du réseau d'accès radio reçoit des informations de l'équipement de l'utilisateur et les envoie au réseau central via les unités de bande de base.

Comment fonctionne un RAN ?

Le RAN permet d'accéder aux ressources et de coordonner leur gestion sur les sites radio. Un combiné ou un autre appareil est connecté sans fil à l'épine dorsale, ou réseau central, et le RAN envoie son signal à divers points d'extrémité sans fil afin qu'il puisse circuler avec le trafic provenant d'autres réseaux. Un seul combiné ou téléphone peut être connecté en même temps à plusieurs RAN, ce que l'on appelle parfois des *combinés bimodes*.

Dans l'architecture RAN de deuxième génération (2G) et de troisième génération (3G), le contrôleur RAN gère les nœuds qui lui sont connectés. Le contrôleur de réseau du RAN, qui gère les ressources radio, la mobilité et le cryptage des données, se connecte au réseau central à commutation de circuits et au réseau central à commutation de paquets, selon le type de RAN.

Avec l'avènement de la 4G LTE et d'un réseau tout IP, la configuration du réseau d'accès radio a changé. En particulier, l'introduction du C-RAN a séparé les radios et les antennes du contrôleur de bande de base afin de mieux s'adapter aux exigences modernes des appareils mobiles.

Aujourd'hui, l'architecture RAN divise le plan utilisateur et le plan de contrôle en deux éléments distincts. Le contrôleur RAN peut échanger un ensemble de messages de données utilisateur par l'intermédiaire d'un commutateur de réseau défini par logiciel et un deuxième ensemble par l'intermédiaire d'une interface de contrôle. Cette séparation permet au RAN d'être plus flexible et de s'adapter aux techniques de virtualisation des fonctions du réseau, telles que le découpage du réseau et le MIMO élevé, qui sont nécessaires pour la 5G.

Cloud RAN (C-RAN)

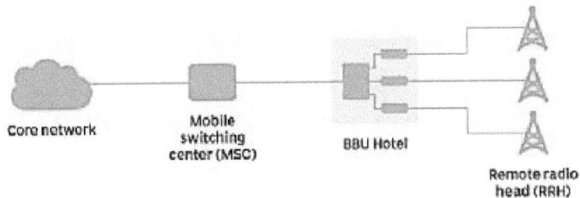

Fig 1.9 RAN en nuage (C-RAN)

Découvrez comment les unités de bande de base sont situées dans une station de contrôle et de traitement centralisée, ou hôtel BBU, qui se connecte au réseau par fibre optique à haut débit dans l'architecture C- RAN.

Qu'est-ce que le RAN dans la 5G ?

La norme 5G New Radio (5G NR) est la dernière interface radio et technologie d'accès radio pour la technologie cellulaire 5G. L'interface prend en charge plusieurs bandes de fréquences, notamment des bandes inférieures à 6 gigahertz et des bandes d'ondes millimétriques (mmWave), telles que 24 GHz, 28 GHz et plus. Les bandes d'ondes millimétriques offrent des vitesses de téléchargement de plus d'un gigabit par seconde, mais leur portée est réduite par rapport aux services sub-6 GHz.

1.2.3 Types de réseaux d'accès radio

Les tendances en matière de RAN sont les suivantes :

- **L'Open RAN** est un sujet brûlant dans le monde des réseaux d'accès. Il s'agit de développer du matériel, des logiciels et des interfaces ouverts et interopérables pour les réseaux cellulaires sans fil qui utilisent des serveurs en boîte blanche et d'autres équipements standard, plutôt que le matériel sur mesure généralement utilisé dans les stations de base.

- **Le C-RAN** sépare les éléments radio d'une station de base en têtes radio distantes (RRH). Celles-ci peuvent être utilisées au sommet des tours cellulaires pour obtenir la couverture radio la plus efficace. Les RRH doivent être connectées à des contrôleurs de bande de base centralisés via des liaisons radio à fibre optique ou à micro-ondes. La plupart des traitements en bande de base utilisent des serveurs standard de type "white box".

- **Le RAN du système mondial de communications mobiles (GSM)**, ou GRAN, a été développé pour la 2G.

- **GSM EDGE RAN**, ou GERAN, est similaire à GRAN, mais il spécifie l'inclusion de services radio par paquets Enhanced Data GSM Environment.

- **Le système universel de télécommunications mobiles (UMTS) Terrestrial RAN**, ou UTRAN, est apparu avec la 3G.

- **Le réseau RAN terrestre universel évolué**, ou E-UTRAN, fait partie du LTE.

1.3 Évolution des réseaux d'accès radio (RAN)

L'architecture du réseau d'accès radio (RAN) a évolué au fil des différentes générations de réseaux sans fil, afin de répondre aux exigences en matière de largeur de bande et d'évolutivité.

Le RAN comprend deux unités distinctes : la tête radio distante (RRH) et l'unité de bande de base (BBU). Une extrémité du RRH est connectée à l'antenne et l'autre à la BBU.

Le RRH agit comme un émetteur-récepteur qui convertit les signaux analogiques en signaux numériques et vice versa. En outre, le RRH filtre le bruit et amplifie les signaux. L'unité de bande de base (BBU) assure les fonctions de commutation, de gestion du trafic, de synchronisation, de traitement de la bande de base et d'interface radio. La BBU est généralement connectée au RRH à l'aide d'une liaison par fibre optique.

Generation	Architecture / Technology	Base Station
2G	GSM	Base Transceiver Station (BTS)
3G	UMTS	NodeB
4G	LTE	Evolved NodeB (eNodeB)
5G	NR	Next Generation NodeB (gNodeB)

TABLEAU 1.1 - ÉVOLUTION DU RAN

Dans les réseaux 2,5G/3G traditionnels, les fonctions RRH et BBU sont restées sur le site cellulaire, dans le cadre de la station émettrice de base (BTS). Dans le réseau 4G, la fonction BBU a été déplacée du site cellulaire vers un emplacement centralisé. La fonction BBU dans un réseau 4G est hébergée dans le bureau central et est appelée RAN centralisé. L'architecture 4G prend éventuellement en charge la virtualisation des BBU et lorsque la fonction BBU est virtualisée, elle est également appelée Cloud RAN ou Virtualized RAN. Dans un réseau 5G, la virtualisation des BBU devient presque obligatoire car elle aide les fournisseurs de services à faire évoluer le réseau pour prendre en charge les différents cas d'utilisation.

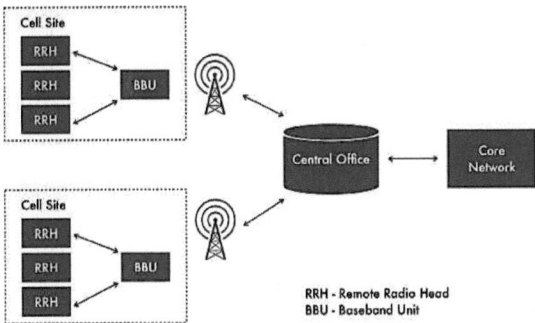

FIG. 1.9 - RAN TRADITIONNEL

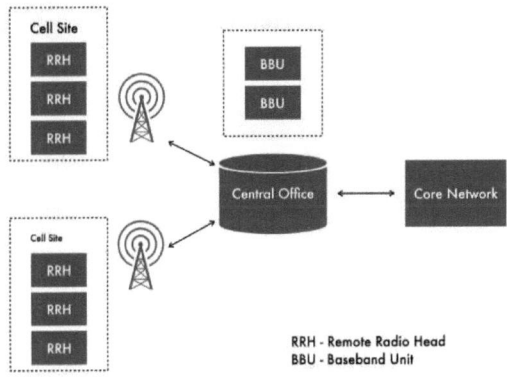

FIG 1.10 - RAN CENTRALISÉ

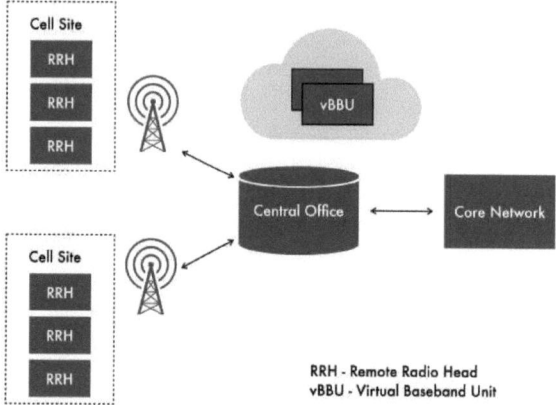

FIGURE 1.11 - RAN VIRTUALISÉ

1.4 Nécessité de la 5G

La plupart des technologies sans fil de la génération précédente (telles que la 3G et la 4G) étaient axées sur l'augmentation de la vitesse de la technologie sans fil. La technologie 4G prenait initialement en charge des vitesses allant jusqu'à 12 Mbps, ce qui était suffisant pour la diffusion de vidéos en ligne et les services de jeux. Toutefois, la 4G ne répond pas aux besoins technologiques de certains cas d'utilisation émergents, dans les domaines de l'internet des objets (IOT) et de la réalité virtuelle.

Voici la liste des facteurs qui déterminent la nécessité de la technologie 5G :

• L'internet des objets (IOT) nécessitera une infrastructure capable de gérer plusieurs milliards d'appareils connectés au réseau sans fil, tout en étant efficace sur le plan énergétique.
• Les applications de vidéo 3D et de vidéo ultra-haute définition sont gourmandes e n bande passante supplémentaire.
• Les jeux, le streaming vidéo et les applications industrielles basés sur la réalité virtuelle et la réalité augmentée nécessitent des temps de latence inférieurs à la milliseconde.
• Les opérateurs de réseaux sont soumis à une pression énorme pour moderniser leurs réseaux en permanence, afin de faire face à la croissance du trafic de données mobiles, tout en réduisant les dépenses d'exploitation.
• Créer de nouvelles sources de revenus pour les fournisseurs de services sans

fil, en prenant en charge de nouvelles applications et de nouveaux cas d'utilisation

En 2016, plusieurs fournisseurs de services se sont associés à des fournisseurs d'équipements de réseau pour lancer les essais de la 5G. À partir de 2018, les services 5G ont été lancés commercialement par de nombreux fournisseurs de services dans le monde entier.

Questions importantes,

1. Quel est le premier téléphone mobile sans fil ? Quel est le fournisseur qui l'a fabriqué ?
2. Quels sont les différents cas d'utilisation pris en charge par les différentes générations de technologies sans fil ?
3. Quel est le débit de la 4G ?
4. Quelles sont les différences entre les systèmes 3G et 4G ?
5. Qu'est-ce qu'un réseau d'accès radio (RAN) ? Quelles sont les fonctions assurées par le RAN ?
6. Comment le RAN a-t-il évolué au fil des différentes générations de réseaux sans fil ?
7. Quels sont les différents types de déploiement RAN ?
8. Qu'est-ce que le LTE ?
9. Quelles sont les différences entre LTE-M et LTE-A ?
10. Quels sont les mécanismes par lesquels les appels vocaux sont pris en charge dans un réseau 4G ?
11. Pourquoi avons-nous besoin de la 5G ?

1.5   Aperçu de la 5G

La 5G est la technologie sans fil de cinquième génération, normalisée par le projet de partenariat de troisième génération (3GPP). La 5G prend en charge une vitesse allant jusqu'à 1 Gbps, une latence de 1 à 10 millisecondes et s'adapte à plusieurs millions d'appareils de réseau. Le 3GPP a normalisé la technologie 5G dans le cadre de ses spécifications Release 15, en 2018.

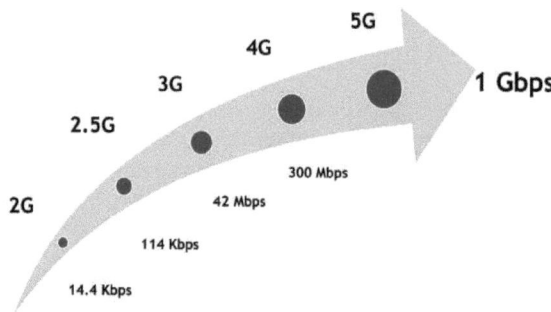

FIG 1.12 - VITESSE DES RÉSEAUX SANS FIL

La 5G apporte des changements significatifs en termes de vitesse, de latence et d'échelle. Les services 5G devraient avoir un impact considérable sur les fournisseurs de services, les entreprises, les consommateurs et la société dans son ensemble. La 5G n'est pas seulement une évolution de la technologie 4G, elle est révolutionnaire. Les changements les plus visibles de la 5G concernent la radio : le 3GPP a défini la nouvelle spécification radio appelée 5G New Radio (5G NR) pour les services 5G. Cependant, le 3GPP a également réorganisé l'infrastructure du réseau central pour répondre aux exigences de vitesse, de latence et d'évolutivité de la 5G, en introduisant le 5G Next Generation Core (5G NG-Core). Le 5GNG-Core sera le cœur du réseau 5G et servira de point d'ancrage pour les technologies multi-accès. Il offre une expérience de service transparente à travers les technologies d'accès fixes et sans fil.

Caractéristiques de la 5G

La technologie 5G présente quelques caractéristiques essentielles qui la distinguent nettement des technologies sans fil de la génération précédente.

- **Spectre :** la 5G prend en charge une large gamme de spectres allant des bandes basses inférieures à 1 GHz, aux bandes moyennes de 1 GHz à 6 GHz, en passant par les bandes hautes de 24/30 GHz à 300 GHz (également connues sous le nom d'ondes millimétriques).
- **Largeur de bande** : la 5G permet aujourd'hui un débit allant jusqu'à 1 Gbps. Toutefois, l'industrie vise à soutenir un débit de pointe de 10 Gbps.
- **Programmabilité :** la 5G peut être personnalisée pour répondre aux exigences d'un ensemble varié de cas d'utilisation et de déploiements (par exemple, un cas d'utilisation du haut débit mobile agnostique en termes de largeur de bande et de latence, ou un cas d'utilisation de l'IOT industriel sensible à la largeur de bande et à la latence). Cet objectif est atteint grâce à

des capacités telles que le "découpage du réseau".

- **Latence :** la 5G prend en charge une latence de 1 à 2 millisecondes, ce qui permet des cas d'utilisation tels que les jeux mobiles, la réalité augmentée et la réalité virtuelle.
- **Virtualisation :** L'infrastructure 5G repose sur des fonctions de réseau virtualisées telles que le RAN virtuel, l'EPC virtuel et l'IMS virtuel. Elle permet aux fournisseurs de services d'adapter dynamiquement l'infrastructure du réseau pour répondre aux demandes des clients.
- **Densité de connexion :** la 5G vise à fournir une connectivité à près d'un million d'appareils dans une zone d'un kilomètre carré.

Cas d'utilisation de la 5G

La technologie 2G était destinée aux appels téléphoniques et aux services SMS. La technologie 2,5G ou EDGE était destinée aux services de courrier électronique, la technologie 3G au web, la technologie 4G à la vidéo et la technologie 5G à des cas d'utilisation que nous ne pouvons pas imaginer.

La technologie 5G répond aux besoins de nombreuses industries, notamment les suivantes :
- Sécurité publique
- Radiodiffusion / Diffusion des médias
- Industrie automobile (systèmes de transport public)
- Aéronautique (Drones)
- Santé / Bien-être
- Utilitaires
- L'éducation

Voici quelques-uns des principaux cas d'utilisation de la 5G :
- Haut débit mobile amélioré (eMBB)
- Services fixes sans fil à large bande
- Chirurgie robotique
- Voitures autonomes
- Services massifs de l'internet des objets (IOT)
- Télévision en direct
- Réalité virtuelle / Réalité augmentée
- Réseau privé sans fil pour les entreprises
- Appels holographiques

Une explication détaillée des cas d'utilisation sera donnée dans le chapitre "Cas d'utilisation de la 5G".

1.6 4G contre 5G

L'infrastructure du réseau 4G est basée sur l'architecture Long Term Evolution (LTE). L'infrastructure du réseau 5G est basée sur l'architecture 5G Next Generation Core (5G NG-Core). Il existe une différence significative entre les deux technologies en termes de vitesse, de latence, de plages de fréquences du spectre, de cas d'utilisation pris en charge, de prise en charge du découpage du réseau, d'architecture RAN et d'architecture du réseau central.

Le tableau 2.1 présente les différences entre les technologies 4G et 5G.

Critères	4G	5G
Vitesse	300 - 400 Mbps (laboratoire) 40 - 100 Mbps (monde réel)	1000 Mbps (laboratoire) 300 - 400 Mbps (monde réel)
Temps de latence	50 ms	1 - 2 ms
Fréquence	2 - 8 GHz	Sub 6 GHz (5G macro optimisé), 3-30 GHz (5G E petites cellules) 30-100 GHz (5G Ultra Dense)
Cas d'utilisation	Voix sur LTE Haut débit mobile Vidéo en ligne Jeux en ligne	Haut débit mobile amélioré Réalité augmentée / Réalité virtuelle Internet des objets (IOT) Appels holographiques Voitures autonomes sans fil fixe Chirurgies robotisées
Découpage du réseau	Non	Oui
Tours de téléphonie mobile	Grandes tours dans des communautés concentrées	Des petites cellules sont installées à presque tous les coins de rue, en plus des tours de téléphonie mobile.
Architecture des services	Orienté vers la connexion	Orienté services
Architecture	Evolution à long terme (LTE)	Noyau de nouvelle génération (NG-Core) Nouvelle radio (NR)

TABLEAU 1.2 4G VERSUS 5G

Questions importantes :

1. Qu'est-ce que la 5G ?
2. Quelles sont les différences entre la 4G et la 5G ?
3. Quelle est la vitesse de la 5G ?
4. Quelle est la latence supportée par la 5G ?
5. Quelles sont les gammes de fréquences prises en charge par la 5G ?
6. Quels sont les changements apportés par la 5G par rapport à la 4G ?
7. Quels sont les cas d'utilisation permis par la 5G ?

1.7 Noyau de nouvelle génération (NG-Core)

Le NG-Core pour la 5G est l'équivalent du Evolved Packet Core (EPC) dans un réseau 4G. L'architecture 5G NG-Core prend en charge la virtualisation et permet de déployer les fonctions du plan utilisateur séparément des fonctions du plan de contrôle. En outre, les fonctions du plan utilisateur et du plan de contrôle peuvent être mises à l'échelle de manière indépendante. L'architecture 5G NG-Core prend en charge les identités basées sur l'identité internationale de l'abonné mobile (IMSI) et les identités non basées sur l'IMSI pour l'authentification des services. Le NG-Core prend en charge des capacités telles que le découpage du réseau, qui permet de répartir les ressources du réseau entre différents clients, services ou cas d'utilisation.

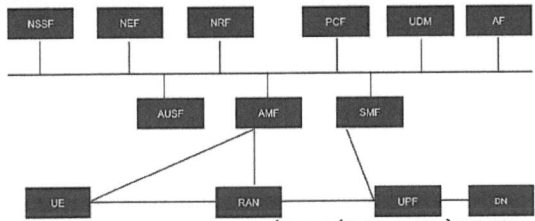

FIG 1.13 ARCHITECTURE DÉTAILLÉE DU SYSTÈME 5G

Fonctions de réseau dans le NG-Core

L'architecture 5G NG-Core comprend les fonctions de réseau suivantes :
1. Fonction serveur d'authentification (AUSF)
2. Fonction de gestion de l'accès et de la mobilité (AMF)
3. Réseau de données (DN)
4. Fonction d'exposition en réseau (NEF)

5. Fonction de référentiel réseau (NRF)
6. Fonction de sélection des tranches de réseau (NSSF)
7. Fonction de contrôle des politiques (PCF)
8. Fonction de gestion de session (SMF)
9. Gestion unifiée des données (UDM)
10. Fonction du plan utilisateur (UPF)
11. Fonction d'application (AF)

Fonction de serveur d'authentification (AUSF) - AUSF agit en tant que serveur d'authentification, effectuant l'authentification de l'UE à l'aide du protocole d'authentification extensible (EAP). L'EAP est un protocole couramment utilisé dans les réseaux WiFi pour l'authentification des clients WiFi. Dans le réseau 4G, la fonction AUSF faisait partie de la fonction Home Subscriber S e r v e r (HSS).

Fonction de gestion de l'accès et de la mobilité (AMF) - Responsable de la gestion des connexions, de la gestion de l'enregistrement et de la gestion de la mobilité (traitement de la joignabilité et de l'état de mobilité en mode inactif/actif). Elle s'occupe également de l'authentification et de l'autorisation d'accès. L'AMF prend également en charge la fonction d'interception légale pour les événements AMF. Dans le réseau 4G, cette fonction faisait partie de l'entité de gestion de la mobilité (MME).

Réseau de données (DN) - Le DN offre des services d'opérateur, l'accès à l'internet et des services de tiers.

Fonction d'exposition au réseau (NEF) - La NEF est un proxy ou un point d'agrégation d'API pour le réseau central et assure la sécurité lorsque des services ou des fonctions d'application externes accèdent aux nœuds du réseau central 5G. Il s'agit d'une nouvelle fonction introduite dans l'architecture 5G.

Fonction de dépôt de réseau (NRF) - NRF prend en charge la découverte de services et maintient/fournit des profils d'instances de fonctions de réseau. Il s'agit d'une nouvelle fonction introduite dans l'architecture 5G.

Fonction de sélection des tranches de réseau (NSSF) - La fonction NSSF prend en charge la sélection des instances de tranches de réseau pour desservir l'équipement de l'utilisateur (UE), sur la base des informations d'attribution de sélection des tranches de réseau (NSSAI) configurées ou autorisées pour un UE donné. Il s'agit d'une nouvelle fonction introduite dans l'architecture 5G.

Fonction de contrôle des politiques (PCF) - La PCF fournit un cadre politique unifié et partage les règles politiques avec les fonctions du plan de contrôle, afin de les mettre en œuvre. Elle accède également aux informations d'abonnement pertinentes pour les décisions de politique à partir du référentiel de données unifié (UDR). Le PCF faisait partie de la fonction PCRF dans le réseau 4G.

Fonction de gestion des sessions (SMF) - La fonction SMF assure la gestion des sessions, l'attribution et la gestion des adresses IP de l'UE et les fonctions DHCP. Elle assure également la configuration de l'orientation du trafic pour la fonction du plan utilisateur (UPF) en vue d'un acheminement correct du trafic. La fonction SMF a été répartie entre la fonction MME et la fonction de passerelle de paquets (PGW) dans le réseau 4G.

Gestion unifiée des données (UDM) - L'UDM fournit des informations d'authentification et d'accord de clé (AKA), le traitement de l'identification de l'utilisateur, l'autorisation d'accès et les fonctions de gestion de l'abonnement. L'UDM faisait partie de la fonctionnalité HSS dans l'architecture 4G.

Fonction du plan utilisateur (UPF) - L'UPF assure les fonctions de routage et de transmission des paquets. En outre, elle gère également les services de qualité de service. La fonction UPF a été répartie entre la passerelle de desserte (SGW) et le PGW dans l'architecture 4G. La séparation du plan utilisateur et du plan de contrôle dans les deux SGW/PGW permet aux fournisseurs de services de déployer l'UPF plus près de la périphérie du réseau. Dans la 5G, la fonction UPF peut être déployée à la périphérie du réseau, en plus du cœur du réseau, afin d'améliorer les performances du réseau et de réduire la latence.

Fonction d'application (AF) - La fonction AF est similaire à la fonction AF du réseau 4G. Elle interagit avec le cœur de la 5G pour fournir des services tels que l'influence de l'application sur le routage du trafic, l'accès à la fonction d'exposition au réseau (NEF) et l'interaction avec le cadre de politique pour le contrôle de la politique.

Séparation des plans de contrôle et d'utilisateur dans le cœur de la 5G

CUPS signifie Control and User Plane Separation (séparation des plans de contrôle et d'utilisation). Il a été introduit par le 3GPP pour l'Evolved Packet Core (EPC) dans le cadre de ses spécifications Release 14.

Besoin de CUPS

Les fournisseurs de services du monde entier constatent un bond dans la croissance des données mobiles, année après année, en raison de l'augmentation de la consommation de vidéos, de jeux en ligne et de services de médias sociaux. La 5G n'est pas seulement confrontée au défi de prendre en charge des vitesses de données plus élevées, elle doit aussi réduire la latence du réseau pour les clients. La latence du réseau a un impact direct sur l'expérience du client et est presque un élément non négociable pour les nouveaux cas d'utilisation de la 5G.

Les architectes de la 5G ont cherché de multiples façons de réduire la latence du réseau pour les clients, afin de répondre aux exigences des cas d'utilisation émergents de la 5G tels que les voitures intelligentes, l'AR/VR et les hologrammes. L'architecture de la 5G tente de réduire le temps de latence du réseau grâce à de multiples mécanismes tels que le découpage du réseau, le MIMO massif, les petites cellules et l'informatique de périphérie à accès multiples (MEC). L'infrastructure MEC, plus proche de l'utilisateur, joue un rôle essentiel dans la réduction de la latence du réseau en fournissant une infrastructure de calcul pour les services Over-The-Top (OTT) et l'internet des objets (IOT). CUPS est une autre technique de la 5G qui contribue à réduire la latence du réseau.

Les multiples options de déploiement prises en charge par CUPS offrent une grande souplesse aux fournisseurs de services, qui peuvent ainsi déployer les fonctions du plan utilisateur à un ou plusieurs endroits pour répondre aux exigences de bande passante et de latence des services clients. Par exemple, un fournisseur de services peut avoir à déployer plus d'instances de la fonction de plan d'utilisateur près d'une résidence universitaire, où plusieurs centaines d'étudiants regardent des vidéos et jouent à des jeux en ligne. En revanche, dans un stade, il y aura plusieurs milliers d'utilisateurs mobiles qui consulteront leurs courriels, navigueront sur l'internet et téléchargeront des photos. Dans de tels endroits, le plan de contrôle doit s'adapter pour prendre en charge plusieurs milliers de sessions de clients. Le fournisseur de services peut donc être amené à déployer davantage de fonctions du plan de contrôle dans ces zones géographiques pour prendre en charge les milliers d'utilisateurs mobiles.

CUPS dans l'architecture 4G

CUPS a été introduit à l'origine dans l'architecture EPC (Evolved Packet Core) de la 4G. L'EPC avec la prise en charge de CUPS sépare la fonction du plan de contrôle de la fonction du plan utilisateur dans le réseau. Les fonctions de réseau au sein de l'EPC 4G, telles que la passerelle de paquets (PGW), la passerelle de desserte (SGW) et la fonction de détection du trafic (TDF), ont été divisées en fonctions du plan de contrôle et du plan utilisateur. L'EPC prenant en charge CUPS disposait de PGW-U/ PGW-C, SGW-U/SGW-C et TDF-U/TDF-C.

Lorsque l'EPC prend en charge CUPS, les fournisseurs de services ont la possibilité de
- déployer les fonctions du plan de contrôle au même endroit que les fonctions du plan utilisateur (c'est-à-dire dans le même centre de données)
- déployer les fonctions du plan de contrôle et les fonctions du plan utilisateur de m a n i è r e distribuée, sur plusieurs sites
- déployer la fonction du plan de contrôle en un lieu centralisé et déployer les fonctions du plan utilisateur en plusieurs lieux

La 5G adopte une architecture basée sur CUPS pour le cœur de la 5G. Le cœur de la 5G dispose d'une fonction de plan utilisateur (UPF) distincte qui gère toutes les fonctions du plan utilisateur exécutées par SGW-U et PGW-U dans l'EPC 4G. Les fonctions du plan de contrôle de la 5G sont réparties entre différentes fonctions de réseau telles que la fonction de serveur d'authentification (AUSF), la gestion des données utilisateur (UDM), la fonction de politique et de tarification (PCF) et la fonction de gestion des sessions (SMF). Les fournisseurs de services disposent ainsi d'une grande souplesse pour décider des fonctions de réseau qui doivent être déployées à la périphérie du réseau plutôt qu'au cœur du réseau.

Étant donné que la 5G prend en charge les services réseau natifs, il devient facile pour les fournisseurs et les prestataires de services de mettre en œuvre CUPS dans l'architecture du réseau 5G (par rapport au réseau 4G).

Approche de la communication pour les fonctions du réseau central

L'architecture 5G apporte une différence significative dans la manière dont les fonctions du réseau central communiquent entre elles. L'architecture 5G prend en charge deux approches pour la communication entre les fonctions du réseau central : l'architecture point à point et l'architecture basée sur les services (SBA).

- **Point à point** - Dans le réseau 4G traditionnel, les fonctions du réseau central communiquaient entre elles sur la base de points de référence et d'interfaces reliant ces points de référence. Dans le réseau 4G, la communication entre les fonctions du réseau central se fait de point à point. En d'autres termes, il y aura toujours un émetteur et un récepteur pour toute communication entre les éléments du réseau 4G. Le réseau 5G prend également en charge l'approche architecturale point à point traditionnelle.

- **Architecture basée sur les services (SBA)** - Outre la prise en charge de l'architecture point à point, la SBA est une nouvelle approche introduite dans l'architecture du réseau 5G. Dans l'architecture basée sur les services, les fonctions du réseau central sont soit des producteurs, soit des consommateurs de divers services de réseau. Dans le modèle producteur-consommateur, il peut y avoir un producteur et plusieurs consommateurs. Ils communiquent entre eux à l'aide d'interfaces de programmation (Restful API). L'architecture 5G fournit un cadre permettant aux différentes fonctions du réseau de produire et de consommer des services de manière efficace. Il existe deux types de modèles de communication pris en charge par le SBA :

  o Modèle demande-réponse - Ce modèle est utilisé pour échanger des demandes d'informations simples et des réponses entre les fonctions du réseau. Ce modèle utilise des demandes et des réponses synchrones. Par exemple, l'authentification d'un abonné dans le réseau.
  o Modèle "Subscribe-Notify" - Ce modèle est utilisé pour les demandes dont le traitement prendrait beaucoup de temps pour être notifiées lors d'un événement. Une ou plusieurs fonctions du réseau central peuvent s'abonner aux notifications. Par exemple, si une fonction de réseau souhaite être informée lorsqu'un abonné se déplace d'un lieu géographique à un autre, elle peut utiliser le mécanisme Subscribe-Notify pour s'inscrire à l'événement de mobilité de l'abonné et être informée de l'emplacement de l'abonné.

Le cadre SBA fournit les fonctionnalités nécessaires à une utilisation efficace des services, telles que l'enregistrement, la découverte des services, les notifications de disponibilité, le désenregistrement, l'authentification et l'autorisation.

1.8 Noyau de paquets évolués (EPC)

L'Evolved Packet Core (EPC) est un cadre permettant de fournir des services convergents de voix et de données sur un réseau 4G Long-Term Evolution (LTE).

Les architectures de réseaux 2G et 3G traitent et commutent la voix et les données dans deux sous-domaines distincts : la commutation de circuits (CS) pour la voix et la commutation de paquets (PS) pour les données. L'Evolved Packet Core unifie la voix et les données sur une architecture de service IP (Internet Protocol) et la voix est traitée comme une application IP parmi d'autres. Cela permet aux opérateurs de déployer et d'exploiter un seul réseau de commutation de paquets pour les services 2G, 3G, WLAN, WiMax, LTE et l'accès fixe (Ethernet, DSL, câble et fibre).

Les éléments clés de l'EPC sont les suivants :

- *Entité de gestion de la mobilité (MME)* - gère les états de session, authentifie et suit un utilisateur sur le réseau.

- *Passerelle de desserte (S-gateway)* - achemine les paquets de données à travers le réseau d'accès.

- *Passerelle de nœuds de données par paquets (PGW)* - sert d'interface entre le réseau LTE et d'autres réseaux de données par paquets ; gère la qualité de service (QoS) et assure l'inspection approfondie des paquets (DPI).

- *Policy and Charging Rules Function (PCRF)* - prend en charge la détection des flux de données de service, l'application des politiques et la tarification en fonction des flux.

Les normes de fonctionnement de l'EPC ont été spécifiées par un groupe commercial industriel appelé Third Generation Partnership Project (3GPP) au début de l'année 2009. L'EPC est l'élément central de l'évolution de l'architecture des services (SAE), l'architecture LTE plate du 3GPP.

1.9 Virtualized Evolved Packet Core (vEPC) (cœur de paquets évolués virtualisé)

Un Virtual Evolved Packet Core (vEPC) est un cadre pour le traitement et la commutation de la voix et des données dans les réseaux mobiles, mis en œuvre par la virtualisation des fonctions de réseau (NFV), qui virtualise les fonctions d'un Evolved Packet Core (EPC). Le cadre vEPC a été utilisé pour les réseaux mobiles 4G LTE et constituera également un élément clé de l'architecture des réseaux 5G à venir.

Le Virtual Evolved Packet Core (vEPC) est fonctionnellement similaire à l'EPC physique. Cependant, la manière dont l'EPC est déployé et géré est différente de l'EPC physique. Il existe deux méthodes de déploiement d'un Evolved Packet Core (EPC) virtualisé :

1. Un EPC virtuel tout-en-un (vEPC)
2. Instances autonomes de MME, PGW, SGW, HSS et PCRF.

Chacune de ces approches présente des avantages et des inconvénients. Dans un modèle de déploiement tout-en-un, il est facile de gérer l'instance vEPC comme une seule entité. Toutefois, il manque des mécanismes pour faire évoluer individuellement un ou plusieurs services. Par exemple, si le fournisseur de services souhaite augmenter l e nombre d'instances de PCRF, il ne peut le faire qu'en créant plusieurs instances du vEPC tout-en-un.

Dans un déploiement avec des instances autonomes des composants vEPC, le fournisseur de services peut faire évoluer individuellement les composants. Par exemple, s'il est nécessaire d'augmenter le nombre d'instances de PCRF, il est possible de le faire en faisant tourner une ou plusieurs instances de l'application PCRF. Cette approche permet d'optimiser l'utilisation des ressources sur le nuage télécom et apporte de l'agilité. Toutefois, la gestion des instances autonomes sur le nuage de télécommunications entraîne des frais généraux. Les fournisseurs d'équipements de réseau peuvent aider à compenser ce surcoût de gestion en fournissant un gestionnaire de VNF spécifique au vEPC avec le vEPC.

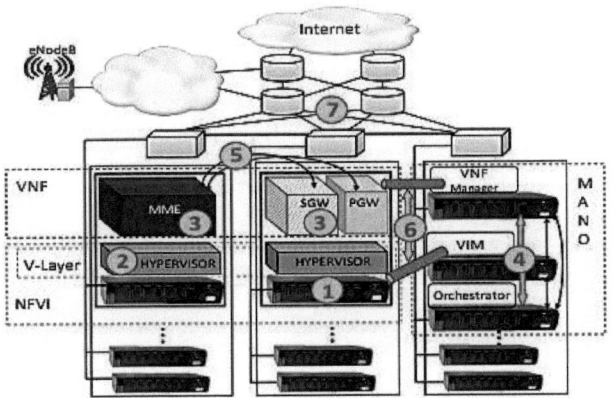

Fig 1.14 vEPC

L'architecture du vEPC sera différente de celle d'un EPC physique. Voici quelques-unes des principales différences architecturales entre un EPC physique et un EPC virtuel :

• Un EPC virtuel peut comporter une ou plusieurs machines virtuelles pour chacun des composants. Par exemple, un service PCRF peut comporter plusieurs microservices. Chacun de ces microservices peut être exécuté sur une VM séparée ou un conteneur, sur le nuage télécom.

• Les informations relatives à l'état de la session d'un abonné dans un EPC physique peuvent être stockées dans la mémoire vive ou la mémoire transitoire du matériel. Un EPC physique atteint une haute disponibilité et une grande fiabilité en déployant plusieurs instances physiques du matériel de l'EPC. Toutefois, dans un déploiement d'EPC virtuel, l'instance vEPC peut stocker les informations relatives à l'état de la session dans une base de données fiable, afin d'assurer la continuité de la session en cas de basculement.

• Un EPC physique s'appuie sur le matériel sous-jacent pour l'accélération de la voie de données. Un EPC virtuel s'appuie sur des technologies d'accélération du plan de données basées sur des logiciels. Dans un EPC virtuel, le plan de données est dimensionné en utilisant des technologies telles que SRIOV (Single Root - Input/ Output Virtualization). SRIOV partitionne une carte d'interface réseau physique en plusieurs cartes d'interface réseau virtuelles (vNIC) et fournit un accès direct à la carte d'interface réseau physique, en contournant la couche de l'hyperviseur. L'EPC virtuel tire également parti de plusieurs avancées dans l'accélération du plan de données, telles que le kit de développement du plan de données (DPDK) et FD.io (entrée/sortie rapide des données).

QUESTIONS RELATIVES A LA DISPONIBILITE DES SERVICES DANS LE VEPC

Afin de guider les fournisseurs dans la conception et la mise en œuvre du vEPC, nous analysons les différentes sources de défaillance et leurs implications en termes de fiabilité. Cette section explique plus en détail comment les défaillances potentielles peuvent affecter la disponibilité du vEPC.

A. Sources de défaillance dans le vEPC

La figure **vEPC** illustre un scénario générique NFV-vEPC et ses sources de défaillance potentielles (cercles jaunes), numérotées comme suit :

1) Défaillance matérielle des serveurs COTS :
Comme tout composant matériel, les serveurs COTS sont susceptibles de tomber en panne. Il est reconnu que le matériel COTS présente une intensité de défaillance plus élevée que le matériel de télécommunication traditionnel servant des fonctions de réseau, voir par exemple. Pour faire face aux défaillances matérielles, les serveurs existants disposent de mécanismes de tolérance aux pannes conçus pour répondre aux exigences de traitement des pannes du domaine des télécommunications, par exemple l'exigence de disponibilité de cinq neuf, et d'une technologie mature qui a été améliorée au fil des générations de systèmes. Toutefois, pour faire face aux défaillances du matériel COTS et fournir des niveaux de disponibilité comparables, d'autres techniques de tolérance aux pannes peuvent être utilisées, par exemple la réplication active, le partage de la charge, etc. sur la base de mécanismes mis en œuvre dans une plate-forme générique.

2) Défaillances logicielles dans l'hyperviseur :
Un environnement de virtualisation a besoin d'un hyperviseur pour mettre en correspondance les fonctions virtuelles avec les ressources matérielles respectives requises. L'hyperviseur est géré à partir d'une architecture centralisée appelée VIM, mais il doit être installé séparément sur chaque composant matériel utilisé. L'hyperviseur peut être sujet à des défaillances logicielles qui peuvent affecter des processeurs individuels ou, puisque les hyperviseurs sur les processeurs individuels sont étroitement couplés logiquement, ils peuvent affecter des parties plus importantes de la couche de virtualisation à l'échelle du système.

3) Défaillances logicielles des VNF eux-mêmes :
La VNF est le logiciel contenant toute la logique qui permet la mise en œuvre des différentes parties de l'EPC. Comme dans tout type de logiciel, le VNF peut également contenir des défauts logiques susceptibles de provoquer des défaillances. En principe, le code utilisé pour mettre en œuvre ces fonctions est similaire pour l'EPC et le vEPC. Certains fournisseurs ont déjà des implémentations indépendantes du matériel de cette fonctionnalité, et il est donc considéré comme une hypothèse raisonnable que le taux d'échec ne changera pas beaucoup en déplaçant ces fonctions de l'EPC vers le vEPC. Toutefois, l'impact des défaillances peut être différent en termes de temps d'arrêt, de propagation des erreurs et de l'ensemble des fonctionnalités concernées.

4) Défaillances du MANO :
Le bon fonctionnement du MANO dépend du matériel, du logiciel et même de la connectivité entre les serveurs du MANO, puisque l'orchestrateur, le VIM et le gestionnaire de VNF peuvent être déployés sur différents serveurs physiques. Il existe deux points de vue concernant les défaillances du MANO. La première, plutôt optimiste, est qu'elles n'affecteront pas les opérations en cours, mais qu'elles inhiberont toute nouvelle opération. Une fois que le vEPC est défini, il n'est en principe pas nécessaire de consulter le MANO. Cependant, en cas de besoin, l'absence du MANO pourrait être catastrophique. L'autre point de vue, plus réaliste selon les auteurs, est qu'étant donné que le MANO peut modifier/influencer d'énormes parties de l'EPC par le biais d'une mauvaise opération et de la propagation d'erreurs, les conséquences des défaillances du MANO peuvent devenir catastrophiques.

5) Connexion logique entre les différentes fonctions de l'EPC :
Étant donné que les fonctions du vEPC seront très probablement réparties entre différents serveurs physiques, il est nécessaire d'établir une connectivité physique et logique entre chaque partie, comme l'illustre la source de défaillance numéro 5. Cette connectivité est sujette aux défaillances du réseau physique et à la connectivité virtuelle logique, et comme la topologie d'un centre de données peut être plus complexe, cette partie doit être soigneusement planifiée.

6) Connexion logique entre le MANO et le VNF/NFVI :
Du point de vue de la connectivité, la nature de la défaillance est similaire à celle présentée dans le cas précédent. Toutefois, les conséquences sont les mêmes que dans le cas d'une défaillance du système dans le MANO.

7) Défaillances dans les réseaux de distribution et les réseaux centraux : Cela influencera considérablement la disponibilité du système et doit être soigneusement pris en compte. On observe des niveaux élevés de fluctuation des trajets et un nombre considérable de défaillances impliquant une seule liaison. Cependant, les défauts et l'effet des défaillances correspondantes sont les mêmes pour l'EPC et le vEPC.

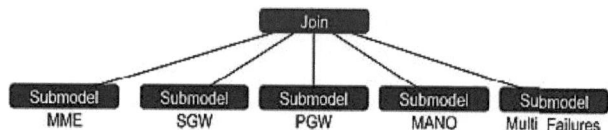

Fig 1.15 Modèle composé pour la disponibilité du vEPC

3G vs. 4G vs. 5G

	3G	4G	5G
DL Waveform	CDMA	OFDMA	OFDMA,SCFDMA
UL Waveform	CDMA	SCFDMA	OFDMA,SCFDMA
Channel Coding	Turbo	Turbo	LDPC (Data)/Polar (Control)
Beamforming	No	Data only	Full support
Spectrum	0.8-2.1 GHz	0.4-6 GHZ	0.4-52.6 GHz
Bandwidth	5 MHz	1.4-20 MHz	Up to 400 MHz
Network Slicing	No	No	Yes
QoS	Bearer based	Bearer based	Flow based
Small Packet Support	No	No	Connectionless
Cloud Support	No	No	Yes

Tableau 1.3 3G vs 4G vs 5G

Question à deux points Réponses

1. **Qu'est-ce que la technologie 5G ?**

La 5G est la cinquième génération de technologie cellulaire. Elle est conçue pour augmenter la vitesse, réduire la latence et améliorer la flexibilité des services sans fil.

2. **Qu'est-ce qu'un réseau d'accès radio ?**

Un réseau d'accès radio (RAN) est un composant majeur d'un système de télécommunications sans fil qui connecte des appareils individuels à d'autres parties d'un réseau par le biais d'une liaison radio. Le RAN relie l'équipement de l'utilisateur, tel qu'un téléphone portable, un ordinateur ou toute autre machine contrôlée à distance, via une connexion de liaison par fibre ou sans fil. Cette liaison est reliée au réseau central, qui gère les informations relatives aux abonnés, la localisation et d'autres éléments.

3. Quels sont les composants d'un réseau RAN ?

Un RAN est composé de trois éléments essentiels :

Les antennes convertissent les signaux électriques en ondes radio.

Les radios transforment les informations numériques en signaux qui peuvent être envoyés sans fil et garantissent que les transmissions s'effectuent dans les bandes de fréquences correctes avec les niveaux de puissance adéquats.

Les unités de bande de base (BBU) fournissent un ensemble de fonctions de traitement des signaux qui rendent possible la communication sans fil. La bande de base traditionnelle utilise des composants électroniques personnalisés combinés à plusieurs lignes de code pour permettre la communication sans fil, généralement en utilisant le spectre radio sous licence. Le traitement des BBU détecte les erreurs, sécurise le signal sans fil et garantit que les ressources sans fil sont utilisées efficacement.

4. Quels sont les types de réseaux d'accès radio ?

- RAN ouvert
- C-RAN
- Le RAN du système mondial de communications mobiles (GSM), ou GRAN, a été développé pour la 2G.
- GSM EDGE RAN, ou GERAN, est similaire à GRAN, mais il spécifie l'inclusion de services radio par paquets Enhanced Data GSM Environment.
- Le système universel de télécommunications mobiles (UMTS) Terrestrial RAN, ou UTRAN, est apparu avec la 3G.
- Le réseau RAN terrestre universel évolué, ou E-UTRAN, fait partie du LTE.

5. Expliquer l'Open RAN.

Le RAN ouvert est un sujet brûlant dans le monde des réseaux d'accès. Il s'agit de développer du matériel, des logiciels et des interfaces ouverts et interopérables pour les réseaux cellulaires sans fil qui utilisent des serveurs en boîte blanche et d'autres équipements standard, plutôt que le matériel sur mesure généralement utilisé dans les stations de base.

6. Expliquer C RAN.

Le C RAN sépare les éléments radio d'une station de base en têtes radio distantes (RRH). Celles-ci peuvent être utilisées au sommet des tours cellulaires pour obtenir la couverture radio la plus efficace.

Les RRH doivent être connectés à des contrôleurs de bande de base centralisés via des liaisons radio par fibre optique ou par micro-ondes. La plupart des traitements en bande de base utilisent des serveurs standard de type "white box".

7. Quelle est l'importance de la technologie 5G pour la société ?

Les avantages potentiels dans la sphère sociale sont une autre raison pour laquelle nous avons besoin de la technologie 5G. Les capacités de base de la 5G sont assez faciles à comprendre, mais les moyens par lesquels le réseau de prochaine génération pourrait contribuer à relever les défis sociétaux de plusieurs générations sont uniques et multiformes.

8. Qu'est-ce que le découpage du réseau ?

Le découpage du réseau est une méthode permettant de créer plusieurs réseaux logiques et virtualisés uniques sur une infrastructure multi-domaine commune. Grâce à la mise en réseau définie par logiciel (SDN), à la virtualisation des fonctions de réseau (NFV), à l'orchestration, à l'analyse et à l'automatisation, les opérateurs de réseaux mobiles (ORM) peuvent rapidement créer des tranches de réseau capables de prendre en charge une application, un service, un ensemble d'utilisateurs ou un réseau spécifique. Les tranches de réseau peuvent couvrir plusieurs domaines de réseau, y compris l'accès, le cœur et le transport, et être déployées par plusieurs opérateurs.

9. Expliquer les communications massives de type machine (mMTC).

C'est ce que l'on appelle plus communément aujourd'hui l'internet des objets, mais à une échelle beaucoup plus grande, avec des milliards d'appareils connectés au réseau. Ces appareils généreront beaucoup moins de trafic que les applications eMBB, mais ils seront beaucoup plus nombreux.

10. Expliquez les communications ultra-fiables à faible latence (urLLC).

Celles-ci permettront par exemple des interventions chirurgicales à distance ou des communications de véhicule à véhicule (v2x) et exigeront des ORM qu'ils disposent d'une capacité de calcul mobile en périphérie.

11. Qu'est-ce qu'un cœur de paquet virtuel évolué ?

Un Virtual Evolved Packet Core (vEPC) est un cadre pour le traitement et la commutation de la voix et des données des réseaux mobiles qui est mis en œuvre par la virtualisation des fonctions de réseau (NFV), qui virtualise les fonctions d'un Evolved Packet Core (EPC).

12. Définir l'Evolved Packet Core.

L'EPC (Evolved Packet Core) est un cadre permettant d'assurer la convergence de la voix et des données sur un réseau 4G Long Term Evolution (LTE). Les architectures de réseaux 2G et 3G traitent et commutent la voix et les données à travers deux sous-domaines distincts : la commutation de circuits (CS) pour la voix et la commutation de paquets (PS) pour les données.

13. **Qu'est-ce que la virtualisation des fonctions du réseau ?**

La virtualisation des fonctions de réseau (NFV) consiste à remplacer le matériel des appareils de réseau par des machines virtuelles. Les machines virtuelles utilisent un hyperviseur pour exécuter des logiciels de réseau et des processus tels que le routage et l'équilibrage de la charge.

14. **Quels sont les PDU de contrôle SDAP ?**

SDAP n'a qu'un seul PDU de contrôle appelé end-marker. Il est envoyé pour indiquer qu'un flux QoS spécifique n'est plus mappé au DRB/SL-DRB sur lequel ce PDU de contrôle est envoyé. Le flux de QoS est indiqué par un champ QFI/PQFI de 6 bits. Un champ D/C de 1 bit est mis à zéro pour indiquer le PDU de contrôle. Un champ R de 1 bit est réservé.

Lorsque le CRR configure un nouveau mappage, le PDU de marqueur de fin sur le DRB ou SL précédemment mappé, un DRB / SL DRB précédemment configuré ou le SDAP par défaut enverra le DRB. Ce dernier peut être DRB /SL- DRB.

15. **Expliquer la mise en réseau définie par logiciel.**

La mise en réseau définie par logiciel (SDN) est une approche de la mise en réseau qui utilise des contrôleurs logiciels ou des interfaces de programmation d'applications (API) pour communiquer avec l'infrastructure matérielle sous-jacente et diriger le trafic sur un réseau.

16. **Définir Fronthaul.**

Fronthaul, également connu sous le nom de fronthaul mobile, est un terme qui fait référence à la connexion par fibre du réseau d'accès radio en nuage (C-RAN), un nouveau type d'architecture de réseau cellulaire composé d'unités de bande de base centralisées (BBU) et de têtes radio distantes (RRH) au niveau de la couche d'accès du réseau.

UNITÉ II : CONCEPTS ET DÉFIS DE LA 5G

Principes fondamentaux des technologies 5G, aperçu de l'architecture du réseau central 5G, nouvelles technologies radio et cloud 5G, technologies d'accès radio (RAT), EPC pour 5G.

CONCEPTS ET DÉFIS DE LA 5G
2.1 Introduction au concept de la 5G

La 5G, qui correspond à la cinquième génération de technologie sans fil, représente un bond en avant significatif dans le monde de la communication mobile et sans fil. Elle introduit une nouvelle ère de connectivité qui va au-delà de ce qui était possible avec les générations précédentes comme la 4G (LTE).

Voici une introduction au concept de la 5G :

1. Débits de données plus élevés :
L'un des principaux objectifs de la 5G est de fournir des débits de données beaucoup plus rapides que ceux de la 4G. Elle promet des vitesses de plusieurs gigabits par seconde, permettant des téléchargements plus rapides, une diffusion en continu plus fluide et une expérience utilisateur améliorée.

2. Temps de latence ultra-faible :
La 5G est conçue pour atteindre une latence ultra-faible, réduisant le délai entre l'envoi et la réception des données à quelques millisecondes seulement. Cette faible latence est essentielle pour les applications en temps réel telles que les véhicules autonomes et la chirurgie à distance.

3. Connectivité massive :
La 5G vise à prendre en charge simultanément un nombre massif d'appareils connectés. C'est essentiel pour l'internet des objets (IoT), où des milliards de capteurs et d'appareils doivent communiquer efficacement.

4. Diverses bandes de fréquences :
La 5G fonctionne dans une large gamme de bandes de fréquences, y compris les bandes inférieures à 6 GHz et les ondes millimétriques (mmWave). Ces diverses bandes de fréquences offrent à la fois une large couverture et une grande largeur de bande.

5. Découpage du réseau :
La 5G introduit le concept de découpage du réseau, qui permet de diviser le réseau en plusieurs réseaux virtuels optimisés pour des cas d'utilisation spécifiques. Chaque tranche peut avoir des caractéristiques différentes, comme une faible latence pour les applications industrielles ou une large bande passante pour la diffusion de vidéos.

6. Renforcement de la sécurité :
La 5G comprend des fonctions de sécurité améliorées pour se protéger contre l'évolution des cybermenaces. L'amélioration du cryptage, de l'authentification et de la gestion sécurisée des appareils fait partie intégrante de la sécurité de la 5G.

7. Efficacité énergétique :
Les technologies 5G sont conçues pour être plus économes en énergie que les générations précédentes, ce qui est important pour prolonger la durée de vie des batteries des appareils et réduire l'impact sur l'environnement.

8. Architecture Cloud-Native :
Les réseaux 5G sont en train de passer à une architecture "cloud-native", qui permet aux opérateurs de réseaux de déployer et d'adapter les services de manière plus dynamique et plus efficace.

9. Normes ouvertes : Les technologies 5G reposent sur des normes ouvertes, ce qui permet l'interopérabilité entre les équipements des différents fournisseurs et favorise l'innovation.

2.1.1 Types de réseaux 5G

En ce qui concerne le réseau 5G, il existe trois types principaux. Il s'agit de -

- **5G à faible bande** - Cette technologie est 20 % plus rapide que les réseaux LTE 4g.
- **Bande moyenne 5G** - Elle est près de six fois plus rapide que la 4G LTE.
- **MmWave High band 5G** - Cette technologie est près de 10 fois plus rapide que les réseaux 4G.

2.1.2 Défis de la mise en œuvre de la 5G :

Si la 5G est extrêmement prometteuse, elle s'accompagne également de plusieurs défis et considérations :

1. Déploiement de l'infrastructure : La mise en place de l'infrastructure nécessaire à la 5G, y compris le déploiement de nouvelles stations de base et la mise à niveau des stations existantes, est une entreprise de grande envergure qui nécessite des investissements considérables.

2. Un volume de données considérable
Au fur et à mesure que la technologie progresse, le volume de données de chaque réseau augmente également chaque année et la tendance est à la hausse. Chaque réseau doit prendre en charge un énorme volume de données car de nombreuses applications sont capables d'effectuer des appels vidéo à haute résolution, des diffusions en direct, des téléchargements, etc.

La tendance des nouveaux médias est à la norme vidéo et la demande de contenus vidéo est énorme par rapport à la forme textuelle conventionnelle. Les jeux multimédias, les applications de réalité augmentée (AR) et de réalité virtuelle (VR) nécessitent un réseau à haut débit pour une meilleure expérience utilisateur.

3. Technologie MIMO

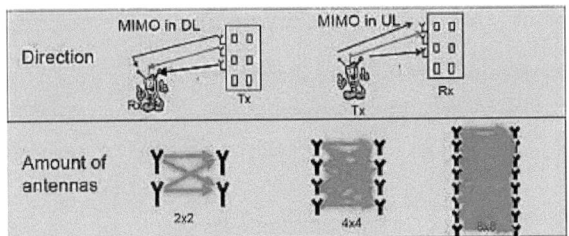

Fig 2.1 Technologie MIMO

Des réseaux d'antennes MIMO complexes seront utilisés pour fournir des données à haut débit à des utilisateurs individuels. L'idée de MIMO est d'augmenter le nombre d'antennes de transmission au niveau de la station de base et de l'appareil mobile (UE) pour maximiser le transfert de données en envoyant et en recevant simultanément. La technologie MIMO nécessite des algorithmes complexes et la capacité des appareils, tant au niveau de la station de base que de l'équipement de l'utilisateur.

4. Formation de faisceaux

Fig 2.2 Formation de faisceaux

Afin d'éviter le gaspillage de l'énergie de transmission, la nouvelle génération de technologie de transmission sans fil utilisera la méthode de formation de faisceaux pour transmettre efficacement les données aux appareils des utilisateurs. Par rapport aux stations de base conventionnelles, la technologie de formation de faisceaux localisera précisément l'emplacement de l'utilisateur et transmettra les signaux dans cette direction à l'aide d'un système sophistiqué de réseaux d'antennes.

Le concept de formation de faisceaux permet de réduire considérablement la puissance de fonctionnement des stations de base. Cependant, la formation de faisceaux est une tâche complexe qui consiste à localiser chaque appareil dans une cellule particulière et qui nécessite un traitement de haut niveau dans les stations de base.

5. Disponibilité du spectre :

L'attribution et la gestion du spectre radioélectrique nécessaire aux réseaux

5G peut être un processus complexe, en particulier dans les zones densément peuplées.

6. Communication de dispositif à dispositif

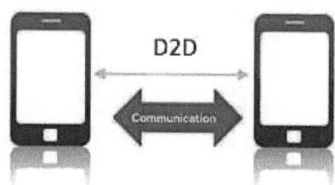

Fig 2.3 Communication D2D

La communication D2D est un nouveau concept visant à améliorer la connectivité mobile en utilisant un appareil mobile comme centre de données pour les autres appareils qui ne peuvent pas accéder au signal de la station de base. La communication d'appareil à appareil est considérée comme l'un des modes de communication les plus efficaces dans les situations d'urgence (comme les catastrophes naturelles) où la connectivité est limitée ou inexistante. Cependant, des protocoles de transmission de données complexes sont nécessaires pour mettre en œuvre la communication D2D.

7. Service à très faible latence

Les applications critiques et les voitures autonomes nécessitent des services à très faible latence pour garantir un fonctionnement sans heurts. Tout retard peut entraîner des résultats inattendus et dévastateurs dans les applications critiques. Des temps de latence inférieurs à 1 milliseconde doivent être obtenus pour satisfaire les applications médicales telles que les interventions chirurgicales à distance.

8. Réseau d'ultra fiabilité

Les services et applications d'urgence ont besoin d'un réseau très fiable pour déclencher immédiatement l'alerte en cas de situation critique. Les dispositifs de surveillance de la santé, les dispositifs de soins à distance pour les patients, les s e r v i c e s d'incendie et de secours, la police et les services d'ambulance, etc. nécessitent un réseau sans fil pour communiquer, que les dispositifs s'activent d'eux-mêmes ou qu'ils soient déclenchés par les utilisateurs.

La surveillance en temps réel des patients (surveillance de la glycémie, de la tension artérielle et du pouls) ayant des besoins particuliers est en augmentation et cette tendance va s'accentuer à l'avenir. L'interaction entre le patient et le médecin est importante pour le signalement, le diagnostic et le traitement.

Un réseau ultra fiable est important pour toutes les applications de télésurveillance médicale.

9. Interférences et couverture : L'utilisation de bandes d'ondes millimétriques à haute fréquence peut entraîner une couverture limitée et une sensibilité aux interférences causées par des obstacles tels que des bâtiments

et des arbres.
10. **Préoccupations en matière de sécurité :** Avec l'augmentation de la connectivité et l'intégration d'infrastructures critiques dans les réseaux 5G, la sécurité devient une préoccupation majeure. La protection contre les cybermenaces est un défi permanent.
11. **Le coût :** Le développement, le déploiement et la maintenance des réseaux 5G peuvent être coûteux, et ce coût peut être répercuté sur les consommateurs.
12. **Conformité réglementaire :** Il est essentiel de veiller à ce que les réseaux 5G soient conformes aux réglementations et aux normes locales et internationales.
13. **Adoption par les consommateurs :** L'adoption généralisée par les consommateurs d'appareils et de services compatibles avec la 5G pourrait prendre du temps, en particulier dans les régions dotées d'une infrastructure 4G existante.
14. **Questions relatives à la protection de la vie privée :** La 5G permettant la collecte de grandes quantités de données, les problèmes de confidentialité doivent être soigneusement pris en compte pour protéger les informations des utilisateurs.

En conclusion, la 5G est une technologie transformatrice qui a le potentiel de révolutionner diverses industries et de permettre de nouvelles applications. Toutefois, elle s'accompagne également de son lot de défis qu'il convient de relever pour en tirer pleinement parti.

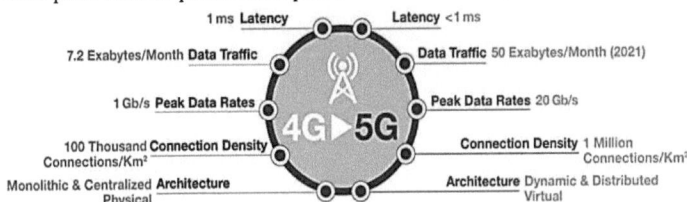

Fig.2.4 Différence entre la 4G et la 5G

2.2 Principes fondamentaux des technologies 5G

Les aspects fondamentaux de la technologie 5G (cinquième génération) s'articulent autour de plusieurs principes et caractéristiques clés qui la distinguent de ses prédécesseurs (4G, 3G, etc.).

Voici les aspects fondamentaux des technologies 5G :

1. **Des débits de données plus élevés :** La 5G offre des débits de données nettement plus élevés que les générations précédentes. Elle vise à fournir des débits

de pointe de plusieurs Gbps (gigabits par seconde), permettant des téléchargements et des téléversements plus rapides.

2. **Faible latence :** L'un des aspects les plus importants de la 5G est sa faible latence. Les réseaux 5G visent à atteindre un temps de latence très faible, ce qui est essentiel pour des applications telles que les véhicules autonomes, la chirurgie à distance et la réalité augmentée/virtuelle.

3. **Haute densité d'appareils :** la 5G est conçue pour prendre en charge un nombre massif d'appareils connectés par unité de surface. Cet aspect est crucial pour l'internet des objets (IoT), où de nombreux capteurs et appareils doivent communiquer simultanément.

4. **Amélioration de l'efficacité du spectre :** la 5G utilise des technologies avancées telles que le MIMO massif (entrées multiples, sorties multiples) et la formation de faisceaux pour mieux utiliser le spectre disponible, ce qui améliore l'efficacité spectrale.

5. **Découpage du réseau :** La 5G introduit le découpage du réseau, qui permet de diviser le réseau en plusieurs réseaux virtuels optimisés pour des cas d'utilisation spécifiques. Chaque tranche peut avoir des caractéristiques différentes, comme une faible latence pour les applications industrielles ou une large bande passante pour le streaming vidéo.

6. **Bandes de fréquences diversifiées :** La 5G fonctionne dans un plus grand nombre de bandes de fréquences, y compris les bandes sub-6 GHz et mmWave (ondes millimétriques). Les ondes mmWave offrent une bande passante extrêmement large mais ont une portée limitée, tandis que les bandes sub-6 GHz offrent une couverture plus large.

7. **Connectivité massive :** la 5G permet une communication massive de type machine (mMTC) pour connecter efficacement un grand nombre d'appareils IoT de faible puissance. Cela permet de soutenir des applications telles que les villes et l'agriculture intelligentes.

8. **Amélioration de la sécurité :** La 5G comprend des fonctions de sécurité améliorées pour se protéger contre l'évolution des cybermenaces. C'est essentiel car de plus en plus de services et d'infrastructures critiques dépendent des réseaux 5G.

9. **Efficacité énergétique :** les technologies 5G sont conçues pour être plus efficaces sur le plan énergétique que les générations précédentes, ce qui est important pour prolonger la durée de vie de la batterie des appareils et réduire l'impact sur l'environnement.

10. **Synchronisation du réseau :** Les réseaux 5G comprennent de meilleures capacités de synchronisation pour soutenir les applications qui nécessitent une synchronisation précise, telles que les transactions financières et l'automatisation industrielle.

11. **Modulation et codage avancés :** La 5G utilise des schémas de modulation et de codage avancés pour accroître l'efficacité spectrale et améliorer les débits de transmission de données.

12. **Architecture native dans le nuage :** Les réseaux 5G sont en train de passer à une architecture native dans le nuage, qui permet aux opérateurs de réseaux de déployer et d'adapter les services de manière plus dynamique et plus efficace.

13. **Informatique de périphérie :** L'informatique en périphérie est étroitement intégrée à la 5G afin de réduire la latence et de traiter les données au plus près de l'endroit où elles sont générées. Cela est essentiel pour les applications en temps réel telles que les véhicules autonomes et la réalité augmentée.

14. **Normes ouvertes :** Les technologies 5G reposent sur des normes ouvertes, ce qui permet l'interopérabilité entre les équipements des différents fournisseurs et favorise l'innovation.

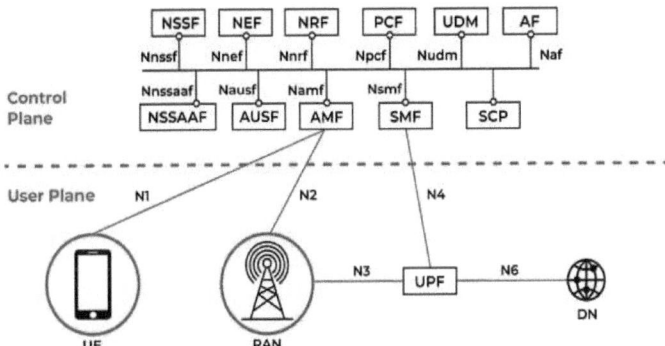

Fig 2.5 Principes fondamentaux des technologies 5G

- "Des débits de données plus élevés, une faible latence et une connectivité massive sont les principales caractéristiques de la 5G.
- La rubrique "Diverse Frequency Bands" montre le large spectre utilisé par la 5G.
- Le "découpage du réseau" met en évidence le concept de réseaux virtuels personnalisés.
- Les rubriques "Renforcement de la sécurité" et "Efficacité énergétique" mettent

l'accent sur les améliorations en matière de sécurité et d'efficacité.
- Les termes "Cloud-Native Architecture" et "Open Standards" décrivent la nature ouverte et basée sur le cloud des technologies 5G.

Ces aspects fondamentaux font collectivement de la 5G une technologie transformatrice, permettant une large gamme d'applications dans tous les secteurs, des soins de santé aux transports, en passant par les loisirs et la fabrication. Elle constitue le fondement de l'avenir de la communication et de la connectivité sans fil.

2.3 Aperçu de l'architecture du réseau central 5G

Comme dans la génération précédente de réseaux de communication cellulaire, le système 5G du 3GPP définit un ensemble de blocs fonctionnels dont l'architecture et la mise en œuvre ne permettent pas d'établir une communication entre l'UE (équipement de l'utilisateur) et le point final, par exemple un AS (serveur d'application) dans le DN (réseau de données) ou au sein d'un autre UE. La figure 5 montre l'architecture de la communication 5G de bout en bout.

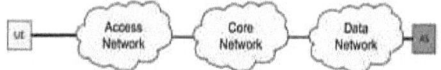

Fig. 2.6 Architecture 5G de bout en bout

1. **Équipement de l'utilisateur (UE)** : Il s'agit des différents appareils utilisés par les utilisateurs finaux, tels que les smartphones, les tablettes, les appareils IoT, etc.

2. **Réseau d'accès radio (RAN)** : Le RAN se compose des stations de base (par exemple, gNodeB dans la 5G) et fournit la connectivité sans fil entre les UE et le réseau central. Il est responsable des communications radio et des procédures de transfert.

3. **Réseau central 5G (5GC)** : Le réseau central 5G est la partie centrale de l'architecture, responsable de la gestion et du contrôle des fonctions du réseau. Il est conçu pour être flexible, évolutif et prendre en charge une large gamme de services.

4. **Les fournisseurs de services** : Ce sont les organisations qui offrent des services 5G aux utilisateurs finaux et aux entreprises. Ils se connectent à la 5GC pour fournir des services.

5. **Fonctions de réseau dans 5GC :**
i. AMF (fonction de gestion de l'accès et de la mobilité) : responsable des éléments suivants
– Terminaison de l'interface du plan de contrôle RAN (NG2)
– Terminaison des NAS (NG1), chiffrement des NAS et protection de l'intégrité
– Gestion de la mobilité
– Interception légale (pour les événements AMF et l'interface avec le système

d'interception légale)
- Proxy transparent pour l'acheminement des messages d'authentification d'accès et des messages SM
- Authentification de l'accès
- Accès Autorisation
- Fonction d'ancrage de sécurité (SEA) : Elle interagit avec l'UDM et l'UE, reçoit la clé intermédiaire qui a été établie à la suite du processus d'authentification de l'UE ; dans le cas d'une authentification basée sur l'USIM, l'AMF récupère le matériel de sécurité auprès de l'UDM.
- Gestion du contexte de sécurité (SCM) : elle reçoit une clé du SEA qu'elle utilise pour dériver des clés spécifiques au réseau d'accès.

ii. SMF (Session Management Function) :
- Gestion des sessions
- Attribution et gestion des adresses IP de l'UE (y compris l'autorisation facultative)
- Sélection et contrôle de la fonction du plan d'utilisateur
- Terminaison des interfaces vers les fonctions de contrôle des politiques et de tarification
- Contrôle de l'application des politiques et de la qualité de service
- Interception légale (pour les événements de gestion de session et l'interface avec le système d'interception légale)
- Fin des parties de gestion de session des messages NAS
- Notification des données en liaison descendante
- Initiateur des informations de gestion de session spécifiques au nœud d'accès, envoyées via AMF sur NG2 au nœud d'accès
- Fonctionnalité d'itinérance
- Gérer l'application locale des accords de qualité de service (VPLMN)
- Collecte des données de charge et interface de charge (VPLMN)
- Interception légale (dans le VPLMN pour les événements de gestion de session et l'interface avec le système d'interception légale)

iii. UPF (User Plane Function) :
Responsable de l'acheminement et du routage des données.
Les fonctions sont
- Traitement de la qualité de service pour le plan utilisateur
- Routage et transmission de paquets
- Inspection des paquets et application des règles de politique générale
- Interception licite (Plan de l'utilisateur)
- Comptabilité et rapports sur le trafic
- Point d'ancrage pour la mobilité intra/inter-RAT (le cas échéant)
- Prise en charge de l'interaction avec le DN externe pour le transport de la signalisation pour l'autorisation/authentification de la session PDU par le DN externe

iv. PCF (Policy Control Function) : Met en œuvre les politiques et gère la qualité de service. Fournit :

- Prise en charge d'un cadre politique unifié pour régir le comportement du réseau
- Règles de politique pour contrôler la ou les fonctions de l'avion qui les appliquent
v. UDM (Unified Data Management) : Stocke et gère les données des abonnés.
- Soutient :
  - Fonction de dépôt et de traitement des justificatifs d'authentification (ARPF) ; cette fonction stocke les justificatifs de sécurité à long terme utilisés pour l'authentification de l'AKA.
  - Stockage des informations relatives à l'abonnement
- AUSF (Authentication Server Function) : Gère l'authentification et la sécurité.
- NSSF (Network Slice Selection Function) : Sélectionne et gère les tranches de réseau.
- NEF (Network Exposure Function) : Permet d'exposer les capacités du réseau à des applications tierces autorisées.
- AF (Application Function) : Interfaces avec les serveurs d'application et gestion des fonctions spécifiques au service.
- CHF (Fonction de facturation) : Gère les fonctions de taxation et de facturation.

6. **Tranches de réseau** : L'une des principales innovations de la 5G est le découpage du réseau. Elle permet de créer des réseaux virtuels isolés au sein de la 5GC pour répondre à des cas d'utilisation spécifiques (par exemple, IoT, automobile, réalité augmentée) avec des caractéristiques distinctes (par exemple, faible latence, large bande passante).

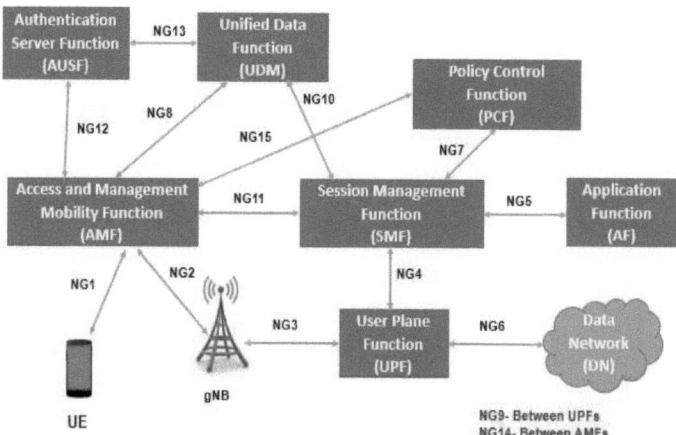

Fig 2.7 Diagramme simplifié du réseau central 5G

Dans le diagramme :
- L'équipement de l'utilisateur (UE) se connecte au réseau central 5G par l'intermédiaire du réseau d'accès radio (RAN).
- Le réseau central 5G (5GC) se compose de plusieurs fonctions réseau, chacune

ayant un rôle spécifique.
- Des tranches de réseau peuvent être créées au sein du 5GC pour servir différents types de services et d'applications.

Nom de l'interface réseau,

Comme pour les autres réseaux traditionnels, les exigences techniques de la 5G ont également donné des noms aux interfaces, qui sont énumérés ci-dessous :

- NG1 : Point de référence entre l'UE et la fonction de gestion de l'accès et de la mobilité
- NG2 : Point de référence entre le gNB et la fonction de gestion de l'accès et de la mobilité
- NG3 : Point de référence entre le gNB et la fonction du plan de l'utilisateur (UPF)
- NG4 : Point de référence entre la fonction de gestion de session (SMF) et la fonction de plan d'utilisateur (UPF)
- NG5 : Point de référence entre la fonction politique (PCF) et une fonction d'application (AF)
- NG6 : Point de référence entre la fonction du plan utilisateur (UPF) et un réseau de données (DN)
- NG7 : Point de référence entre la fonction de gestion des sessions (SMF) et la fonction de contrôle des politiques (PCF)
- NG8 : Point de référence entre la gestion unifiée des données et l'AMF
- NG9 : Point de référence entre deux fonctions centrales du plan utilisateur (UPF)
- NG10 : Point de référence entre UDM et SMF
- NG11 : Point de référence entre la fonction de gestion de l'accès et de la mobilité (AMF) et la fonction de gestion des sessions (SMF)
- NG12 : Point de référence entre la fonction de gestion de l'accès et de la mobilité (AMF) et la fonction de serveur d'authentification (AUSF)
- NG13 : Point de référence entre l'UDM et la fonction de serveur d'authentification (AUSF)
- NG14 : Point de référence entre 2 fonctions d'accès et de gestion de la mobilité (AMF)
- NG15 : Point de référence entre la PCF et l'AMF dans le cas d'un scénario sans itinérance, entre la V-PCF et l'AMF dans le cas d'un scénario avec itinérance.

Cette architecture permet aux réseaux 5G de fournir une latence ultra-faible, des débits de données élevés et de prendre en charge un large éventail de cas d'utilisation, du haut débit mobile amélioré (eMBB) aux communications massives de type machine (mMTC) et aux services de communication critiques (URLLC). Il est conçu pour être très flexible et s'adapter à l'évolution des besoins des consommateurs et des entreprises.

Le réseau central est le segment qui relie le RAN aux serveurs d'application internes des opérateurs, au sous-système multimédia IP ou à l'internet. Il comprend à la fois des éléments à commutation de circuits et des éléments à commutation de paquets.

Historiquement, il ne prenait en charge que les services à commutation de circuits (CS), mais plus tard, avec l'avènement de la 3G, il a commencé à prendre en charge également les services à commutation de paquets (PS). Les systèmes LTE et 4G ne nécessitent que la prise en charge de la commutation de paquets et, avec le temps, les réseaux centraux ne devraient plus fournir que des services IP/Ethernet. Les systèmes 2G initiaux ne prenaient en charge que les services de commutation de paquets avec des éléments clés comme le MSC et le SMSC, et des éléments communs comme le HLR, le VLR, l'EIR et le SGW*. Pour prendre en charge les services de données, le SGSN et le GGSN ont été introduits dans la version 99 du 3GPP, qui a été la première version de l'UMTS (3G). La version 4 (2001) a divisé le MSC en deux éléments fonctionnels, à savoir un serveur MSC pour la signalisation et une fonction de passerelle média pour le plan utilisateur afin de réduire les problèmes opérationnels. Plus tard, la version 5 (2002) a introduit l'IMS, qui a été principalement développé pour les appareils mobiles 3G communiquant sur IP avec des clients SIP intégrés. Dans la version 6 (2005), un nouveau nœud fonctionnel, le BM-SC (Broadcast Multicast-Service Center), a été ajouté pour prendre en charge le MBMS. La version 7 (2007) a introduit le concept de tunneling direct qui permet une séparation entre le plan de contrôle et le plan utilisateur vers les réseaux centraux de paquets. Le LTE (version 8) a introduit l'EPC qui était uniquement conçu pour prendre en charge les services PS, y compris des éléments tels que le MME pour gérer la mobilité et l'identité de l'équipement de l'utilisateur et le Gateway (Serving et Packet) pour l'acheminement des paquets et la connexion aux réseaux externes, respectivement. Les normes Rel-9, Rel-10 (LTE-Advanced/4G), Rel-11 et Rel-12 n'ont pas apporté de changements architecturaux fondamentaux à l'EPC. La version 13 a introduit le concept de réseau central dédié (DCN) ainsi que le découpage du réseau, qui seront expliqués plus loin dans le chapitre. Les spécifications du réseau central 5G devraient être finalisées dans les versions Rel-15 (2018) et Rel-16 (2020). Pour la 5G, nous pourrions voir l'EPC ou le réseau central aller dans le nuage, soutenu par des technologies telles que SDN et NFV, traitant tous les types de services basés sur IP. Ce chapitre donne un bref aperçu de l'EPC, de son évolution et de l'évolution de l'IMS, tandis que les détails sur les réseaux centraux peuvent être trouvés. En outre, ce chapitre présente brièvement des informations sur le réseau central de la 5G, le CDN (Content Delivery Network) et les OSS/BSS (Operational/Business Support Systems) de la LTE et de la 5G.

2.4 Nouvelle radio 5G (5G NR)

L'un des changements importants de l'architecture 5G est la spécification radio. La 5G introduit une nouvelle spécification radio appelée 5G New Radio (5G NR). La 5G New Radio, ou 5G NR, est un ensemble de normes qui remplacent la norme de communication sans fil 4G du réseau LTE. Un objectif important de la 5G NR est de soutenir la croissance des communications sans fil en améliorant l'efficacité du

spectre de rayonnement électromagnétique pour le haut débit mobile.
Définition : 5G New Radio (NR) est la norme mondiale pour la technologie d'interface aérienne dans les systèmes de communication sans fil 5G. Elle spécifie comment les données sont transmises sans fil entre les appareils (par exemple, les smartphones, les appareils IoT) et le réseau 5G.
La 5G NR est conçue pour prendre en charge les transmissions à bande passante équivalente à celle de la fibre optique, nécessaires pour les applications gourmandes telles que la vidéo en continu, ainsi que les transmissions à faible bande passante utilisées dans les communications de machine à machine, à une échelle massive là où c'est nécessaire. La 5G NR prendra également en charge les transmissions avec des exigences de latence extrêmement faibles - une considération importante dans les communications de véhicule à véhicule et de véhicule à infrastructure.

Comme ses prédécesseurs, la norme 5G NR a été créée par le 3rd Generation Partnership Project (3GPP), une coalition d'organisations de télécommunications qui créent des normes techniques pour la technologie sans fil. La première itération de la 5G NR est apparue dans la version 15 du 3GPP.

2.4.1   Comment fonctionne la 5G NR ?

La 5G NR utilise une série de nouvelles techniques d'ingénierie qui font transiter plus rapidement davantage de données dans le réseau central et révolutionnent les opérations discrètes de l'interface radio, c'est-à-dire l'interaction entre l'appareil du client et le matériel radio du fournisseur de réseau. Voici quelques-unes des améliorations apportées par la 5G NR :

- diversité du spectre qui s'étend de plusieurs centaines de kilohertz aux ondes millimétriques (ondes millimétriques) pour permettre différents cas d'utilisation, tailles de cellules et débits de données ;

- modulation -- nouvelles méthodes de multiplexage par répartition orthogonale de la fréquence -- et techniques de codage des canaux ;

- des algorithmes de réutilisation des fréquences, même dans des environnements denses ;

- des capacités massives d'entrée et de sortie multiples et de formation de faisceaux évolués ; et

- les opérations de slot time développées pour fournir des communications à très faible latence.

Toutes ces capacités sont à la base des gains significatifs de la 5G NR en termes de capacité, de débit et de couverture.

2.4.2 Exigences principales pour la 5G NR

Pour qu'une connexion soit qualifiée de 5G NR, plusieurs conditions de performance et de connectivité doivent être remplies. Certaines de ces exigences sont les suivantes :

- La connexion doit être compatible avec les connexions mobiles sans fil.

- La connectivité doit prendre en charge l'internet des objets (IoT), un concept qui englobe tous les appareils et connexions filaires ou sans fil qui composent l'expérience numérique d'un utilisateur, ainsi que les appareils clients sans tête de type capteur.

- Il doit mettre en œuvre une conception de signalisation allégée. Cela signifie que les signaux ne sont activés qu'en cas de besoin, ce qui réduit la puissance de traitement globale requise par les appareils clients.

- La connexion doit utiliser une bande passante adaptative, ce qui permet aux appareils de passer à une bande passante plus basse et à une puissance plus faible lorsque c'est possible, économisant ainsi l'énergie lorsque des bandes passantes plus élevées sont nécessaires.

- La 5G NR devrait également imposer des exigences strictes en matière de transmission de données. En obligeant tous les utilisateurs et toutes les connexions à respecter des règles spécifiques, on rend l'ensemble du réseau plus rapide et plus efficace.

2.4.3 Avantages de la 5G NR

Les avantages de la nouvelle radio 5G par rapport aux réseaux Long-Term Evolution (LTE), même les meilleurs, sont les suivants :

- une plus grande capacité de la zone sans fil ;

- des économies d'énergie accrues par appareil ;
- un délai plus court entre les mises à jour - c'est-à-dire une réduction du cycle moyen de création de services ;
- des liens améliorés reliant un plus grand nombre d'utilisateurs ;
- technologie améliorée permettant de maintenir la qualité d'une connexion sur une large zone géographique ;
- une vitesse et des débits de données accrus, ce qui signifie que davantage de bits sont traités par unité de temps ; et
- l'amélioration de l'efficacité du partage des données.

2.4.4 Modes de déploiement de la 5G NR

Comme c'est souvent le cas pour les déploiements de nouvelles technologies sans fil, la 5G NR peut être mise en œuvre de différentes manières sur un site donné. Le choix du mode de déploiement dépend de plusieurs facteurs, notamment de l'infrastructure existante, de l'existence ou non d'un projet sur site vierge et des types de clients attendus dans la zone de service 5G NR.

Les trois principaux modes de déploiement de la 5G NR sont les suivants :

1. En **mode autonome**, le paradigme technique complet de la 5G est déployé. Aucune base technique résiduelle de la 4G n'est impliquée. Et si les clients peuvent profiter du déploiement, tous les avantages de la 5G sont réalisés.

2. En **mode non autonome**, un site est essentiellement hybride. Une partie de l'infrastructure du réseau 4G reste en place. Si la partie radiofréquence de la 5G NR présente des avantages, ce qu'elle intègre en amont signifie une expérience globale moindre par rapport au mode autonome. Ce modèle permet aux opérateurs d'introduire progressivement une architecture 5G complète sur les sites, ce qui leur permet de vanter leurs progrès en matière de 5G.

3. Dans le troisième mode de déploiement, le **partage dynamique du spectre**, la même fréquence peut être utilisée en tranches temporelles dans les modes 4G et 5G, grâce à un traitement avancé des antennes et des émetteurs-récepteurs. Cela signifie

qu'il n'est pas nécessaire de dédier une seule bande de fréquences à la 4G ou à la 5G.

2.4.5 Spectre 5G NR

La norme 5G NR prend en charge un certain nombre de bandes à basse, moyenne et haute fréquence. Elles se répartissent entre la gamme de fréquences 1, qui comprend les bandes de fréquences inférieures à 6 gigahertz, la gamme de fréquences 2, qui comprend les bandes à faible portée combinées à une largeur de bande élevée, et les ondes millimétriques.

Les bandes prises en charge par la 5G NR comprennent également le spectre sous licence et le spectre sans licence 5G NR- U, qui comprend des bandes auxquelles tout le monde peut accéder. Cette grande diversité de tranches de spectre est propre à la 5G NR, mais elle permet de répondre aux exigences de cette technologie gourmande en spectre.

2.4.6   5G et LTE : Principales différences et moyens de combler le fossé

Alors que le LTE cède sa place à la 5G, il est important de comprendre comment les deux technologies se comparent.

L'architecture du réseau 5G NR s'écartera quelque peu du modèle LTE centré sur les pylônes, car les fréquences plus élevées utilisées nécessitent un grand nombre de petits nœuds montés sur des poteaux ou dans des bâtiments pour amener le réseau jusqu'aux utilisateurs. Pendant que les réseaux mobiles des opérateurs procèdent aux rigueurs de la mise à jour de leurs infrastructures pour la 5G NR, les consommateurs et les entreprises peuvent suivre l'évolution de la situation sur un certain nombre de sites web.

Pour les déploiements 5G NR privés, le service radio à large bande pour les citoyens constitue une option intéressante. Il convient également de noter que les réseaux 5G ont besoin de clients compatibles pour vraiment tirer parti des promesses de la nouvelle technologie, et nous voyons de plus en plus d'appareils clients 5G. Enfin, la 5G NR continue de se développer par phases, tout comme la 4G/LTE. Par conséquent, tous les réseaux 5G NR ne seront pas identiques du point de vue des capacités à un moment donné.

La 5G NR apporte des avancées dans les technologies cellulaires que l'on ne trouve pas dans la 4G. Ces avancées offrent des avantages impressionnants et permettent d'atteindre l'objectif ultime d'être ultra-fiable. Voici quelques-unes de ces avancées :

- **La numérologie flexible** est un concept technique complexe qui permet une adaptation dynamique des intervalles de temps et de l'espacement des sous-porteuses afin d'obtenir une faible latence pour les applications qui en ont besoin et d'assurer la coexistence entre le LTE et le NR lorsque cela est nécessaire.

- **La demande de répétition automatique hybride (HARQ)** est parfois mentionnée dans les discussions sur la 5G NR. L'HARQ fonctionne au niveau des couches les plus basses du réseau pour optimiser de manière adaptative la correction d'erreur directe et les fonctions de retransmission pour des taux d'erreur binaire plus faibles.

- **Le duplexage temporel (TDD)** est une technique dans laquelle les fonctions de liaison montante et de liaison descendante se déroulent sur la même fréquence. Comme prévu, dans la 5G NR, le TDD a été réorganisé pour plus de rapidité et de flexibilité.

- **L'état inactif** est une amélioration de l'économie d'énergie dans la 5G NR qui vient s'ajouter à l'état inactif et connecté de la 4G. En termes simples, le nouvel état inactif réduit la charge sur le plan de contrôle à l'échelle où de nombreux appareils doivent sortir du mode veille pour transmettre des données.

Voici quelques-uns des principaux changements apportés à la fonction radio dans la 5G :

Spectre : la 5G prend en charge une large gamme de spectres allant des bandes basses inférieures à 1 GHz, aux bandes moyennes de 1 GHz à 6 GHz, jusqu'aux bandes hautes de 24 / 30 GHz à 300 GHz. Cette bande élevée est appelée "ondes millimétriques".

Latence : la technologie 5G NR prend en charge des latences inférieures à 10 milli secondes.

Formation de faisceaux : la 5G NR prend en charge un grand nombre d'antennes à entrées multiples et sorties multiples (MIMO), ce qui lui permettrait de fonctionner dans un environnement à fortes interférences grâce à une technique appelée "formation de faisceaux". Cette technique permet aux radios 5G d'assurer à la fois la couverture et la capacité.

Interfonctionnement avec la 4G : Coexistence avec le LTE (en prenant en charge le LTE NR), en apportant un réseau superposé, dans les cas où la couverture 5G n'est pas disponible.

2.4.7 Caractéristiques principales :

1. **Des débits de données plus élevés** : La 5G NR vise à fournir des débits de données nettement plus élevés que ceux de la 4G LTE, pouvant atteindre des vitesses de plusieurs gigabits par seconde. Cela permet des téléchargements plus rapides, une diffusion en continu et une meilleure expérience pour l'utilisateur.

2. **Faible latence** : L'une des caractéristiques de la 5G NR est sa très faible latence, qui réduit le délai entre l'envoi et la réception des données à quelques millisecondes seulement. Cette faible latence est cruciale pour les applications en temps réel telles que les véhicules autonomes et la chirurgie à distance.

3. **Connectivité massive** : la 5G NR est conçue pour prendre en charge simultanément un grand nombre d'appareils connectés, ce qui la rend idéale pour l'internet des objets (IoT), où des milliards de capteurs et d'appareils doivent communiquer efficacement.

4. **Bandes de fréquences diverses** : La 5G NR fonctionne dans une large gamme de bandes de fréquences, y compris les bandes inférieures à 6 GHz et les ondes millimétriques (mmWave). Cette diversité offre à la fois une large couverture et une grande largeur de bande, ce qui permet de répondre à différents scénarios de déploiement.

5. **Antennes avancées** : la 5G NR utilise des technologies d'antennes avancées telles que Massive MIMO (Multiple Input Multiple Output) pour améliorer l'efficacité spectrale et la couverture.

2.4.8 Cas d'utilisation :

- Haut débit mobile amélioré (eMBB) : la 5G NR offre des vitesses internet plus élevées, permettant la diffusion de vidéos de haute qualité, des expériences immersives de réalité augmentée/virtuelle et des téléchargements rapides.
- Communication ultra-fiable à faible latence (URLLC) : Les applications critiques telles que les véhicules autonomes, la chirurgie à distance et l'automatisation industrielle bénéficient de la faible latence et de la grande fiabilité de la 5G NR.
- Communication massive de type machine (mMTC) : la 5G NR connecte efficacement un grand nombre d'appareils IoT, soutenant des applications dans les villes intelligentes, l'agriculture et la logistique.

2.4.9 Composants de la 5G NR :

- Équipement utilisateur (UE) : Représente les appareils tels que les smartphones, les tablettes et les appareils IoT qui communiquent avec le réseau 5G.

- gNodeB (Next-Generation NodeB) : le gNodeB est la station de base de la 5G NR. Elle communique avec les UE et gère les connexions sans fil.

- Réseau central : Le réseau central (non représenté sur le schéma) gère des fonctions telles que l'acheminement des données, l'authentification et la connexion aux réseaux et services externes.

2.4.10 Dans ce schéma simplifié :
- L'équipement utilisateur (UE) communique avec le gNodeB, qui représente la station de base 5G.
- Le gNodeB est connecté au réseau central, qui gère les fonctions du réseau.
- Les différentes bandes de fréquences sont représentées pour mettre en évidence la flexibilité de la 5G NR.

La 5G NR est au cœur de la technologie 5G, fournissant la connectivité sans fil qui permet l'internet à haut débit, les applications à faible latence, les déploiements massifs de l'IdO, et plus encore. Elle représente une avancée significative par rapport aux générations précédentes et sert de base à l'avenir des communications sans fil.

Les procédures de transfert de base sont les mêmes dans tous les réseaux, c'est-à-dire que l'UE transmet à la cellule source un rapport de mesure avec le **PCI de la** cellule voisine et la **force du signal**, la **cellule source** prend la décision de lancer la procédure de transfert vers la meilleure cellule cible et la **cellule cible** achève la **procédure de transfert.**

- Dans la 5G, le Handover NG est très similaire au Handover S1 dans la LTE. Le Handover NG est également appelé Handover inter gNB et Intra AMF. Le transfert NG a lieu lorsque l'interface X2 n'est pas disponible entre le gNB source et le gNB cible ou si l'interface X2 existe mais que la restriction XnHO n'est pas autorisée au niveau de la configuration du gNB.

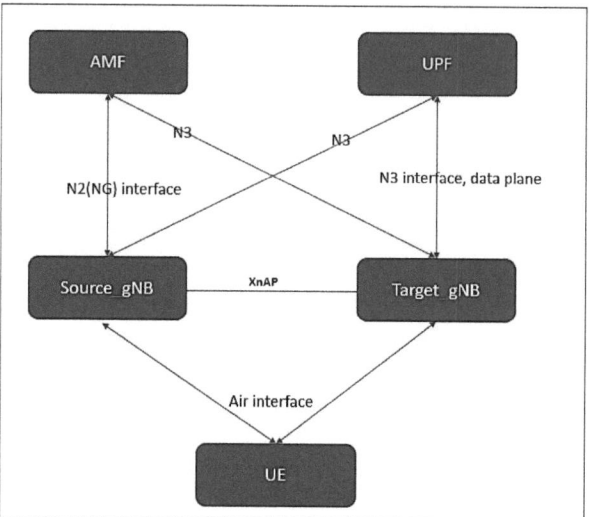

Fig 2.8 Nouvelle radio 5G

- NG(N2) Le transfert peut être à la fois **intra-fréquence** et inter-fréquence.
- L'architecture du transfert NG dans la 5G est décrite ci-dessous.

En résumé, la nouvelle radio 5G (NR) est la norme de communication sans fil qui sous-tend les capacités des réseaux 5G. Elle offre des débits de données plus élevés, une latence ultra-faible, une connectivité massive et fonctionne sur diverses bandes de fréquences. Ces caractéristiques en font un outil clé pour un large éventail d'applications et de cas d'utilisation, du haut débit mobile amélioré aux services de communication critiques.

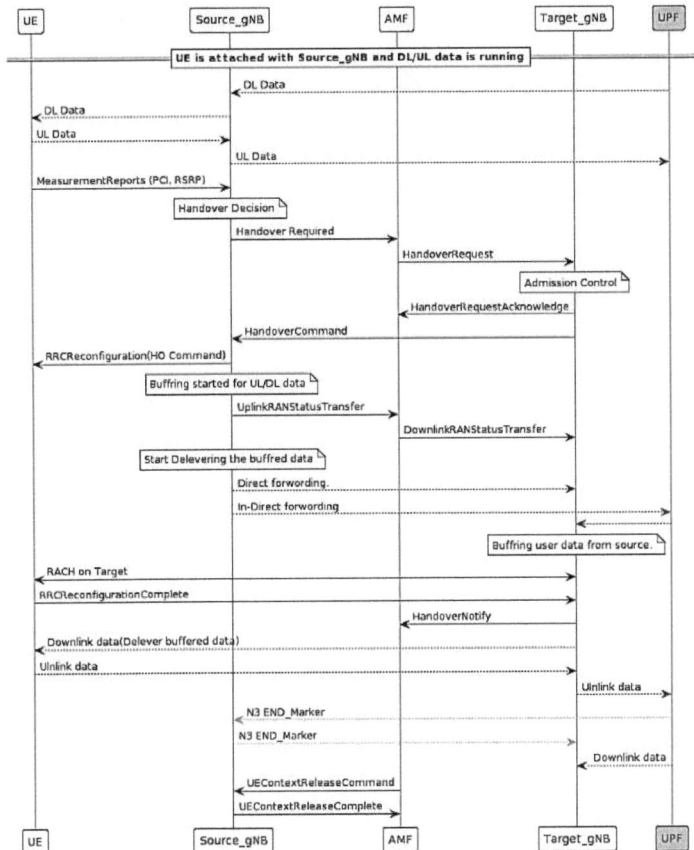

Fig 2.9 Schéma de suivi de la nouvelle radio 5G

2.5 Technologie de l'informatique en nuage

La technologie en nuage est un type de technologie qui permet aux utilisateurs de stocker et d'accéder à leurs programmes et à leurs données via l'internet. Il ne s'agit pas d'utiliser un disque dur pour stocker et accéder aux programmes et aux données. Grâce à la technologie en nuage, toute entreprise peut accéder à une puissante infrastructure informatique et logicielle pour se développer et s'étendre davantage. Cette technologie leur permet également de rivaliser avec des entreprises beaucoup plus grandes. Grâce à la technologie en nuage, les entreprises peuvent utiliser les solutions les plus récentes sans avoir à investir dans des équipements et du matériel informatiques coûteux.

2.5.1 Pourquoi l'informatique dématérialisée avec la 5G ?

L'informatique en nuage est une technologie commerciale dont dépendent de nombreuses entreprises pour accéder aux solutions les plus récentes du secteur informatique. Grâce à l'informatique en nuage, les entreprises peuvent accéder aux meilleures solutions informatiques sans nécessairement acheter du matériel coûteux et encombrant. Grâce à la technologie 5G, les fournisseurs de services d'informatique en nuage seront en mesure de proposer une solution plus efficace aux entreprises. Voici les avantages de la 5G pour les solutions hébergées en nuage

-

- **Transfert de données plus rapide** - L'un des avantages du déploiement de la technologie 5G est son taux de transfert de données rapide. Avec la technologie 5G, l'informatique en nuage permet d'accélérer le processus de transmission des données.
- **Stockage ininterrompu** - L'informatique en nuage soutenue par un stockage ininterrompu aidera de nombreuses entreprises à effectuer des opérations complexes nécessitant du matériel consommant de l'espace. Plutôt que d'opter pour des solutions sur site (qui peuvent être coûteuses), de nombreuses entreprises préfèrent les solutions en nuage.
- **Fiabilité des données volumineuses** - La 5G pour l'informatique en nuage est importante, en particulier pour les données volumineuses. De nombreuses entreprises traitent en permanence de grands ensembles de données. Elles préfèrent transférer toutes ces données à temps. Ainsi, de grandes quantités de données peuvent être transférées facilement et en temps réel.
- **Productivité accrue** - Grâce à l'efficacité de la technologie 5G, les entreprises seront plus productives.

2.5.2 Impact de l'informatique dématérialisée sur la 5G

Les systèmes 5G et les solutions hébergées dans le nuage font partie des technologies qui évoluent dans le secteur des technologies de l'information. L'utilisation conjointe de ces deux technologies débouchera sur un monde plus vaste, plein d'opportunités et d'innovations. L'utilisation conjointe de ces deux technologies présente de nombreux avantages, tels que : - l'accès à l'information et à la technologie, - l'accès à la technologie et à la technologie.

- **Accessibilité accrue** - L'utilisation d'un réseau 5G avec l'informatique en nuage comblera tout écart de largeur de bande entre les différentes régions. Elle améliorera également la disponibilité des solutions d'informatique en nuage dans les endroits éloignés.
- **Connectivité IoT** - La combinaison des deux technologies aboutira à un réseau à haut débit avec une faible latence. De cette manière, les appareils et les systèmes IoT pourront facilement accéder aux solutions cloud. Cette connectivité permettra d'améliorer la numérisation des entreprises et l'automatisation des machines.
- **Meilleure connectivité de travail** - Lorsque l'informatique en nuage est pilotée par la technologie 5G, les systèmes de travail à distance sont améliorés. Il n'y aura plus de retards ou de difficultés techniques, ce qui permettra aux organisations de travailler depuis n'importe quel endroit.
- **Systèmes de sécurité améliorés** - Le piratage est toujours une menace pour les solutions en nuage. L'utilisation de la 5G permettra d'améliorer le protocole de sécurité du système. Avec la 5G, les attaques peuvent être facilement identifiées car les environnements de cloud hybride sont beaucoup plus sûrs/.
- **Soutien à l'informatique en périphérie** - L'utilisation de solutions d'informatique en nuage à l'aide de systèmes de réseau 5G renforcera l'informatique en périphérie. Avec l'Edge Computing, les systèmes distants sont améliorés tout en consommant moins de bande passante.
- **Accès facile aux clients** - Grâce à la technologie en nuage et à la 5G, il devient possible pour les machines de communiquer facilement entre elles. Ainsi, les communications seront plus fiables et les entreprises auront un accès plus rapide à leurs clients.

Avec la 5G, l'informatique en nuage sera améliorée grâce à des mises à jour logicielles continues. Ces mises à jour comprendront des versions d'applications et de réseaux. La fréquence des technologies devra être alignée sur celle des opérations afin d'éviter les problèmes d'interopérabilité. L'informatique en nuage a besoin d'être développée davantage pour devenir pleinement compatible avec la 5G. Pour une expérience optimale, les deux technologies peuvent être développées davantage pour plus d'efficacité.

2.5.3 Impact de la 5G sur l'informatique en nuage et les centres de données

La technologie 5G sera extrêmement bénéfique pour le secteur de l'informatique en nuage. En effet, les innovations technologiques basées sur l'informatique en nuage sont plus efficaces. La technologie améliore l'intégration grâce à une latence faible ou nulle, ce qui permet de meilleures communications. En outre, l'objectif des fournisseurs de services qui utilisent les idées et la technologie "Cloud Native" est d'atteindre la taille du web et de réaliser des économies d'échelle. De grandes entreprises telles qu'Intel et IBM investissent dans la cloudification des réseaux. Il s'agit d'étendre les plateformes, les technologies et les capacités de virtualisation du cloud à un réseau pour le rendre plus agile et plus évolutif. Les réseaux tirent parti de la 5G pour migrer rapidement vers cette architecture définie par logiciel afin de répondre aux exigences opérationnelles et applicatives à mesure que la demande de bande passante des consommateurs et des entreprises augmente. En outre, le nuage est un domaine bénéfique pour le stockage non matériel dans tous les domaines, des applications de soins de santé aux véhicules autonomes, en passant par les appareils portables et les applications mobiles. Ces technologies seront plus performantes si elles exploitent le nuage et disposent de connexions 5G. La fiabilité, les performances et l'efficacité des produits et services basés sur le cloud devraient augmenter. Grâce à ces progrès, les dépenses liées aux activités dans le nuage vont s'accélérer.

L'interface radio 5G New Radio (NR) est l'un des aspects les plus importants de la 5G. Elle améliore les performances en utilisant de nouveaux spectres mobiles avec des capacités de latence à grande vitesse. Les capacités URLLC (Ultra-Reliable Low Latency Communication) seront rendues possibles par la 5G, permettant des cas d'utilisation tels que V2X et la téléchirurgie, ainsi que les cobots, où la latence de bout en bout devrait être de l'ordre de la milliseconde. La capacité eMBB (Enhanced Mobile Broadband) sera accessible dans la 5G pour les cas d'utilisation qui nécessitent un débit de données élevé, tels que la réalité augmentée et la réalité virtuelle.

À mesure que les réseaux 5G se répandent dans le monde, on peut s'attendre à voir apparaître des applications encore plus innovantes qui tireront parti de leurs capacités. La 5G aura un certain nombre d'implications sur le paysage de la communication en nuage. Tout d'abord, la 5G permettra de fournir des services basés sur l'informatique dématérialisée aux appareils mobiles avec de bien meilleures performances. Cela ouvrira de nouvelles possibilités aux entreprises pour fournir leurs services aux clients en déplacement. Deuxièmement, la 5G permettra de prendre en charge des applications plus gourmandes en bande passante sur les appareils mobiles. Les entreprises pourront ainsi proposer des applications nouvelles et innovantes à leurs clients. Troisièmement, la 5G permettra de connecter davantage d'appareils au nuage. Les entreprises pourront ainsi collecter et analyser davantage de données, qui pourront être utilisées pour améliorer leurs produits et services. Elle permettra de fournir des services en nuage aux appareils mobiles avec de bien meilleures performances, de prendre en charge des applications plus gourmandes en bande passante et de connecter davantage d'appareils au nuage. Les entreprises auront ainsi de nouvelles possibilités de fournir leurs services aux clients, d'offrir des applications nouvelles et innovantes, et de collecter et d'analyser davantage de données.

Il existe quelques cas d'utilisation spécifiques où la 5G pourrait avoir un impact sur la communication dans le nuage.

Réalité virtuelle et réalité augmentée : les vitesses élevées et la faible latence de la 5G permettront de fournir des expériences de réalité virtuelle et de réalité augmentée via le nuage. Cela pourrait être utilisé pour la formation, l'éducation, le divertissement et d'autres applications.

Vidéoconférence : Les vitesses élevées et la faible latence de la 5G rendront les vidéoconférences plus fiables et plus immersives. Cette technologie pourrait être utilisée pour les réunions d'affaires, l'éducation et d'autres applications.

Jeux en ligne : les vitesses élevées et la faible latence de la 5G rendront les jeux en ligne plus réactifs et plus agréables. Cette technologie pourrait être utilisée pour les jeux occasionnels, les jeux de compétition et d'autres applications.

IoT : La capacité élevée de la 5G permettra de connecter un grand nombre d'appareils IoT au nuage. Cela pourrait être utilisé pour les villes intelligentes, l'automatisation industrielle et d'autres applications.

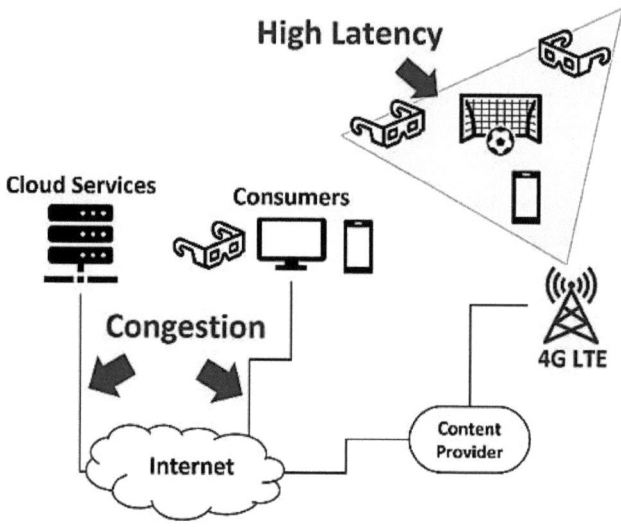

Fig 2.10 L'informatique en nuage

2.5.5 Nécessité de combiner la 5g et l'informatique en nuage

Souvent, le partage et le téléchargement de fichiers sont entravés par la congestion du réseau. Le réseau a du mal à fournir une large bande passante pour effectuer certaines tâches de manière cohérente.

La capacité de stockage sans appareil offerte par l'informatique en nuage est utile dans des secteurs allant des voitures intelligentes aux appareils portables, en passant par les soins de santé. Fiabilité, efficacité et accès plus rapide sont les promesses des produits et services basés sur l'informatique en nuage. La 5G favorisera l'intégration de ces technologies dans les entreprises, car le réseau 5G offrira une latence nulle à ultra-faible, ce qui permettra des communications plus fluides.

L'informatique mobile en nuage permet d'utiliser moins de ressources de l'appareil grâce à la prise en charge de l'informatique en nuage. Les ressources partagées des applications mobiles facilitent un développement plus rapide et assurent la fiabilité des données qui sont sauvegardées dans le nuage.

Notre besoin de rapidité et de flexibilité a accéléré la demande de services mobiles d'informatique en nuage. Nous avons besoin des capacités de l'informatique dématérialisée mobile dans les médias sociaux, le courrier électronique, la finance et le commerce, les soins de santé, etc.

2.6 Technologie d'accès radio (RAT)

2.6.1 Vue d'ensemble

Une technologie d'accès radio (RAT) est la méthode de connexion physique sous-jacente pour un réseau de communication radio. De nombreux téléphones mobiles modernes prennent en charge plusieurs RAT dans un même appareil, comme Bluetooth, Wi-Fi et GSM, UMTS, LTE ou 5G NR.

Le terme RAT était traditionnellement utilisé dans le cadre de l'interopérabilité des réseaux de communication mobile[1]. Plus récemment, le terme RAT est utilisé dans les discussions sur les réseaux sans fil hétérogènes[2]. Le terme est utilisé lorsqu'un appareil utilisateur sélectionne le type de RAT utilisé pour se connecter à l'internet. Cette opération est souvent similaire à la sélection des points d'accès dans les réseaux IEEE

Réseaux basés sur la norme 802.11 (Wi-Fi).

La définition des réseaux radio et centraux de la 5G est le fruit d'un effort combiné de l'industrie qui a commencé avec les travaux sur les spécifications 3GPP Release-15.

La nouvelle technologie radio 5G définie par le 3GPP est simplement appelée "New Radio" et abrégée en NR.

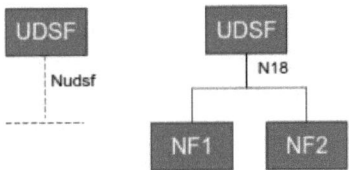

Fig 2.11 Interfaces UDSF.

2.6.2 Principes fondamentaux des réseaux mobiles

Le réseau radio des réseaux mobiles (réseaux cellulaires) se compose de plusieurs stations de base radio, chacune servant à la transmission et à la réception sans fil d'informations numériques dans une ou plusieurs "cellules", une cellule désignant dans ce contexte une partie plus petite de la zone géographique globale desservie par le réseau. Traditionnellement, dans un cas de déploiement typique, une station de base dessert trois cellules grâce à une configuration minutieuse des antennes et à une planification de l'utilisation du spectre radioélectrique disponible. Voir la figure 2.11. Il convient de noter que les spécifications du 3GPP ne limitent pas le nombre de cellules desservies par une station de base.

La taille et le contour de la cellule dépendent de quelques facteurs, notamment les niveaux de puissance de la station de base et du terminal, la configuration des antennes et les bandes de fréquences. Les signaux radio utilisant des fréquences plus basses se propagent normalement sur de plus longues distances que les signaux radio utilisant des fréquences plus élevées si le même niveau de puissance est utilisé. L'environnement de propagation des ondes radio a également un effet significatif sur la taille de la cellule ; il y a une grande différence selon qu'il y a beaucoup de bâtiments, de montagnes, de collines ou de forêts dans la zone, par rapport à une zone environnante relativement plate et en grande partie inhabitée.

L'une des capacités fondamentales d'un réseau cellulaire est de permettre l'utilisation de la même fréquence dans plusieurs cellules. Cela signifie que la capacité totale du réseau est considérablement accrue par rapport au cas où des fréquences différentes seraient nécessaires pour chaque site.

La manière la plus intuitive de permettre cette réutilisation des fréquences est de s'assurer que les stations de base soutenant des cellules utilisant exactement le même sous-ensemble des fréquences disponibles sont géographiquement suffisamment éloignées les unes des autres pour éviter que les signaux radio n'interfèrent les uns avec les autres.

C'est également la solution utilisée dans le GSM, la première génération de systèmes numériques (2G). Cependant, toutes les générations suivantes de technologies de réseaux mobiles disposent d'une fonctionnalité qui permet aux cellules adjacentes d'utiliser les mêmes ensembles de fréquences. Ce résultat est obtenu grâce à un traitement avancé du signal qui vise à minimiser les interférences dues aux signaux indésirables transmis par les cellules voisines.

Les stations de base sont situées sur des sites soigneusement sélectionnés pour optimiser la capacité et la couverture globales des services mobiles. Cela signifie que dans les zones où il y a beaucoup d'utilisateurs, par exemple dans un centre ville, les besoins en capacité sont satisfaits en plaçant les sites des stations de base plus près les uns des autres, ce qui permet d'avoir plus de cellules (mais plus petites), alors qu'à la campagne, où il n'y a pas autant d'utilisateurs, les cellules sont normalement plus grandes pour couvrir une grande zone avec le moins de stations de base possible.

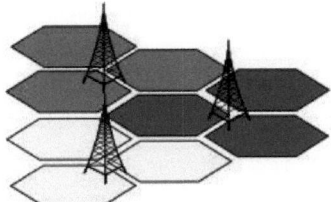

Fig. 2.12 Le concept de réseau cellulaire.

Toutes les générations de systèmes mobiles numériques définies par le 3GPP depuis les années 1990, du GSM (2G) au NR (5G) en passant par le WCDMA (3G) et le LTE (4G), prennent en charge les concepts de base des transmissions numériques vers de nombreux appareils dans un système cellulaire, mais chaque génération technologique y parvient avec des solutions techniques différentes, ce qui se traduit par des différences en termes de capacités et de caractéristiques de service.

Il convient de noter que le concept cellulaire peut être amélioré au-delà des cellules traditionnelles à trois secteurs grâce à l'utilisation facultative de la multifaisance, 3

5G targets

Afin de répondre aux attentes et aux besoins identifiés sur le marché et dans l'industrie pour les cas d'utilisation existants et nouveaux, un certain nombre d'objectifs concrets sur les caractéristiques des services ont été définis pour servir d'objectifs de conception pour le travail de spécification de la 5G.

À un niveau élevé, les technologies 5G sont conçues pour répondre aux exigences d'un large éventail de cas d'utilisation différents :

• Les exigences en matière de services mobiles à large bande visent principalement à répondre aux besoins de traitement efficace de volumes de données très importants et croissants dans le réseau en optimisant la capacité du réseau et en offrant une meilleure expérience à l'utilisateur dans des parties plus étendues du réseau.

• D'autre part, les cas d'utilisation ciblant un grand nombre d'appareils de petite taille ou bon marché prenant en charge les applications de l'internet des objets ont des besoins différents. Ces besoins comprennent par exemple une efficacité

énergétique élevée pour optimiser la durée de vie de la batterie de ces appareils, et une densité de connexion élevée pour pouvoir desservir un grand nombre d'appareils même dans une zone géographique limitée.
- Enfin, pour les applications industrielles critiques, certaines des exigences les plus importantes sont une très faible latence et une très grande fiabilité.

Les exigences de service pour les réseaux 5G ont commencé à être formulées par de multiples industries pour a et des régulateurs à travers le monde à partir d'environ 2015. Ces exigences ont été résumées par l'Union internationale des télécommunications (UIT) dans le rapport ITU-R TR M.2410-0 (2017) en tant qu'exigences relatives à un "réseau IMT-2020", IMT-2020 étant le terme officiel de l'UIT utilisé pour les réseaux 5G. Les exigences ont servi de base à l'étude technique correspondante au sein du 3GPP, à partir de laquelle des exigences ont été formulées dans le rapport technique 3GPP TR 38.913.

Le tableau de la figure 2.12 présente un résumé de haut niveau de certaines des exigences les plus importantes en matière de services 5G.

Comme les exigences dépendent des cas d'utilisation et sont très diverses, la technologie radio NR devait être conçue de manière flexible, afin qu'un large éventail de cas d'utilisation puisse être pris en charge de manière efficace.

Une autre exigence importante est que la radio NR doit pouvoir être déployée dans une très large gamme de bandes de fréquences, allant de 450 MHz à plus de 52 GHz. Il s'agit d'une plage qu'aucune technologie d'accès radio antérieure (2G, 3G ou 4G) n'a prise en charge.

La gamme de fréquences est divisée en deux parties :
- FR1 - Gamme de fréquences 1, allant de 450 MHz à 6 GHz et généralement appelée "bande moyenne/basse".
- FR2 - Gamme de fréquences 2, allant de 24 GHz à 52 GHz et généralement appelée "bande haute" ou "ondes millimétriques" (mmwave).

La figure 2.12 montre les bandes de fréquences prises en charge dans FR1, informations extraites de la norme 3GPP TS 38.101-1. Comme on peut le voir, il existe une large gamme de bandes de fréquences prises en charge pour une utilisation NR.

La figure 3.45 présente la liste beaucoup plus courte des bandes de fréquences prises en charge dans FR2, informations extraites de la norme 3GPP TS 38.101-2. Comme on peut le voir, NR prend en charge les modes duplex TDD et FDD.

TDD est l'abréviation de "Time-Division Duplex" et signifie que l'appareil et la station de base utilisent les mêmes fréquences lors de la transmission, mais qu'ils sont synchronisés pour utiliser des créneaux horaires différents afin d'éviter les interférences. Ce système est généralement configuré avec une répartition statique de la capacité entre le trafic DL et UL, mais il peut éventuellement être ajusté dynamiquement dans des cellules dédiées lorsque cela permet d'optimiser les performances.

FDD est l'abréviation de "Frequency-Division Duplex" et signifie que l'appareil et la station de base utilisent des fréquences différentes pour leurs transmissions respectives. Le FDD n'est supporté que sur les bandes moyennes/basses, et non sur les bandes hautes pour lesquelles le TDD est toujours utilisé. C'est une conséquence de la situation réglementaire, des règles que doivent respecter les détenteurs de licences d'utilisation du spectre. Les bandes basses sont traditionnellement appariées, c'est-à-dire une bande pour la liaison montante et une autre pour la liaison descendante. Les bandes supérieures sont normalement toujours non appariées, ce qui nécessite l'utilisation du système TDD en tant que système duplex.

SUL et SDL sont l'abréviation de "Supplementary Uplink" (liaison montante supplémentaire) et "Supplementary Downlink" (liaison descendante supplémentaire), et sont des bandes utilisées pour compléter d'autres bandes afin d'améliorer la capacité totale et/ou la couverture du système.

L'examen de toutes les exigences détaillées relatives au réseau radio dépasse le cadre de cet ouvrage. Des informations sur ces exigences peuvent être trouvées dans quelques spécifications 3GPP, parmi lesquelles 3GPP TS 22.261 fournit une vue d'ensemble et des liens vers d'autres documents pertinents.

2.6.3 Concepts de canaux radio NR

NR est conçu pour répondre à ce large éventail d'exigences grâce à l'inclusion de plusieurs concepts technologiques clés. Elle s'appuie sur certains des concepts technologiques utilisés dans la LTE, mais va plus loin.

La technologie de modulation utilisée avec NR est OFDM. L'OFDM est la même technologie que celle utilisée pour le LTE, mais uniquement dans le sens descendant. L'OFDM est une technologie de modulation très souple qui convient parfaitement pour répondre aux nombreuses exigences de la 5G. Le concept de base de l'OFDM est que l'ensemble du spectre radio disponible est divisé en plusieurs sous-canaux, chacun transportant une sous-porteuse.

La capacité disponible pour chaque appareil (résultant de l'utilisation de sous-porteuses sélectionnées) peut être contrôlée simultanément dans les domaines temporel et fréquentiel.

L'OFDM présente également l'avantage d'être très résistant à l'évanouissement par trajets multiples, c'est-à-dire aux variations de l'intensité du signal qui sont typiques des communications mobiles et qui sont dues au fait que le signal entre l'émetteur et le récepteur se propage sur plusieurs chemins en même temps. Les réflexions des ondes radio sur divers objets font que plusieurs copies du signal arrivent à l'antenne réceptrice, car elles ne sont pas synchronisées dans le temps en raison des distances de propagation légèrement différentes.

2.6.4 Techniques d'antennes avancées

Afin de répondre à certaines des exigences en matière de capacité et de débit de données très élevés pour les services 5G, il est nécessaire d'utiliser deux concepts techniques appelés MIMO et Beamforming.

Ces technologies peuvent également être déployées dans les réseaux LTE, mais NR offre des fonctionnalités plus étendues, notamment la prise en charge des appareils en mode inactif. Cela signifie que la signalisation pendant la recherche de cellule et pour les demandes d'accès peut utiliser la formation de faisceaux et le MIMO. La formation de faisceaux signifie que la majeure partie de l'énergie transmise par l'émetteur est dirigée vers le récepteur prévu, au lieu d'être répartie sur l'ensemble de la cellule. En outre, le récepteur écoute principalement les signaux radio provenant de la direction de l'émetteur.

Le rapport signal/bruit s'en trouve amélioré, ce qui est essentiel pour obtenir un débit de données plus élevé. Il convient de noter que dans un déploiement typique, la prise en charge de la formation de faisceaux dans la direction de réception est plus courante dans la station de base que dans l'appareil.

Les techniques multifaisceaux signifient qu'il y a plusieurs faisceaux d'antenne, chacun couvrant une plus petite partie de la cellule. Ces faisceaux sont contrôlables et orientables de manière dynamique, ce qui permet de maximiser les performances en optimisant les caractéristiques de la liaison radio pour chaque connexion à un appareil.

MIMO est l'abréviation de "Multiple-Input-Multiple-Output" et est une technique dans laquelle le même contenu est transmis simultanément sur la même fréquence mais sur plus d'un chemin de propagation, soit en utilisant des antennes multiples, soit en utilisant des techniques de formation de faisceaux.

Le récepteur combine ou sélectionne le meilleur des différents signaux qu'il reçoit afin d'augmenter la puissance globale du signal reçu. Les systèmes radio 5G combinent généralement ces deux techniques.

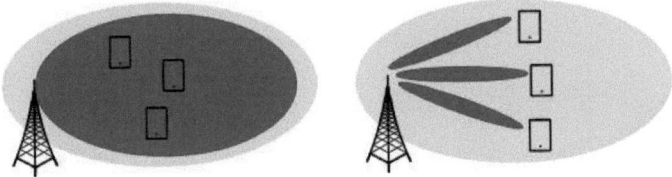

Fig 2.13 MIMO et MIMO monoposte

Le MIMO mono-utilisateur (SU-MIMO) consiste à transmettre deux copies ou plus du même flux de données dans des directions légèrement différentes à l'aide de la formation de faisceaux, car on peut supposer que les signaux radio subissent une certaine perte d'énergie lorsqu'ils traversent différents types de matériaux tels que le verre, le bois, etc. Les signaux seront réfléchis, par exemple, par les voitures et les bâtiments situés entre l'émetteur et le récepteur. La combinaison de plusieurs signaux dans le récepteur permettra donc d'obtenir un rapport signal/bruit agrégé plus élevé et donc un débit de données plus important.

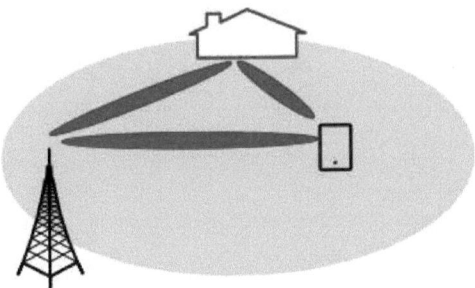

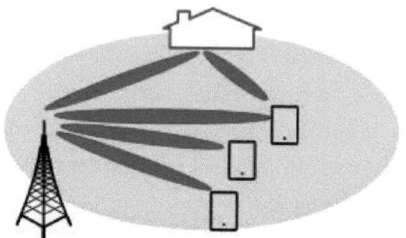

Fig 2.14 MIMO et MIMO monoposte

2.7 EPC pour la 5G

Comme l'EPC (Evolved Packet Core) de la 4G, le 5G Core agrège le trafic de données provenant des appareils finaux. Le 5G Core authentifie également les abonnés et les appareils, applique des politiques personnalisées et gère la mobilité des appareils avant d'acheminer le trafic vers les services de l'opérateur ou l'internet.

Si l'EPC et le 5G Core remplissent des fonctions similaires, il existe quelques différences majeures dans la mesure où le 5G Core est décomposé en un certain nombre d'éléments d'architecture basée sur les services (SBA) et est conçu dès le départ pour une séparation complète entre le plan de contrôle et le plan utilisateur. Plutôt que des éléments de réseau physiques, le cœur de la 5G comprend des fonctions de réseau pures, virtualisées et basées sur des logiciels (ou des services) et peut donc être instancié dans des infrastructures en nuage de type Multi-access Edge Computing (MEC).

Cette nouvelle architecture donnera aux opérateurs la flexibilité dont ils ont besoin pour répondre aux diverses exigences de réseau des différents cas d'utilisation de la 5G, allant bien au-delà des services sans fil fixes à haut débit ou des services mobiles à large bande. Au cœur de la nouvelle architecture centrale de la 5G se trouve la conception logicielle "cloud native".

Pour illustrer la différence entre le réseau central 5G et l'EPC actuel, voici quelques-unes des nouvelles fonctions du réseau 5G qu'il vous faudra connaître :

- **Fonction du plan utilisateur (UPF).** Issue des stratégies de séparation des plans de contrôle et d'utilisateur (CUPS) définies dans les spécifications 5G New Radio non autonomes, la fonction UPF du cœur de réseau 5G représente l'évolution de la fonction du plan de données de la passerelle de paquets (PGW). Cette séparation permet de déployer et de dimensionner le transfert de données de manière indépendante, de sorte que le traitement des paquets et l'agrégation du trafic peuvent être distribués à la périphérie du réseau. Pour plus de détails, consultez notre guide de référence UPF.

- **Fonction de gestion de l'accès et de la mobilité (AMF).** L'entité de gestion de la mobilité (MME) de l'EPC 4G étant décomposée en deux éléments fonctionnels, l'AMF reçoit toutes les informations de connexion et de session de l'équipement de l'utilisateur final ou du RAN, mais ne s'occupe que des tâches de gestion de la connexion et de la mobilité. Tout ce qui concerne la gestion des sessions est transmis à la fonction de gestion des sessions (SMF). Pour plus de détails, voir notre guide de référence sur l'AMF.

- **Fonction de gestion de session (SMF).** Composante fondamentale du SBA 5G, la SMF est chargée d'interagir avec le plan de données découplé en créant, mettant à jour et supprimant les sessions PDU (Protocol Data Unit) et en gérant le contexte de la session au sein de l'UPF. En découplant d'autres fonctions du plan de contrôle du plan utilisateur, le SMF joue également le rôle de serveur DHCP (Dynamic Host Configuration Protocol) et de système IPAM (IP Address Management). Pour plus de détails, voir notre guide de référence SMF.

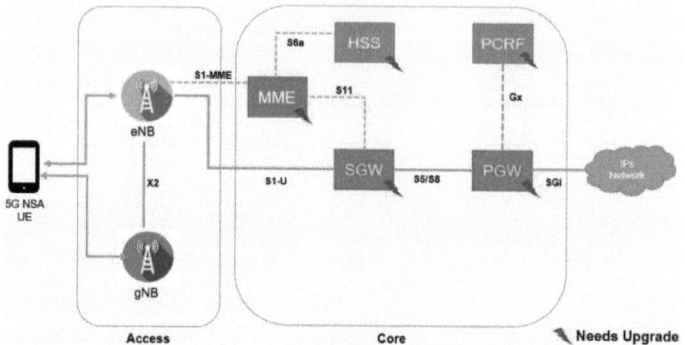

Fig 2.15 EPC

- **MME**
  - Prise en charge d'une large bande passante avec une qualité de service étendue.
  - Prise en charge du contrôle d'accès à l'abonnement 5G (bit DCNR, RAT secondaire).
  - Prise en charge de l'établissement de rapports sur le trafic RAT secondaire.
- **SGW/PGW**
  - Prise en charge d'une large bande passante avec une qualité de service étendue.
  - Prise en charge de l'établissement de rapports sur le trafic RAT secondaire.
- **HSS**
  - La bande passante maximale garantie AMBR ajoute la bande passante maximale sur la liaison montante/descendante.
  - Max-Requested-BW-UL étendu.
  - Extended-Max-Requested-BW-DL.
- **PCRF**
  - Un nouvel AVP [Attribute-Value pairs] de QoS extended bandwidth est ajouté à l'interface Gx.
  - AVP Extended-Max-Requested-BW-DL et Extended-Max-Requested-BW-UL.
  - AVP Extended-GBR-DL et Extended-GBR-UL.
  - Extended-APN-AMBR-DL et Extended-APN-AMBR-UL AVP.

Ce ne sont là que quelques-unes des nouvelles fonctions réseau de l'architecture 5G Core basée sur les services. Les changements sont assez radicaux par rapport à l'EPC 4G d'aujourd'hui, et l'un des facteurs les plus importants qui permettra à la nouvelle architecture basée sur les services d'exister est une conception et des méthodologies de déploiement véritablement natives de l'informatique en nuage. Les fonctions du réseau central 5G devront être massivement évolutives, très fiables et prendre en charge des opérations automatisées. Comme nous l'avons dit à maintes reprises sur ce blog, l'<u>avenir de la 5G sera "cloud native"</u>.

Question et réponses sur les deux marques

1. **Quelles sont les principales caractéristiques de la 5g ?**

- Vitesses de la 5G
- Réduction du temps de latence
- Capacité accrue
- Découpage du réseau
- Amélioration de la fiabilité

2. **Définir le haut débit mobile amélioré.**

Le haut débit mobile amélioré est dérivé des réseaux 4G LTE. C'est l'un des trois services ou cas d'utilisation définis par le 3GPP pour le déploiement des applications 5G NR. L'objectif de l'eMBB est de fournir une plus grande bande passante avec une meilleure latence pour des applications telles que la réalité augmentée (AR), la réalité virtuelle (VR) et les médias 4K.

3. **Quel est le principe de l'OFDM ?**

Le concept OFDM repose sur la répartition des données à haut débit à transmettre sur un grand nombre de porteuses à faible débit. Les porteuses sont orthogonales les unes par rapport aux autres et l'espacement des fréquences entre elles est créé à l'aide de la transformée de Fourier rapide (FFT).

4. **Qu'est-ce que l'architecture basée sur les services dans le cœur de la 5G ?**

L'architecture basée sur les services du cœur de la 5G est une architecture plate qui sépare les fonctions du plan de contrôle (CP) des fonctions du plan utilisateur (UP).

5. **Quelle est la différence entre les micro-services et l'architecture basée sur les services ?**

La principale différence entre l'architecture SOA et les microservices concerne le champ d'application de l'architecture. Dans un modèle SOA, les services ou modules sont partagés et réutilisés à l'échelle de l'entreprise, alors qu'une architecture de microservices est construite sur des services individuels qui fonctionnent de manière indépendante.

6. **Que signifie EPC dans la 5G ?**

Actuellement, la grande majorité des déploiements commerciaux de la 5G sont basés sur la technologie NR non-standalone (NSA) qui utilise l'accès radio LTE existant pour la signalisation entre les appareils et le réseau, et les réseaux Evolved Packet Core (EPC) qui sont améliorés pour prendre en charge la 5G NSA.

7. **Quels sont les composants de l'architecture RAN 5G ?**

Le gNB comprend trois modules fonctionnels principaux : l'unité centralisée (CU), l'unité distribuée (DU) et l'unité radio (RU), qui peuvent être déployés dans de multiples combinaisons.

8. **Qu'est-ce que l'architecture Nef dans la 5G ?**

La fonction d'exposition au réseau est l'une des capacités intégrées de manière native dans le réseau 5G. Les applications peuvent s'abonner à certains changements dans le réseau et commander au réseau d'exploiter ses capacités programmables en fournissant de nouveaux services innovants aux utilisateurs finaux.

9. **Quelle est la différence entre le RAN et le cœur de réseau ?**

Le RAN relie l'équipement de l'utilisateur, tel qu'un téléphone cellulaire, un ordinateur ou toute autre machine commandée à distance, via une connexion de liaison par fibre ou sans fil. Cette liaison est reliée au réseau central, qui gère les informations relatives à l'abonné, sa localisation, etc.

10. **Qu'est-ce que la technologie d'accès radio multiple ?**

La technologie d'accès radio multiple est un appareil mobile qui peut se connecter à plus d'un type de réseau cellulaire. Par exemple, les téléphones portables peuvent généralement se connecter aux réseaux 2G et 3G ou aux réseaux 2G, 3G et LTE. Voir générations cellulaires et multiradio.

UNITÉ III : ARCHITECTURE DE RÉSEAU ET PROCESSUS

Architecture et cœur de la 5G, découpage du réseau, informatique de périphérie multi-accès (MEC), visualisation des composants de la 5G, architecture du système de bout en bout, continuité du service, relation avec l'EPC et l'informatique de périphérie. Protocoles 5G : 5G NAS, NGAP, GTP-U, IPSec et GRE.

L'ARCHITECTURE DU RÉSEAU ET LES PROCESSUS
3.1 Introduction

L'architecture de réseau est la conception structurelle d'un réseau qui décrit comment les données, les appareils et les services sont organisés et interconnectés. Cette architecture est fondamentale pour permettre la communication, le transfert de données et divers services au sein d'un réseau. Voici une brève introduction à l'architecture de réseau et aux processus qu'elle englobe :

3.1.1 Architecture du réseau

- L'architecture de réseau définit le schéma directeur d'un réseau, en précisant ses composants, sa structure et la manière dont ils fonctionnent ensemble.
- Elle englobe des éléments matériels tels que les routeurs, les commutateurs, les serveurs et le câblage, ainsi que des éléments logiciels tels que les protocoles et les mesures de sécurité.
- L'architecture du réseau joue un rôle essentiel en garantissant que les données peuvent circuler efficacement et en toute sécurité entre les appareils et les services.

Processus clés de l'architecture des réseaux :

1. Routage des données :
- Le routage des données consiste à déterminer le chemin emprunté par les paquets de données de la source à la destination au sein d'un réseau.
- Les routeurs et les commutateurs sont des composants clés qui gèrent ce processus, garantissant que les données atteignent leur destinataire.

2. Transfert de données :
- Les processus de transfert de données se concentrent sur la manière dont les données sont transmises et reçues entre les appareils.
- Les protocoles, tels que TCP/IP, régissent la manière dont les données sont emballées, transmises et réassemblées à la destination.

3. Sécurité et authentification :
- Les processus de sécurité comprennent la mise en œuvre de mesures telles que les pare-feu, le cryptage et l'authentification pour protéger les données contre les accès non autorisés et les menaces.

4. Évolutivité :
- L'architecture du réseau doit être évolutive, capable de s'adapter à la croissance en termes d'appareils, de volume de données et d'utilisateurs.
- Ce processus consiste à concevoir des réseaux capables de s'étendre au fur

et à mesure des besoins, sans perturbations importantes.

5. Équilibrage de la charge :
- L'équilibrage de la charge garantit que les ressources du réseau sont réparties de manière uniforme afin d'éviter les encombrements et d'optimiser les performances.
- Elle peut être réalisée grâce à des équilibreurs de charge qui dirigent le trafic vers les serveurs disponibles.

6. Redondance et tolérance aux pannes :
- Les réseaux sont conçus de manière redondante afin de fournir des composants ou des chemins de secours en cas de défaillance, ce qui garantit la disponibilité et la fiabilité du réseau.

7. Suivi et gestion :

- Les processus de surveillance et de gestion continues consistent à suivre les performances du réseau, à diagnostiquer les problèmes et à appliquer les configurations ou les mises à jour nécessaires.

En conclusion, l'architecture de réseau et ses processus associés sont fondamentaux pour créer des réseaux efficaces, sûrs et adaptables qui facilitent le transfert de données et la communication. Les architectes et administrateurs de réseaux jouent un rôle clé dans la conception, la mise en œuvre et la maintenance des architectures de réseaux afin de répondre aux exigences de la communication moderne et de l'échange de données.

3.2   Architecture et cœur de la 5G

Introduction :

Le réseau 5G représente la dernière génération de technologie de télécommunications mobiles, promettant des vitesses plus rapides, une latence plus faible et la capacité de prendre en charge une vaste gamme d'applications et de services. Pour rendre cela possible, il s'appuie sur une architecture de réseau sophistiquée avec un noyau robuste.

3.2.1   Architecture du réseau 5G

L'architecture du réseau 5G est conçue pour être très flexible, évolutive et adaptable afin de répondre aux divers besoins de la communication moderne. L'architecture du réseau 5G comprend trois éléments principaux : l'équipement de l'utilisateur (UE), le réseau d'accès radio (RAN) et le réseau central. Le réseau central est la partie centrale de cette architecture. Il est composé de trois éléments principaux :

1. **Équipement de l'utilisateur (UE)** : Il s'agit de la grande variété d'appareils que les utilisateurs finaux utilisent pour accéder aux réseaux 5G, y compris les smartphones, les tablettes et un monde de plus en plus vaste d'appareils IoT.

- L'UE représente les appareils tels que les smartphones, les tablettes et les appareils IoT utilisés par les consommateurs.
- Les UE sont les points d'extrémité où les données sont générées ou consommées.

2. **Réseau d'accès radio (RAN)** : Le RAN est l'intermédiaire entre les UE et le réseau central. Il comprend les stations de base et les antennes qui permettent la communication et la connectivité sans fil.

- Le RAN se compose de stations de base et d'antennes qui facilitent la communication sans fil entre les UE et le réseau.
- Il gère les connexions radio et assure une transmission transparente des données.

3. **Réseau central** : Le réseau central est la plaque tournante des opérations 5G. Le réseau central est le cœur de l'architecture 5G, responsable de la gestion du réseau, de l'acheminement des données et de la fourniture des services.
Il se compose de plusieurs éléments clés :
- Fonction du plan de contrôle (CP) : Gère la signalisation et les messages de contrôle, y compris l'établissement des appels, la gestion de la mobilité et les fonctions de réseau.

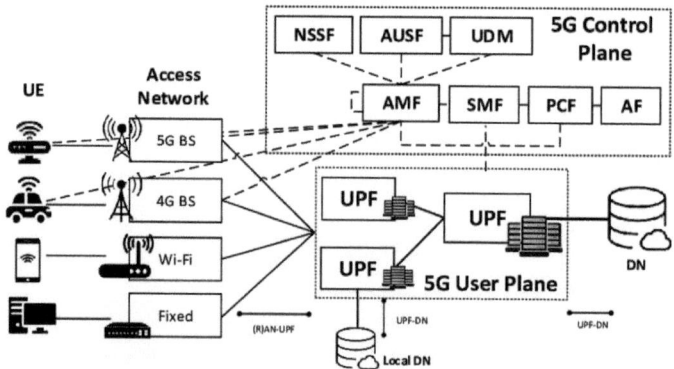

Fig 3.1 **Architecture de base de la 5G**

- Fonction du plan utilisateur (UPF) : Gère le trafic de données réel, en l'acheminant efficacement entre les UE et les services.

- Le réseau central intègre également des technologies de pointe telles que la virtualisation des fonctions de réseau (NFV) et la mise en réseau définie par logiciel (SDN), ce qui permet une gestion dynamique et flexible du réseau.
- Découpage du réseau : Une fonction révolutionnaire qui permet de créer des réseaux virtuels personnalisés pour des services ou des applications spécifiques.
- Des mesures de sécurité, notamment des mécanismes de cryptage et d'authentification, sont intégrées au réseau central afin de protéger les données et la vie privée des utilisateurs.

3.3 Réseau central dans la 5G

Le réseau central de la 5G représente l'épine dorsale de la cinquième génération de technologies de télécommunications mobiles. Il s'agit du composant central et essentiel responsable de la gestion des fonctions du réseau, de l'acheminement des données et de la fourniture de services. Il joue un rôle central dans la gestion du réseau, l'acheminement des données et la fourniture de services aux utilisateurs finaux. L'intégration des technologies NFV et SDN permet une allocation et une gestion efficaces des ressources, garantissant des performances optimales. Le découpage du réseau permet en outre de personnaliser les services, ce qui le rend adapté à diverses applications.

La sécurité et la confidentialité des données sont primordiales dans la 5G. Des mesures de sécurité robustes, telles que des mécanismes de cryptage et d'authentification, sont mises en œuvre à différents niveaux du réseau central pour protéger les informations sensibles.

1. Le centre des opérations 5G :

- Le réseau central est la plaque tournante de l'architecture du réseau 5G, un peu comme le cerveau de l'ensemble du système.
- Il gère et contrôle les opérations du réseau, en assurant la circulation efficace des données et des services.

2. Le plan de contrôle et le plan utilisateur :

- Le réseau central se compose de deux éléments principaux :
- Fonction du plan de contrôle (CP) : Ce composant est responsable de la gestion de la signalisation, des messages de contrôle et des fonctions de réseau. Il gère des tâches telles que l'établissement des appels, la gestion des sessions et la gestion de la mobilité.
- Le CP est responsable de la gestion des messages de signalisation et de contrôle au sein du réseau.
- Il prend en charge des tâches telles que l'établissement des appels, la gestion des sessions et la gestion de la mobilité.

- Cette fonction garantit que les ressources du réseau sont allouées efficacement et que la communication est établie et maintenue.
- Fonction du plan utilisateur (UPF) : L'UPF gère le trafic de données proprement dit, en acheminant efficacement les paquets de données entre l'équipement de l'utilisateur (UE) et les réseaux externes.
- L'UPF est responsable de la gestion du trafic de données dans le réseau.
- Il achemine efficacement les paquets de données entre l'équipement de l'utilisateur (UE) et le réseau externe, assurant ainsi un transfert de données sans heurts.

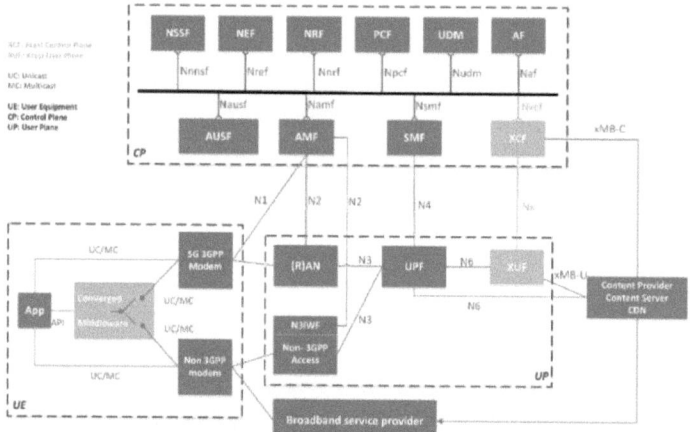

Fig 3.2 Réseau central de base

3. **Virtualisation et flexibilité du réseau :**
- Le réseau central intègre des technologies de pointe telles que la virtualisation des fonctions de réseau (NFV) et la mise en réseau définie par logiciel (SDN).
- La NFV permet de virtualiser les fonctions du réseau, en les exécutant sous forme de logiciel sur des serveurs standard. Cette virtualisation améliore la flexibilité et l'évolutivité du réseau.
- NFV est une technologie qui permet aux fonctions de réseau, traditionnellement mises en œuvre à l'aide de matériel dédié, d'être virtualisées et exécutées en tant que logiciel sur des serveurs standard.
- Cette virtualisation améliore la flexibilité, l'évolutivité et la rentabilité du réseau. Elle permet une allocation dynamique des ressources du réseau en fonction de la demande.
- Le SDN sépare le plan de contrôle du plan de données, offrant un contrôle centralisé sur les ressources du réseau, ce qui permet une gestion dynamique et programmable du réseau.
- Le SDN est une architecture de réseau qui sépare le plan de contrôle du plan de données.

- Il fournit un contrôle centralisé sur le réseau, permettant une gestion dynamique et programmable des ressources du réseau.
- Le SDN améliore l'agilité du réseau, en facilitant l'adaptation à l'évolution des besoins et des schémas de trafic.

4. Réseaux personnalisés avec découpage du réseau :
- Le découpage du réseau est une fonctionnalité révolutionnaire de la 5G. Elle permet de créer des réseaux virtuels au sein de l'infrastructure du réseau physique.
- Ces réseaux virtuels, ou "tranches", peuvent être personnalisés pour des services ou des applications spécifiques, ce qui garantit que chaque service dispose des ressources et des performances dont il a besoin.

5. Mesures de sécurité pour la protection des données :
- La sécurité est d'une importance capitale dans la 5G, compte tenu de l'augmentation du volume de données et du nombre croissant d'appareils connectés.
- Le réseau central intègre des mesures de sécurité robustes, notamment des mécanismes de cryptage et d'authentification, afin de protéger les données et la vie privée des utilisateurs.
- La sécurité est un aspect essentiel du réseau central de la 5G. Des mécanismes de sécurité renforcés, notamment le cryptage et l'authentification, sont intégrés à différents niveaux pour protéger les données et la vie privée des utilisateurs.
- Avec le volume croissant de données et l'augmentation du nombre d'appareils connectés, il est essentiel de disposer d'une sécurité solide.

6. Découpage du réseau :
- Le découpage du réseau est une fonctionnalité unique de la 5G qui permet de créer des réseaux virtuels au sein de l'infrastructure du réseau physique.
- Ces réseaux virtuels peuvent être personnalisés pour des services ou des applications spécifiques, ce qui garantit que chacun dispose des ressources et des performances dont il a besoin.

En substance, l'architecture du réseau 5G, avec son réseau central avancé, est prête à révolutionner la communication, en permettant une large gamme d'applications, de l'internet mobile à haut débit à l'internet des objets (IoT) et à la réalité augmentée, tout en maintenant les normes les plus élevées en matière de sécurité et de performance.

3.4 Découpage du réseau

La 5G permettra d'offrir de nouveaux services et de nouveaux modèles commerciaux qui n'étaient pas possibles avec les anciennes technologies sans fil telles que la 4G. La technologie 5G devrait offrir une expérience utilisateur cohérente et très fiable pour une grande variété de cas d'utilisation. Par exemple, l'infrastructure 5G doit prendre en charge une application de comptage intelligent, dans laquelle plusieurs milliers d'appareils de comptage des services publics envoient continuellement de petits morceaux d'informations sur une longue période. Ce cas d'utilisation n'est pas sensible à la latence, mais attend du réseau qu'il s'adapte à plusieurs milliers d'appareils. Dans le même temps, la 5G doit prendre en charge un véhicule autonome en mouvement rapide qui consomme beaucoup de données et attend un temps de réponse inférieur à la milliseconde.

Construire une infrastructure de réseau qui réponde aux besoins d'une grande variété de cas d'utilisation tout en satisfaisant aux attentes en matière de performances est un véritable défi. L'architecture 5G introduit un nouveau concept appelé "découpage du réseau", afin de répondre aux exigences d'évolutivité et d'expérience utilisateur de la grande variété de cas d'utilisation.

3.4.1 Qu'est-ce que le découpage en tranches du réseau ?

Le découpage du réseau permet aux fournisseurs de services 5G de diviser un réseau physique unique (de la radio au réseau central) en plusieurs réseaux virtuels. Chaque tranche de réseau peut avoir des limites de vitesse, des latences et des configurations de qualité de service différentes.

Le découpage du réseau est une fonction de bout en bout offerte par l'infrastructure 5G, depuis le réseau d'accès radio (RAN) jusqu'au NG-Core 5G. Chaque tranche de réseau aura ses propres paramètres de configuration et caractéristiques de performance.

Chaque tranche de réseau est optimisée pour répondre aux besoins d'un cas d'utilisation 5G donné. Par exemple, les compteurs intelligents fonctionneront dans une tranche de réseau distincte de celle des véhicules autonomes.

Le découpage du réseau est rendu possible par les progrès de la virtualisation des fonctions de réseau, des réseaux définis par logiciel et de l'informatique en nuage. La mise en œuvre d'un découpage du réseau dans le réseau radio ainsi que dans le réseau central peut être basée sur des ressources physiques ou des ressources de réseau virtualisées/logiques.

Dans le réseau central, une tranche de réseau peut avoir ses propres instances de fonctions de réseau virtuelles dédiées fonctionnant sur le nuage Telco. Cela permet aux fournisseurs de services d'offrir des services personnalisés à leurs clients tout en optimisant les coûts d'infrastructure.

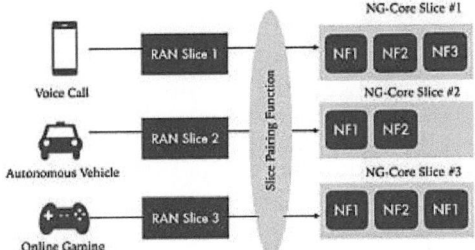

Fig 3.3 - ARCHITECTURE DE CLICAGE DU RÉSEAU

Chaque tranche de réseau fournit un ensemble de capacités de réseau, de niveaux de performance et d'accords de niveau de service (SLA) spécifiques aux services qui s'exécutent au-dessus du réseau.

Les services sont associés à des instances de tranches de réseau en fonction de leurs capacités, de leurs niveaux de performance et de leurs accords de niveau de service. Une tranche de réseau peut être dédiée à un service donné ou partagée entre plusieurs services. Par exemple, une tranche de réseau qui prend en charge un service de jeu en ligne (sensible à la bande passante et à la latence) peut également prendre en charge un service de réalité virtuelle. Une tranche de réseau qui prend en charge la navigation sur le web (service à faible bande passante et insensible à la latence) peut également prendre en charge des services IOT qui recueillent des données analytiques. Le mappage de la tranche RAN à la tranche NG-Core est effectué par la fonction d'appariement des tranches. La fonction d'appariement des tranches peut résider dans un système de gestion de réseau ou dans une application fonctionnant au-dessus d'un contrôleur SDN.

3.4.2 Exigences en matière de découpage du réseau

Voici quelques-unes des exigences relatives à la mise en œuvre du découpage du réseau dans un réseau 5G :

- Le fournisseur de services devrait être en mesure de configurer / gérer une tranche de réseau de manière dynamique en fonction des besoins du client.
- Les fournisseurs de services doivent être en mesure de gérer chaque tranche de réseau séparément sans affecter les caractéristiques de performance des autres tranches de réseau.
- Assurer la sécurité des services qui s'exécutent au-dessus d'une tranche de réseau, y compris la protection des données qui sont transférées sur la tranche de réseau.
- Les fournisseurs de services devraient être en mesure d'exposer des interfaces de programmation d'applications (API) pour que leurs partenaires, vendeurs ou clients puissent créer et gérer des tranches de réseau.
- Prise en charge de la gestion des ressources de bout en bout, du RAN jusqu'au NG-Core 5G

3.4.3 Gestion des tranches de réseau

L'architecture de découpage du réseau fournit des mécanismes permettant aux fournisseurs de services de gérer l'infrastructure de découpage du réseau de bout en bout, tant au niveau du réseau d'accès radio (RAN) que du réseau central (5G NG-Core). Le RAN peut à son tour être divisé en plan de contrôle et plan utilisateur. Les politiques de configuration d'une tranche de réseau permettent de fournir et d'activer des services dans les plans de contrôle et d'utilisation.

Il y a trois couches distinctes à gérer pour une tranche de réseau :
- **Couche d'instances de** services - Cette couche est constituée d'instances de services qui sont exposées aux clients ou aux partenaires commerciaux du fournisseur de services. Par exemple, les services IOT, les services de streaming vidéo et les services AR/VR. Les services peuvent être créés/gérés par un opérateur de réseau ou un fournisseur de services tiers.
- **Couche d'instance de tranche de** réseau - Cette couche comprend à la fois l'instance de tranche de réseau RAN et l'instance de tranche de réseau central. Cette couche fournit les caractéristiques de réseau requises par une instance de service. Une instance de tranche de réseau peut être partagée entre une ou plusieurs instances de service.
- **Couche des ressources** - Cette couche comprend les fonctions physiques ou virtuelles du réseau qui sont utilisées pour créer une tranche de réseau. Dans certains cas, les ressources d'une tranche de réseau peuvent s'étendre sur plusieurs domaines d'opérateurs.

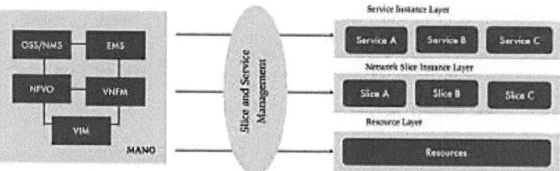

Fig 3.4 - GESTION DES SLICES DU RÉSEAU

La fonction de gestion du cycle de vie des tranches de réseau interagirait à son tour avec la fonction de gestion et d'orchestration NFV (MANO) pour la gestion des fonctions de réseau virtualisées (VNF) et traiterait avec d'autres gestionnaires de réseau qui gèrent les fonctions de réseau physiques (PNF). La fonction MANO comprend l'orchestrateur NFV, le gestionnaire VNF et le gestionnaire d'infrastructure virtuelle (VIM).

L'automatisation de la gestion des tranches de réseau de bout en bout est très importante pour améliorer l'expérience des utilisateurs et réduire les coûts opérationnels. Elle peut être réalisée en déployant un contrôleur SDN dans le réseau. Le contrôleur SDN expose des API permettant aux fournisseurs de services de développer des applications capables de gérer des tranches de réseau dans un réseau sans fil.

3.4.4 Avantages du découpage du réseau

Le découpage du réseau offre un certain nombre d'avantages aux fournisseurs de services et aux clients. Voici quelques-uns de ces avantages :
- Réduction des coûts opérationnels liés à la gestion et à l'exploitation des réseaux sans fil - car le découpage du réseau 5G expose des API pour la gestion programmatique de l'infrastructure du réseau.
- Aujourd'hui, les services d'opérateurs de réseaux mobiles virtuels (MVNO) (qui permettent à d'autres fournisseurs de services sans fil de partager l'infrastructure du réseau) nécessitent un préapprovisionnement manuel complexe de l'infrastructure du réseau. Le découpage du réseau permet aux fournisseurs de services de créer, de configurer et de gérer dynamiquement les services MVNO.
- Permet aux fournisseurs de services d'offrir des services différenciés aux clients en utilisant la même infrastructure de réseau, sans impacter la performance des services offerts aux autres clients. Par exemple, prendre en charge les voitures autonomes et les compteurs d'électricité intelligents sur la même infrastructure de réseau.
- Permet aux fournisseurs de services de monétiser l'infrastructure du réseau - non seulement sur la base de la largeur de bande consommée, mais aussi en fonction d'autres paramètres tels que la latence, la qualité de service, la consommation d'énergie et le nombre de connexions.

Questions d'examen

1. Qu'est-ce que le découpage du réseau ?

2. Quel est le besoin de découpage du réseau dans un réseau 5G ?

3. Quels sont les différents cas d'utilisation permis par le découpage en réseau ?

4. Comment une tranche de réseau est-elle créée dans un réseau 5G ?

5. Quelles sont les trois couches différentes de la gestion des tranches de réseau ?

3.5 Informatique de périphérie multi-accès (MEC)

Le Multi-Access Edge Computing (MEC) fait partie intégrante de l'écosystème 5G. MEC aide les fournisseurs de services à rapprocher les capacités orientées applications des utilisateurs et à prendre en charge plusieurs cas d'utilisation sensibles à la latence à partir de la périphérie.

Le système MEC apporte des capacités de mise en réseau et de calcul à la périphérie du réseau afin d'optimiser les performances pour les services à très faible latence et à grande largeur de bande.

Les premiers cas d'utilisation de MEC étaient très spécifiques aux réseaux mobiles, d'où le nom de Mobile Edge Computing (MEC). Cependant, par la suite, l'industrie a reconnu l'applicabilité générale de MEC pour les réseaux sans fil et câblés et l'a donc rebaptisé "Multi-Access Edge Computing" (informatique de périphérie à accès multiples).

3.5.1 Nécessité du CEM

L'infrastructure informatique pour les services d'application existait sous une forme ou une autre, même dans les réseaux 4G et 3G. Par exemple, les services de transcodage vidéo, d'optimisation WAN, de réseau de diffusion de contenu (CDN) et de mise en cache transparente fonctionnaient auparavant dans le réseau central du fournisseur de services, dans des équipements de réseau spécialement conçus à cet effet. Cependant, avec l'augmentation du nombre d'appareils mobiles connectés au réseau et l'explosion de la consommation de données, il est impossible d'offrir de tels services d'application à partir d'un emplacement centralisé, sans avoir un impact sur l'expérience de l'utilisateur. C'est pourquoi une infrastructure informatique périphérique mobile a été conceptualisée.

Voici quelques-uns des principaux moteurs du MEC dans le réseau 5G :

- Croissance du nombre d'appareils mobiles se connectant au réseau (avec l'IOT, on s'attend à ce que ce nombre explose e n c o r e p l u s).
- La croissance du volume de données générées par les applications Over the Top (OTT) telles que les médias sociaux, le streaming vidéo et les jeux en ligne.
- Nécessité de répartir l'infrastructure où les services d'application sont hébergés dans un réseau de fournisseurs de services, afin d'améliorer les performances de l'application et l'expérience de l'utilisateur.
- Nécessité d'exécuter les services d'application en plusieurs endroits afin d'accroître la fiabilité des services
- Nécessité de virtualiser les services d'application et d'éliminer les dépendances avec du matériel spécialement conçu pour simplifier la gestion et l'orchestration des fonctions multifournisseurs.
- Réduire considérablement la latence du réseau pour prendre en charge de nouveaux cas d'utilisation tels que les voitures autonomes, la réalité virtuelle, la réalité augmentée et les chirurgies robotisées.

3.5.2 Architecture MEC

L'architecture MEC ressemble à l'architecture NFV. L'architecture MEC se compose des fonctions suivantes :

- MEC Orchestrator
- Plate-forme MEC

- Gestionnaire de la plate-forme MEC
- Infrastructure de virtualisation
- MEC Application Services

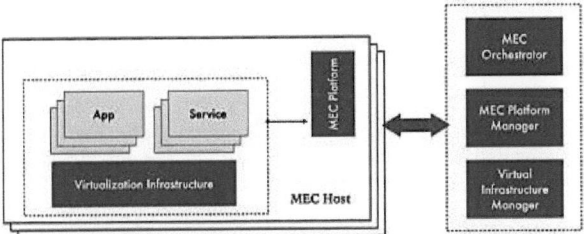

Fig 3.5 - ARCHITECTURE DU SYSTÈME MEC

3.5.3 MEC Orchestrator

MEC Orchestrator est une fonction centralisée qui dispose d'une vue complète des systèmes périphériques multi-accès, y compris la topologie, les ressources disponibles dans l'infrastructure virtualisée, les applications et les services disponibles fonctionnant sur l'infrastructure virtualisée. MEC Orchestrator déclenche la gestion du cycle de vie des applications et des services fonctionnant sur l'infrastructure virtualisée, y compris l'instanciation, l'arrêt et le déplacement des services. Il sélectionne également le bon ensemble de ressources pour l'exécution des applications et des services, afin de répondre aux exigences de latence.

3.5.4 Plate-forme MEC

La plateforme MEC fournit un environnement dans lequel les applications peuvent découvrir, annoncer, consommer et offrir des services mobiles. Elle reçoit des mises à jour régulières du gestionnaire de la plateforme MEC et des différents services ou applications fonctionnant dans l'infrastructure virtualisée. Parmi les mises à jour reçues par la plateforme MEC figurent l'activation et la désactivation des règles de trafic et des enregistrements DNS. Par exemple, la plate-forme MEC travaille avec le plan de données pour établir le chemin du trafic pour les différentes applications. La plate-forme MEC utilise les mises à jour des enregistrements DNS pour configurer le proxy ou le serveur DNS dans le réseau. Ainsi, les enregistrements DNS peuvent être utilisés pour rediriger le trafic vers une application spécifique fonctionnant sur l'hôte MEC.

3.5.5 Gestionnaire de la plate-forme MEC

Le gestionnaire de la plate-forme MEC fournit les services de gestion des pannes, de la configuration, de la comptabilité, du rendement et de la sécurité (FCAPS). Il reçoit périodiquement des rapports de défaillance et de performance du gestionnaire de l'infrastructure virtuelle et informe le MEC Orchestrator des événements propres à l'application et au service. Le gestionnaire de la plate-forme MEC gère également les règles et les politiques spécifiques aux applications et aux services pour la gestion du trafic.

3.5.6 Infrastructure de virtualisation

L'infrastructure virtualisée fournit des ressources partagées de calcul, de stockage et de mise en réseau pour l'hébergement d'applications liées à la MEC ou de fonctions de réseau virtuel (VNF). Cette infrastructure peut également être partagée avec d'autres VNF non-MEC.

3.5.7 Gestionnaire de l'infrastructure virtualisée

Le gestionnaire d'infrastructure virtualisée gère les ressources d'infrastructure requises pour les divers services et applications hébergés sur l'hôte MEC. Il partitionne les ressources physiques et les met à disposition en tant que multiples espaces locataires pour l'hébergement des applications et services MEC.

3.5.8 Applications et services MEC

Le fournisseur de services peut exécuter ses propres applications ou services de réseau dans le MEC. Il peut également exécuter des applications de partenaires ou de clients sur le MEC. Une application MEC peut appartenir à une ou plusieurs tranches de réseau qui ont été configurées dans le réseau central 5G.

3.5.9 Modes de déploiement du MEC

Le MEC peut être déployé selon l'un des quatre modes de déploiement indiqués ci-dessous :

i. Mode Breakout - La connexion de la session est redirigée vers une application MEC qui est hébergée localement sur la plateforme MEC ou sur un serveur distant. Les caches de réseaux de diffusion de contenu (CDN) locaux (par exemple, les caches Akamai), les services de jeux et les services de diffusion de médias (par exemple, la diffusion en continu de Netflix) sont des exemples d'applications de rupture.
Normalement, vous y parvenez en définissant des politiques de transfert
ii. Mode en ligne - Le MEC est déployé de manière transparente, en mode en ligne. La connexion de session est maintenue avec le serveur d'origine, tandis que tout le trafic traverse et passe par l'application fonctionnant dans la MEC. La mise en cache transparente de contenu et les applications de sécurité sont des exemples d'applications MEC en ligne.
iii. Mode Tap - En mode Tap, les données échangées au cours d'une session sont sélectivement dupliquées et transmises à l'application MEC Tap. Les

sondes de réseaux virtuels, les applications de surveillance et de sécurité sont quelques exemples d'applications en mode "tap".

iv. Mode indépendant - L'application et les services MEC fonctionnent indépendamment, mais l'application MEC est enregistrée dans la plate-forme MEC et reçoit d'autres services MEC, tels que le DNS et les informations sur le réseau radio (par exemple, les statistiques sur les supports radio). L'acheminement d u trafic vers le MEC est réalisé en configurant le DNS local ou le plan de données de l'hôte MEC.

3.5.10   Scénarios de déploiement de MEC dans le réseau 5G

Le MEC peut être déployé de manière flexible à différents endroits du réseau 5G, depuis la station de base jusqu'au réseau de données central. Quel que soit l'endroit où le MEC est déployé, la fonction du plan utilisateur (UPF) doit orienter le trafic vers l'application MEC et le renvoyer vers le réseau. L'UPF est responsable de l'acheminement du trafic dans un réseau 5G. L'architecture 5G offre la possibilité de déployer des instances UPF à la périphérie du réseau, ainsi qu'au cœur du réseau, afin d'améliorer les performances et de réduire les temps de latence.

Il existe quatre scénarios de déploiement possibles pour le système MEC dans un réseau 5G. L'emplacement dans lequel le MEC est déployé dépend d'un certain nombre de facteurs tels que la disponibilité de l'infrastructure (alimentation, espace et refroidissement), le type d'applications/services hébergés dans le MEC, la latence du réseau et les exigences en matière de bande passante.

1. Le MEC et la fonction du plan utilisateur (UPF) peuvent être installés au même endroit que la station de base.
2. MEC co-localisé avec un nœud de transmission et éventuellement avec un UPF
3. MEC et UPF co-localisés avec un point d'agrégation du réseau
4. MEC colocalisé avec les fonctions du réseau central, dans le même centre de données

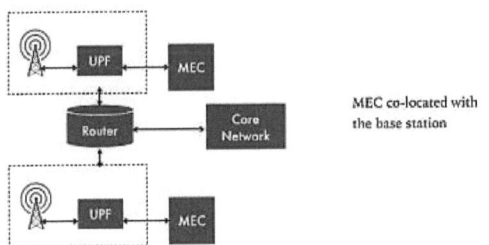

Fig 3.6 - MEC CO-LOCÉE AVEC LA STATION DE BASE

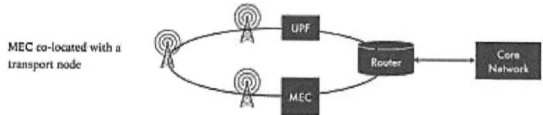

Fig. 3.7 - MEC CO-LOCÉE AVEC UN NODE DE TRANSPORT

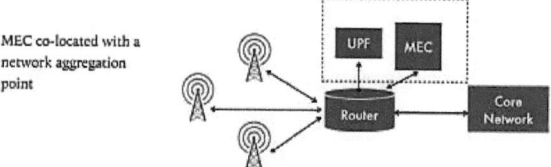

**Fig 3.8 - MEC CO-LOCATED WITH NETWORK AGGREGATION POINT
(Point d'agrégation du réseau)**

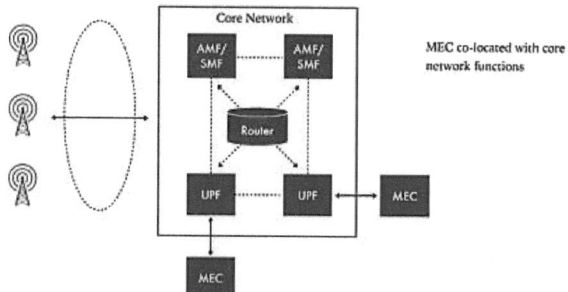

Fig. 3.9 - MEC CO-LOCÉE AVEC LES FONCTIONS PRINCIPALES DU RÉSEAU

3.5.11 Intégration de la MEC dans les réseaux 5G

L'architecture de la 5G offre un certain nombre de possibilités d'intégration de la technologie MEC dans le réseau.

- Les services et applications MEC peuvent être mis en correspondance avec les fonctions d'application (AF) pour permettre la consommation de services et d'informations exposés par le réseau 5G. Par exemple, les services MEC peuvent consommer les mises à jour relatives à la mobilité et à la localisation de l'utilisateur.
- Prend en charge le routage local et l'orientation du trafic pour acheminer sélectivement le trafic vers les applications fonctionnant sur le réseau de données local.
- Les fonctions d'application (AF) peuvent influencer la sélection des fonctions du plan utilisateur par le biais de la fonction de contrôle des politiques (PCF) ou de la fonction d'exposition au réseau (NEF). Les administrateurs peuvent définir les règles de transfert et les politiques de

redirection dans la PCF ou les définir via une API exposée par la NEF. La NEF consolide les API des différentes fonctions et fournit un accès unifié au cœur de la 5G.
- Les applications MEC peuvent se connecter au réseau local de données (LADN) dans le réseau central 5G. Le LADN est un nouveau concept introduit dans la 5G pour fournir des services localisés aux utilisateurs. Par exemple, une application de streaming vidéo peut être hébergée près du RAN dans un stade, accessible via le LADN. Les fournisseurs de services peuvent laisser les utilisateurs regarder en continu le dernier but marqué par les joueurs lors d'un match de football. Seules les personnes qui regardent le sport dans le stade pourraient accéder à ces flux vidéo.

Le déploiement d'un système MEC dans les réseaux 5G entraîne certaines complexités liées à l'équipement de l'utilisateur et à la mobilité de l'application. Par exemple, les équipements d'utilisateur tels que les voitures autonomes seront continuellement en mouvement. Une session maintenue entre l'UE et une application MEC, exécutée dans un hôte MEC, peut ne pas fournir le même niveau de temps de réponse lorsque l'UE s'éloigne de l'hôte MEC. Dans ce cas, la session doit être déplacée de manière transparente vers un autre hôte MEC ou une instance d'application MEC plus proche de l'UE. Si l'application est avec état, elle nécessite une synchronisation continue des données de session de l'UE ou des informations d'état entre les instances d'application du MEC. Si l'application est sans état, il n'est pas nécessaire de synchroniser les données de session et la session peut être facilement transférée vers l'instance d'application MEC la plus proche de l'UE.

3.5.12 Cas d'utilisation du CEM

Le MEC prend en charge de multiples cas d'utilisation, ce qui permet aux fournisseurs de services de réaliser de nouvelles sources de revenus. Voici quelques-uns des cas d'utilisation potentiels du MEC dans un réseau 5G :

MEC pour les services aux entreprises : En déployant un système MEC au sein de l'entreprise, les fournisseurs de services peuvent laisser l'entreprise héberger localement certaines de ses applications, sans avoir à faire de compromis sur les exigences de sécurité.

Lorsque les utilisateurs de l'entreprise sortent de la zone de couverture de l'entreprise, ils perdent également l'accès aux applications hébergées sur le système MEC, à moins qu'ils n'accèdent à ces applications par le biais d'une connexion VPN. Les entreprises telles que les prestataires de soins de santé, les institutions gouvernementales et les industries peuvent bénéficier du déploiement local du système MEC. Les applications qui nécessitent des temps de latence très faibles, telles que les diffusions en direct et les chirurgies robotiques, peuvent être hébergées dans le système MEC.

MEC pour les services de l'internet des objets (IOT) : L'IOT sera l'un des plus grands bénéficiaires du système MEC dans les réseaux 5G. Les services IOT exigent des fournisseurs de services qu'ils hébergent et exécutent de

nombreuses applications à la périphérie de l'IOT. Les applications IOT, telles que celles utilisées pour la collecte et l'analyse de données, ont besoin de collecter de grandes quantités de données localement, près de la source.
Le système MEC peut fournir l'infrastructure nécessaire à l'hébergement de ces applications à proximité de la périphérie de l'IOT. Les applications de surveillance des services IOT peuvent également être hébergées dans la MEC, afin d'améliorer la fiabilité des services IOT fournis par le prestataire de services.

MEC pour les services tiers : Traditionnellement, les fournisseurs de services hébergeaient des applications tierces telles que l'optimisation vidéo, l'accélération WAN et les caches CDN au cœur du réseau afin d'améliorer l'expérience utilisateur de leurs clients. Cependant, en raison des exigences de vitesse et de latence des réseaux 5G, ces services ne peuvent plus être déployés et gérés de manière centralisée. Ces applications tierces peuvent désormais être hébergées sur les systèmes MEC à proximité des utilisateurs. L'ouverture du réseau du fournisseur de services à l'hébergement de services d'application tiers peut également permettre au fournisseur de services de monétiser son infrastructure MEC. Par exemple, un fournisseur de services en nuage peut s'associer au fournisseur de services de télécommunications pour héberger ses applications dans le système MEC. Ou encore, un fournisseur de solutions de streaming vidéo peut héberger son application sur le système MEC. Cela permettrait au fournisseur de services de télécommunications de conclure un accord de partage des recettes avec le fournisseur de services OTT.

3.5.13 Avantages de la MEC

Le MEC offre les avantages suivants :
- Prendre en charge les faibles latences dans un réseau 5G. Les faibles latences améliorent les performances des applications et l'expérience des utilisateurs, car les applications sont exécutées dans l'infrastructure de calcul locale.
- Fournit une plate-forme permettant aux fournisseurs de services d'expérimenter de nouveaux services destinés aux clients, sans perturber de manière significative l'architecture de leur réseau.
- Aide les fournisseurs de services à accroître leurs possibilités de monétisation en déployant de nouveaux services de réseau pour les clients, au-delà des services de connectivité traditionnels.
- Fournit un environnement permettant aux applications Over the Top (OTT) d'exploiter les informations sur les clients des services sans fil afin d'offrir une expérience personnalisée (par exemple, des services basés sur la localisation du client).
- assure la sécurité des services IOT en répartissant la surface d'attaque
- Améliore la fiabilité des services d'application et de réseau en offrant une infrastructure distribuée pour le basculement des services.
- Fournit un accès en temps réel aux données au niveau local, dans un

environnement IOT
- Fournit un environnement pour la gestion des politiques locales pour les clients d'entreprise
- Réduction des coûts opérationnels, en évitant la construction de centres de données coûteux

Questions d'examen

1. Quel est le besoin de MEC dans une architecture 5G ?
2. Quels sont les différents composants d'une plateforme MEC ?
3. Quels sont les différents modes de déploiement d'une infrastructure MEC ?
4. Quels sont les différents endroits où l'infrastructure MEC peut être déployée dans un réseau 5G ?
5. Quels sont les avantages de la MEC ?
6. Quels sont les différents cas d'utilisation de la MEC ?

3.6 Visualisation des composants de la 5G

La visualisation des composants d'un réseau 5G peut être considérée comme un système multicouche :

1. **Équipement de l'utilisateur (UE) :**

- Il s'agit des appareils utilisés par les consommateurs, notamment les smartphones, les tablettes et les appareils IoT.
- Les UE sont les points d'extrémité du réseau, où les données sont générées ou consommées.

2. **Réseau d'accès radio (RAN) :**

- Cette couche est constituée de stations de base et d'antennes qui connectent les UE au réseau.
- Le RAN comprend les stations de base, les antennes et l'infrastructure connexe.
- Il sert d'intermédiaire entre les UE et le réseau central.
- Le RAN fournit la connexion sans fil qui permet aux UE de se connecter au réseau.

3. **Réseau central :**

Il comprend la fonction du plan de contrôle (CP) et la fonction du plan utilisateur (UPF) responsables de la gestion des fonctions du réseau, du découpage du réseau, de l'acheminement des données et de la fourniture de services.

Le réseau central est la plaque tournante des opérations 5G et se compose de plusieurs éléments clés.

Fonction du plan de contrôle (CP) : Gère la signalisation et les messages de contrôle, y compris l'établissement des appels et la gestion de la mobilité.

Fonction du plan utilisateur (UPF) : Gère le trafic de données proprement dit, en l'acheminant de manière efficace.

La virtualisation des fonctions de réseau (NFV) et la mise en réseau définie par logiciel (SDN) : Ces technologies permettent une gestion flexible et dynamique du réseau.

Découpage du réseau : Il crée des réseaux virtuels au sein du réseau central, personnalisés pour des services ou des applications spécifiques.

4. **Informatique de pointe :**

- Placée à la périphérie du réseau, cette couche fournit un traitement à faible latence et des services plus proches des utilisateurs.
- L'informatique en périphérie implique des serveurs et des centres de données positionnés à proximité du RAN ou même à la périphérie du réseau.
- Il permet un traitement à faible latence pour les applications qui nécessitent une analyse immédiate des données, comme les véhicules autonomes et la réalité augmentée.

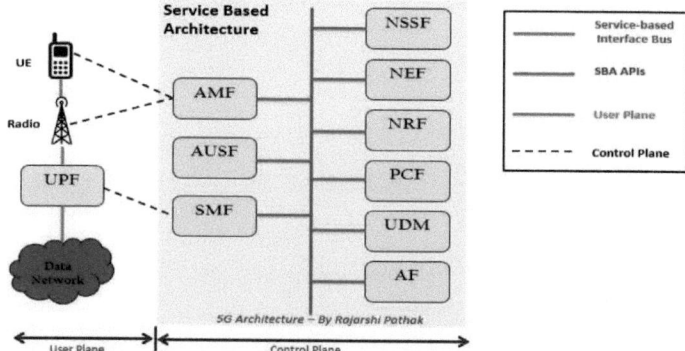

Fig 3.10 Visualisation des composants de la 5G

5. **Découpage du réseau :**

Il permet de créer des réseaux virtuels personnalisés pour des applications ou des services spécifiques.

6. **La mise en réseau définie par logiciel (SDN) et la virtualisation des fonctions de réseau (NFV) :**

Ces technologies rendent le réseau flexible et efficace en virtualisant les fonctions et en permettant une gestion dynamique du réseau.

7. **Câbles à fibres optiques :**

- L'épine dorsale du réseau 5G, qui assure la transmission de données à grande vitesse.
- Les câbles en fibre optique constituent l'épine dorsale physique des réseaux 5G.
- Ils assurent une transmission de données à grande vitesse, garantissant que de grands volumes de données peuvent circuler sans problème au sein du réseau.

8. **Infrastructure en nuage :**

- Des services en nuage et des centres de données évolutifs qui prennent en charge divers services et applications.
- Les services en nuage et les centres de données jouent un rôle essentiel dans les réseaux 5G, en assurant l'évolutivité requise pour diverses applications.
- Ils fournissent des ressources pour le traitement, le stockage et les services d'hébergement de manière distribuée.

9. **Dispositifs de l'internet des objets (IoT) :**

- Ceux-ci englobent les capteurs intelligents, les véhicules connectés et d'autres dispositifs IoT qui exploitent la 5G pour la connectivité.
- Les réseaux 5G s'adressent à un large éventail de dispositifs IoT, des capteurs intelligents aux véhicules connectés.
- Ces appareils tirent parti de la large bande passante et de la faible latence de la 5G pour l'échange de données en temps réel.

10. **Sécurité et authentification :**

- Assurer la protection des données et de la vie privée en mettant en œuvre des mécanismes de sécurité renforcés dans l'ensemble du réseau.

- Les mesures de sécurité sont intégrées dans tous les composants du réseau 5G.
- Des mécanismes améliorés de cryptage et d'authentification protègent les données et la vie privée à chaque niveau.

Vous pouvez visualiser ces composants comme des couches interconnectées, avec les UE à la couche la plus externe, se connectant au réseau central via le RAN, et soutenus par l'informatique en périphérie, le découpage du réseau et l'infrastructure en nuage, le tout soutenu par des câbles en fibre optique à haut débit, avec des mesures de sécurité intégrées à tous les niveaux.

3.7 Architecture du système de bout en bout

L'architecture de système de bout en bout de la 5G représente la conception holistique de la cinquième génération de technologie de télécommunications mobiles, axée sur la fourniture d'une expérience de réseau transparente et intégrée. Cette architecture s'étend de l'appareil de l'utilisateur au cœur du réseau et au-delà. Voici une introduction à l'architecture du système de bout en bout de la 5G :

1. **L'accent est mis sur l'utilisateur :**
   - L'architecture du système de bout en bout de la 5G est centrée sur l'utilisateur et conçue pour offrir une expérience supérieure aux consommateurs et aux entreprises.
   - Elle prend en compte un large éventail d'appareils d'utilisateurs, des smartphones aux capteurs IoT, et vise à offrir une connectivité à haut débit et une faible latence.

2. **Réseau d'accès radio (RAN) :**
   - À la périphérie de l'architecture, le RAN comprend les stations de base et les antennes. Il est chargé de connecter les appareils des utilisateurs (User Equipment ou UE) au réseau.
   - Le RAN assure une communication sans fil efficace, permettant la première étape de la transmission des données.

3. **Intégration du réseau central :**
   - Le réseau central est l'élément central de l'architecture, où la gestion des données, le routage et les services sont coordonnés.
   - Il intègre des composants tels que la fonction du plan de contrôle (CP) pour la signalisation et la fonction du plan utilisateur (UPF) pour l'acheminement du trafic de données.
   - Les technologies de virtualisation des fonctions réseau (NFV) et de réseau défini par logiciel (SDN) sont intégrées pour une gestion flexible du réseau.

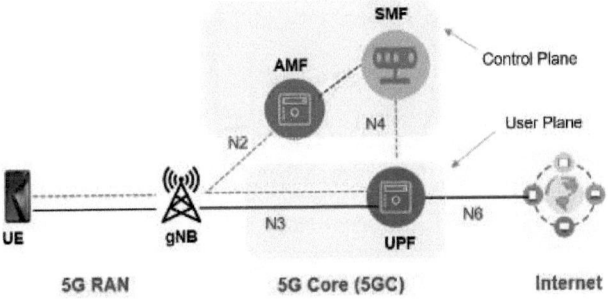

Fig 3.11 Architecture du système de bout en bout

4. **Découpage du réseau pour la personnalisation :**
- La 5G introduit le découpage du réseau, qui permet de créer des réseaux virtuels au sein de l'infrastructure physique.
- Ces tranches de réseau sont adaptées à des services ou applications spécifiques, garantissant des performances et une allocation de ressources qui répondent aux besoins de chaque cas d'utilisation.

5. **Sécurité de bout en bout :**
- La sécurité est une priorité absolue dans l'architecture du système 5G de bout en bout. Des mesures de sécurité robustes, notamment le cryptage et l'authentification, sont intégrées à différents niveaux pour protéger les données et la vie privée des utilisateurs.

6. **L'informatique en périphérie pour une faible latence :**
- L'informatique périphérique est intégrée pour réduire la latence et rapprocher le traitement de l'appareil de l'utilisateur. Cette technologie est essentielle pour des applications telles que les véhicules autonomes et la réalité augmentée.

7. **Infrastructure en nuage évolutive :**
- La 5G s'appuie sur des services en nuage et des centres de données évolutifs pour prendre en charge efficacement divers services et applications.

En résumé, l'architecture du système de bout en bout de la 5G est centrée sur l'utilisateur et vise à offrir une expérience transparente et intégrée. Elle englobe une large gamme d'appareils, incorpore des technologies avancées telles que le découpage du réseau et l'informatique périphérique, et met l'accent sur la sécurité afin de garantir que le réseau puisse prendre en charge un ensemble varié d'applications et de services tout en offrant des performances élevées et une protection des données.

3.8 Continuité des services

3.8.1 Général

Lorsque la gestion de session 5GC a été définie, l'un des principaux objectifs était de fournir des solutions pour une connectivité efficace du plan utilisateur. Comme indiqué précédemment, l'architecture UP de 5GC a été spécifiée de manière flexible, permettant aux implémentations et aux déploiements d'utiliser les outils et les facilitateurs de la norme pour répondre à des cas d'utilisation et à des exigences spécifiques.

De la même manière, un ensemble d'outils a été défini pour l'efficacité du plan utilisateur, qui peut être utilisé en fonction du cas d'utilisation et du scénario. L'outil le plus fondamental pour obtenir un chemin UP efficace est peut-être la sélection UPF qui a lieu lors de l'établissement de la session PDU. Dans ce cas, le SMF peut, par exemple, prendre en compte la localisation de l'UE et d'autres informations sur la topologie du plan d'utilisateur lors de la sélection de l'UPF. Il peut en résulter, par exemple, un UPF situé à proximité de l'UE. La sélection de l'UPF lors de l'établissement de la session PDU a déjà été décrite plus haut dans le chapitre. Les outils décrits ci-dessous s'appuient plutôt sur la resélection de l'UPF, par exemple pendant la durée de vie d'une session PDU, afin de modifier le chemin UP en raison de la mobilité de l'UP. Cela peut être utile si l'UE s'est éloigné de l'endroit où la session PDU a été initialement établie ou en raison d'autres éléments déclencheurs (par exemple, l'utilisateur a lancé une application qui nécessite une communication à faible latence). Nous examinerons plus en détail cet ensemble d'outils ci-dessous.

3.8.2 Modes de continuité du service et de la session (SSC)

3.8.2.1 Général

Lorsqu'une session PDU est établie, un UPF d'ancrage de la session PDU est sélectionné et reste le point d'ancrage IP de la session PDU. Lors de l'établissement, cette PSA UPF peut avoir été sélectionnée à proximité de l'emplacement de l'UE. Toutefois, si l'UE s'éloigne, il se peut que cet UPF PSA ne soit plus situé de manière optimale ; il peut y avoir d'autres UPF plus proches du nouvel emplacement de l'UE qui pourraient faire office d'UPF PSA. Le changement de PSA UPF nécessite toutefois le changement de l'adresse IP de l'UE, ce qui peut ou non poser un problème pour les applications/services fonctionnant sur l'UE. Certaines applications/services peuvent nécessiter la continuité de l'adresse IP pour fonctionner correctement, tandis que d'autres peuvent gérer les changements d'adresse IP sans trop d'impact sur l'expérience de l'utilisateur.

La norme 5GS prend en charge la continuité différenciée des sessions et des services pour répondre aux différents besoins de continuité des adresses IP que peuvent avoir les diverses applications et les divers services dans l'UE.

Pour ce faire, trois modes différents de continuité de service et de session (SSC) ont été définis : les modes SSC 1, 2 et 3. Lorsqu'une session PDU est établie, l'un des modes SSC lui est attribué. La sélection du mode SSC est effectuée par le SMF sur la base des modes SSC autorisés dans l'abonnement de l'utilisateur, des modes SSC autorisés pour le type de session PDU spécifique et du mode SSC demandé par l'UE (le cas échéant).

Nous décrivons ci-dessous chaque mode SSC et ses propriétés.

3.8.2.2 Mode SSC 1

Avec ce mode SSC, le réseau préserve le service de connectivité de session PDU fourni à l'UE et l'UPF agissant en tant qu'ancrage de session PDU lors de l'établissement de la session PDU est maintenu quelle que soit la mobilité de l'UE. Dans le cas d'un type de session PDU basé sur IP (IPv4, IPv6 ou IPv4v6), l'adresse/le préfixe IP est conservé(e). La continuité de la session IP est donc assurée indépendamment des événements de mobilité de l'UE pendant la durée de vie de la session PDU. Ce mode SSC convient donc aux applications qui exigent la continuité de l'adresse IP.

3.8.2.3 Mode SSC 2

Pour une session PDU avec le mode SSC 2, le réseau peut libérer le service de connectivité fourni à l'UE et libérer la ou les sessions PDU correspondantes, par exemple lorsque l'UE s'est éloigné de son emplacement d'origine. Dans le message de libération de la session PDU, le réseau inclut également une indication incitant l'UE à demander l'établissement d'une nouvelle session PDU (pour le même DNN et le même S-NSSAI) afin de rétablir la connectivité de la session PDU avec le même DN. Avec le mode SSC 2, il y a une interruption de la connectivité de l'UE après la libération de l'ancienne session PDU jusqu'à l'établissement de la nouvelle session PDU, et le mode SSC 2 peut donc être décrit comme une "rupture avant la création". Lors de l'établissement de la nouvelle session PDU, une nouvelle sélection SMF et UPF a lieu, et une UPF d'ancrage de la session PDU plus proche de l'emplacement actuel de l'UE peut donc être sélectionnée. La procédure SSC mode 2 permet donc de "relocaliser" l'UPF PSA à un emplacement plus proche du point d'attache actuel de l'UE. Dans le cas du type IPv4 ou IPv6 ou IPv4v6, la libération de la session PDU implique la libération de l'adresse/du préfixe IP qui avait été attribué(e) à l'UE. Une nouvelle adresse/un nouveau préfixe IP sera alors attribué(e) à la nouvelle session PDU. Ce mode SSC convient donc aux applications qui peuvent gérer de courtes interruptions de la connectivité du plan utilisateur et des changements d'adresse IP (dans le cas des types de sessions PDU basés sur l'IP).

3.8.2.4 Mode SSC 3

Le mode SSC 3 est similaire au mode SSC 2 en ce sens qu'il permet à l'UPF du PSA de changer, mais avec le mode SSC 3, le réseau garantit que l'UE ne subit aucune perte de connectivité pendant la durée du changement de l'UPF du PSA. Le mode SSC 3 peut donc être décrit comme "make-before-break" (faire avant de rompre).

Le mode SSC 3 peut être pris en charge de deux manières :

- Sessions PDU multiples : Dans ce cas, le SMF demande à l'UE de demander l'établissement d'une nouvelle session PDU vers le même DN avant que l'ancienne session PDU ne soit libérée. Cela signifie que la connectivité du plan utilisateur via un nouvel ancrage de session PDU est disponible pour l'UE pendant un certain temps avant que l'ancienne session PDU et sa connexion au plan utilisateur ne soient libérées.
- le multihébergement IPv6 : Dans ce cas, une seule session PDU (de type PDU Session IPv6) est utilisée et une nouvelle UPF PSA (avec un nouveau préfixe IPv6) est attribuée dans cette session PDU, avant que l'ancienne UPF PSA (et l'ancien préfixe IPv6) ne soit libérée. De la même manière que lorsque plusieurs sessions PDU sont utilisées, le nouvel ancrage de session PDU peut être utilisé pendant un certain temps avant que l'ancien ancrage de session PDU ne soit libéré.

Dans les deux cas ci-dessus, l'adresse IP/le préfixe n'est pas conservé(e). Le nouvel ancrage de session PDU sera associé à une adresse IP/prefixe de l'UE différente de celle de l'ancien ancrage de session PDU. Ce mode SSC convient donc aux applications qui nécessitent une connectivité continue du plan utilisateur, mais qui peuvent supporter des changements d'adresse/de préfixe IP. Le mode SSC 3 ne s'applique qu'aux types de sessions PDU basées sur l'IP.

La figure 3.12 illustre les principes des différents modes SSC.

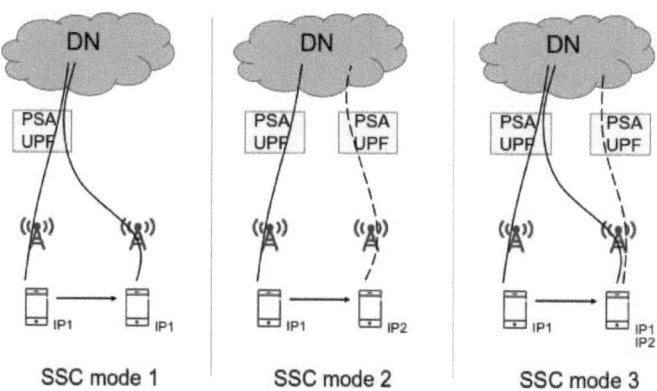

Fig. 3.12 Principes des modes SSC.

3.8.3 Acheminement sélectif du trafic vers un DN
3.8.3.1 Général

Comme nous l'avons vu à la section 3.8.2, une session PDU a, dans le cas le plus simple, un seul PSA UPF et donc une seule interface N6 vers un DN, mais une session PDU peut également avoir plus d'un PSA UPF et donc plusieurs interfaces N6 vers un DN (voir la figure 3.13). Cette dernière option peut être utilisée pour acheminer sélectivement le trafic du plan utilisateur vers différentes interfaces N6, par exemple vers un PSA UPF local doté d'une interface N6 vers un site périphérique local, et un PSA UPF plus central doté d'une interface N6 vers un centre de données central ou un point d'interconnexion Internet. Cette fonctionnalité peut être utilisée pour permettre les cas d'utilisation de l'informatique en périphérie ou pour atteindre des sites de fourniture de contenu distribués. Deux mécanismes ont été définis pour prendre en charge le routage sélectif du trafic vers un DN et nous les décrirons plus en détail ci-dessous.

3.8.3.2 Classificateur de liaison montante

Un classificateur de liaison montante (UL CL) est une fonctionnalité prise en charge par un UPF qui dévie une partie du trafic vers un UPF PSA différent (local). Le CL UL assure le transfert du trafic de la liaison montante vers différents ancres de session PDU et la fusion du trafic de la liaison descendante vers l'UE, c'est-à-dire la fusion du trafic des différentes ancres de session PDU sur la liaison vers l'UE. L'UL CL détourne le trafic en fonction des règles de détection et d'acheminement du trafic, avec des filtres de trafic fournis par le SMF. L'UL CL applique les règles de filtrage (par exemple pour examiner l'adresse/le préfixe IP de destination des paquets IP de liaison montante envoyés par l'UE) et détermine comment le paquet doit être acheminé. L'UPF prenant en charge un UL CL peut également être contrôlé par le SMF afin de prendre en charge la mesure du trafic pour la tarification, l'application du débit binaire, etc. L'utilisation de l'UL CL s'applique aux sessions PDU de type IPv4 ou IPv6 ou IPv4v6 ou Ethernet, de sorte que le SMF puisse fournir des filtres de trafic appropriés.

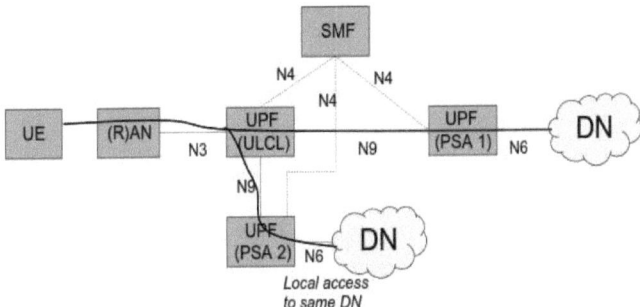

Fig. 3.13 Accès local au DN à l'aide du classificateur de liaison montante.

Lorsque le SMF décide de détourner le trafic, il insère un UL CL dans le chemin de données et un PSA supplémentaire. Cette opération peut être effectuée à tout moment pendant la durée de vie d'une session PDU, par exemple à la suite de demandes AF, comme nous le verrons dans une section ultérieure. Le PSA supplémentaire peut être situé dans le même UPF que le UL CL ou être un UPF autonome. Un exemple d'architecture est présenté à la figure 3.13. Lorsque le SMF détermine que la CL UL n'est plus nécessaire, il peut la retirer du chemin de données. Il convient de noter que l'UE n'est pas conscient du détournement du trafic par l'UL CL et qu'il ne participe pas à l'insertion et à la suppression de l'UL CL. La solution avec UL CL ne nécessite donc aucune fonctionnalité spécifique dans l'UE.

3.8.3.3 IPv6 multi-homing

La prise en charge du multi-homing IPv6 permet également d'acheminer le trafic de manière sélective vers différents ancres de session PDU. Le multi-homing IPv6 permet à un UE de se voir attribuer plusieurs préfixes IPv6 dans une seule session PDU. Chaque préfixe IPv6 sera desservi par un UPF d'ancrage de session PDU distinct, chacun ayant sa propre interface N6 avec le DN. Les différents chemins du plan utilisateur menant aux différents ancres de session PDU se ramifient en un UPF "commun" appelé UPF prenant en charge la fonctionnalité "Branching Point" (BP). Le point de branchement assure le transfert du trafic UL vers les différents ancres de session PDU et la fusion du trafic DL vers l'UE, c'est-à-dire la fusion du trafic provenant des différentes ancres de session PDU sur la liaison vers l'UE. Un exemple d'architecture est présenté à la figure 3.14.

Comme pour l'UL CL, le SMF peut décider d'insérer ou de supprimer un UPF prenant en charge la fonctionnalité de point de branchement à tout moment pendant la durée de vie d'une session PDU. L'UPF prenant en charge un point de branchement peut également être contrôlé par le SMF afin de prendre en charge la mesure du trafic pour la tarification, l'application du débit binaire, etc.

Le multihébergement IPv6 ne s'applique qu'à IPv6 et seulement si l'UE le prend en charge. Lorsque l'UE demande une session PDU pour IPv6, il indique également au réseau s'il prend en charge le multihébergement IPv6.

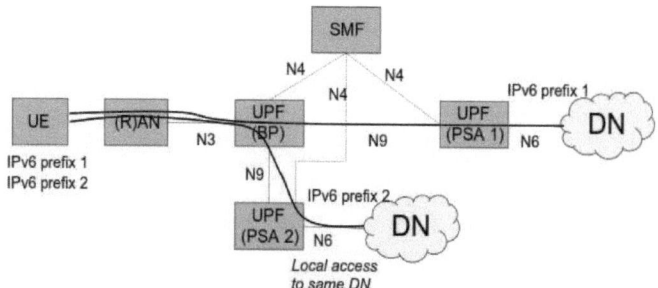

Fig. 3.14 Accès local au DN à l'aide de BP et du multi-homing IPv6.

Lorsque le multi-homing IPv6 (et le BP) est utilisé, c'est l'UE qui sélectionne le préfixe IPv6 à utiliser pour l'adresse source du trafic de la liaison montante. Cela déterminera à son tour le chemin que les paquets emprunteront, puisque le BP acheminera les paquets UL en fonction de l'adresse IPv6 source. Afin d'influencer l'UE dans la sélection de l'adresse source et de s'assurer que l'UE sélectionne le préfixe IPv6 approprié pour un trafic d'application donné, le SMF peut configurer des informations de routage et des préférences dans l'UE. Cela se fait par l'intermédiaire de messages d'annonce de routeur, comme décrit dans le document IETF RFC 4191 (RFC 4191). L'implication de l'utilisateur est l'une des principales différences par rapport à l'approche UL CL, puisque dans l'approche multi-homing IPv6, certaines fonctionnalités de l'utilisateur sont nécessaires, et c'est également l'utilisateur qui sélectionne le chemin du trafic (bien que sur la base des règles reçues du SMF) alors que dans l'approche UL CL, il s'agit d'une fonction purement basée sur le réseau.

Enfin, il convient de noter que le multihébergement IPv6 est à la fois un outil permettant de fournir un routage sélectif du trafic vers différents PSA et interfaces N6 (comme décrit dans la présente section) et un outil permettant de mettre en œuvre le mode 3 du SSC.

3.8.4 Application Influence de la fonction sur l'acheminement du trafic

L'influence de la fonction d'application sur l'acheminement du trafic est un concept connexe mais quelque peu différent des modes SSC et de l'acheminement sélectif vers un DN. Alors que, par exemple, les modes SSC et UL CL/BP sont des mécanismes qui permettent d'obtenir un chemin efficace sur le plan utilisateur, l'influence de la fonction d'application sur l'acheminement du trafic est plutôt une solution du plan de contrôle permettant à une fonction d'application (par exemple, une fonction d'application de troisième partie) d'influencer l'utilisation de mécanismes d'acheminement du trafic tels que les modes SSC ou UL CL/BF. Il permet à un AF de fournir des informations au 5GC sur la manière dont certains trafics doivent être acheminés. Il appartient ensuite au 5GC (et en particulier au SMF) de décider comment procéder en utilisant les outils disponibles, par exemple la sélection UPF, les modes SSC, UL CL, le multi-homing IPv6, etc.

L'AF envoie la demande soit directement à la PCF (si l'AF peut communiquer directement avec la PCF), soit par l'intermédiaire de la NEF qui, à son tour, envoie la demande à la PCF. Si la demande passe par le NEF, ce dernier peut faire correspondre les identifiants externes fournis par l'AF aux identifiants internes connus par le 5GC.

L'AF peut fournir des informations telles que
- Descripteur de trafic (filtres IP ou identifiant d'application). Ces informations décrivent le trafic d'application couvert par la demande de l'AF
- Emplacements potentiels des applications représentés par une liste d'identificateurs d'accès aux DN (DNAI). Un DNAI est un identifiant représentant l'accès d'un plan d'utilisateur à un ou plusieurs DN où des applications sont déployées et peut être interprété comme un index qui pointe vers un accès spécifique à un réseau de données. Il peut par exemple représenter un centre de données spécifique.

Les valeurs DNAI en tant que telles ne sont pas spécifiées par le 3GPP (le type de données DNAI est une chaîne), mais sont définies par le déploiement et la configuration de l'opérateur.

- le ou les identificateurs d'UE, tels que le ou les GPSI ou l'identificateur de groupe d'UE, pour lesquels la demande est ciblée.
- les informations d'acheminement du trafic N6, indiquant comment le trafic doit être acheminé sur le N6. Les informations de routage du trafic N6 peuvent contenir l'adresse IP cible (et le port) dans le DN vers lequel le trafic de l'application doit être acheminé.
- Conditions de validité spatiales et temporelles. Ces conditions indiquent le(s) intervalle(s) de temps et la zone géographique où et quand la demande de FA doit être appliquée. Lorsque le PCF reçoit ces informations, il crée des règles PCC qui incluent les informations pertinentes et les fournit au SMF. Le SMF agit alors sur l'information, par exemple en insérant une CL UL, en déclenchant une relocalisation PSA à l'aide de procédures SSC en mode 2 ou 3 ou toute autre action. La figure 3.14 illustre un exemple de cas d'utilisation dans lequel un UL CL est inséré et le trafic ciblé est redirigé vers un centre de données local.

L'AF peut également demander à être notifiée par le SMF lorsqu'un événement lié à l'UPF se produit, par exemple lorsqu'une CL UL est insérée ou qu'une procédure SSC en mode 2 ou 3 est déclenchée.

L'AF peut demander à être notifié juste avant que l'événement ne se produise et/ou après que l'événement a eu lieu. Cela permet à l'AF, par exemple, de prendre des mesures au niveau de la couche application, telles que le déplacement de l'état de l'application ou la gestion des changements d'adresse IP de l'UE.

3.9 Relation avec le CPE

3.9.1 Général

Comme décrit au chapitre 2, l'interfonctionnement avec l'EPC devrait être utilisé pendant un certain temps et dépendre de l'attribution de fréquences aux RN et du temps nécessaire à la mise en place de la couverture des RN. Le chapitre 2 donne un aperçu des raisons pour lesquelles l'interfonctionnement avec l'EPC est nécessaire, une architecture de haut niveau et les principes et options de haut niveau pour l'interfonctionnement. Dans cette section, nous allons entrer dans les détails et décrire les aspects de l'interfonctionnement liés à la mobilité.

Il est utile d'apporter quelques précisions au diagramme d'architecture déjà présenté au chapitre 2 afin de souligner que le SMF et l'UPF doivent prendre en charge la logique et la fonctionnalité des PGW de l'EPC dans les interfaces S5-C et S5-U. C'est pourquoi ils sont appelés respectivement SMF+PGW et

UPF+PGW-U (voir la figure 3.15). Ils sont donc appelés respectivement PGW-C+SMF et UPF+PGW-U, voir la Fig. 3.15. Pour garantir un interfonctionnement réussi avec la fonctionnalité EPS appropriée, un seul PGW-C+SMF est attribué par APN pour un UE donné, ce qui est assuré, par exemple, par le HSS+UDM qui fournit un PGW-C+SMF FQDN par APN au MME.

L'interfonctionnement avec l'EPC lors de l'utilisation d'un accès non-3GPP dans le 5GS est également applicable et, dans ce cas, NR serait remplacé par N3IWF et des entités spécifiques à l'accès en dessous de la voie.
par exemple, un point d'accès Wi-Fi. En outre, il est également possible d'interfonctionner entre des EPC connectés à des systèmes non 3GPP tout en utilisant l'accès 3GPP vers le 5GC, et dans ce cas, le MME et le SGW seraient remplacés par un ePDG et le HSS par un serveur AAA 3GPP (bien que possibles, ces options ne sont pas décrites plus en détail, le lecteur intéressé est encouragé à lire les spécifications 3GPP, par exemple 3GPP TS 23.501).

Pour que l'interfonctionnement soit possible, il faut que l'UE prenne en charge à la fois les procédures NAS EPC et les procédures NAS 5GC. Si ce n'est pas le cas, l'UE sera dirigé vers le réseau central qu'il prend en charge et l'interfonctionnement ne sera pas possible.

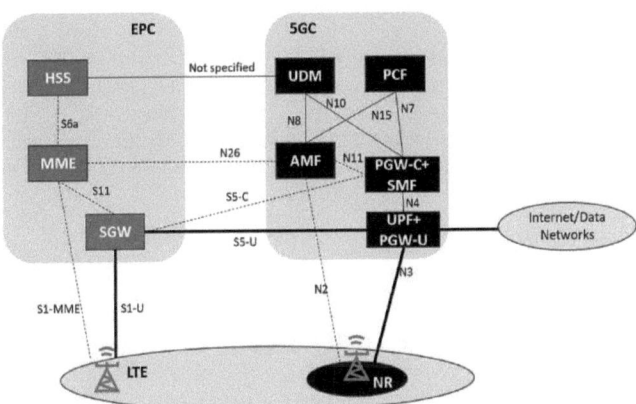

Fig. 3.15 Architecture détaillée pour l'interfonctionnement entre EPC et 5GC.

3.9.2 Interfonctionnement avec l'EPC en utilisant l'accès 3GPP
3.9.2.1 Général
Lorsqu'un UE sélectionne des réseaux - ou des PLMN - ou campe sur une cellule connectée à la fois à l'EPC et au 5GC (c'est-à-dire que la cellule diffuse qu'elle est connectée à la fois à l'EPC et au 5GC), l'UE doit choisir le réseau central auprès duquel s'enregistrer. Cette décision peut être contrôlée par l'opérateur ou par l'utilisateur. L'opérateur peut contrôler la décision, par exemple en

influençant la sélection du réseau à l'aide d'une liste de priorités contrôlée par l'opérateur dans l'USIM, qui lui permet d'orienter la sélection du réseau, y compris la technologie d'accès, par exemple NG-RAN ou E-UTRAN, à privilégier, ou l'opérateur peut régler l'abonnement de manière à n'autoriser que l'EPC, le 5GC ou les deux, ou l'opérateur peut contrôler les procédures RRM par UE afin de donner la priorité à certains accès radio à utiliser. L'utilisateur peut contrôler la décision en sélectionnant manuellement le réseau (ce qui crée une liste de réseaux prioritaires contrôlée par l'utilisateur, y compris la technologie d'accès), ou l'utilisateur peut influencer indirectement la sélection en exigeant l'utilisation d'un certain service qui n'est pas (encore) pris en charge par le système 5G, ce qui amène l'UE à désactiver les capacités radio connexes qui lui permettent d'accéder au système 5G, de sorte que l'UE sélectionne à la place, par exemple, un système 4G. Étant donné que différents protocoles NAS sont utilisés pour le 5GC et l'EPC, la couche NAS de l'UE indique à la couche AS si une connexion de signalisation NAS doit être initiée vers le 5GC ou l'EPC et la couche NAS émet un message NAS vers le réseau central correspondant et l'envoie à la couche AS qui indique au RAN, dans la RRC, le type de réseau central pour lequel le message NAS est destiné. Le RAN sélectionne une entité de réseau central correspondante.
c'est-à-dire AMF pour 5GC et MME pour EPC.

Une fois qu'une sélection initiale a été faite et que l'UE - qui indique au réseau central qu'il prend en charge les deux systèmes - et le réseau prennent en charge les systèmes 5G et 4G, le système à utiliser à un moment donné peut changer, par exemple parce que l'utilisateur invoque certains services ou en raison de problèmes de couverture radio ou pour équilibrer la charge des systèmes.

L'interfonctionnement avec l'EPC est spécifié à la fois avec l'utilisation de N26 et sans N26, et l'UE peut fonctionner en mode d'enregistrement unique ou en mode de double enregistrement pour l'accès 3GPP (lorsque N26 est utilisé, seul le mode d'enregistrement unique s'applique).En mode d'enregistrement unique, l'UE a un état de gestion de la mobilité actif pour l'accès 3GPP vers le réseau central et est soit en mode 5GC NAS, soit en mode EPC NAS, en fonction du réseau central auquel l'UE est connecté ; les informations de contexte de l'UE sont transférées entre les deux systèmes lorsque l'UE se déplace dans les deux sens, ce qui se fait soit via N26, soit par l'UE qui déplace chaque connexion PDN ou session PDU vers l'autre système en cas d'interfonctionnement sans interface N26. Pour permettre au RAN du système cible de sélectionner la même entité de réseau central à laquelle l'UE a été enregistré dans le système source (si elle est disponible) et pour permettre la récupération du contexte de l'UE via N26, l'UE fait correspondre le 4G-GUTI au 5G GUTI pendant la mobilité entre l'EPC et le 5GC et vice versa, comme décrit à la figure 3.15. En ce qui concerne le traitement des contextes de sécurité, le chapitre 4 décrit comment permettre une réutilisation efficace d'un contexte de sécurité 5G précédemment établi lors du retour au 5GC.

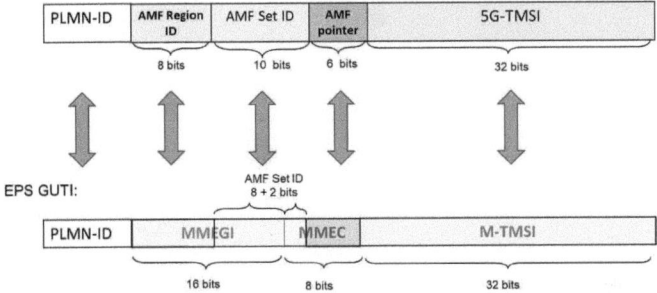

Fig. 3.16 Correspondance entre 5G-GUTI et EPS GUTI.

En mode double enregistrement, l'UE maintient des états de gestion de la mobilité indépendants pour l'accès 3GPP vers le 5GC et l'EPC en utilisant des connexions RRC distinctes. Dans ce mode, l'UE maintient 5G-GUTI et 4G-GUTI indépendamment, et l'UE peut être enregistré auprès de 5GC uniquement, EPC uniquement, ou auprès de 5GC et EPC.

Il convient de noter que la norme N26 n'est utilisée que pour l'accès 3GPP. La mobilité des sessions PDU entre l'accès 3GPP et l'accès non 3GPP dans les systèmes EPC et 5GC est pilotée par l'UE et est prise en charge sans N26. Le reste de la description dans cette section se concentre sur l'interfonctionnement pour les accès 3GPP. Lorsque l'UE passe d'un système à l'autre, il fournit son identité temporaire dans le format du système cible. Si l'UE a été précédemment enregistré/attaché à un autre système ou n'a pas été enregistré/attaché du tout dans le système cible et ne détient aucune identité temporaire d'UE du système cible, l'UE fournit une identité temporaire d'UE mappée comme décrit dans la figure 3.16.

Lorsque l'UE s'attache initialement à l'EPS, il utilise son IMSI en tant qu'identité de l'UE vis-à-vis de l'E-UTRAN (dans le RRC) et de l'EPC (dans le NAS). Cependant, dans 5GS, l'UE utilise un SUCI vers 5GC (dans NAS) qui dissimule l'identité de l'UE (voir le chapitre 4 pour plus d'informations sur SUCI). Dans les deux cas, le contexte de l'UE n'est pas stocké dans le réseau, c'est-à-dire que c'est le réseau qui crée le contexte de l'UE.

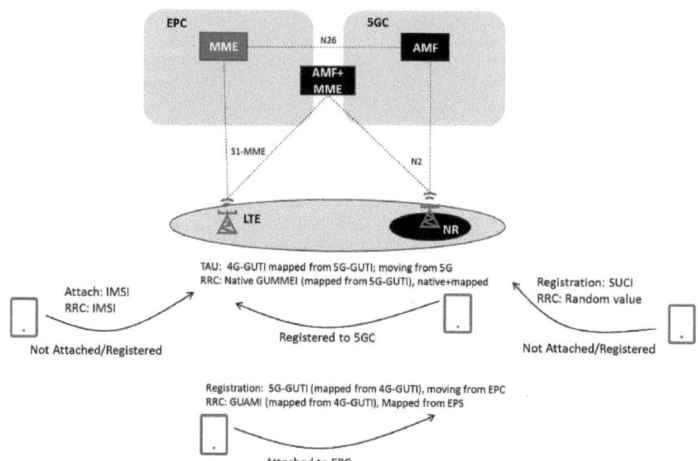

Fig. 3.17 L'UE a fourni l'identité de l'UE au NAS et au RRC.

Lorsque l'UE a été enregistré dans un système et qu'il passe dans l'autre, et qu'il n'a pas d'identité native pour le système cible, l'UE fait correspondre l'identité temporaire de l'UE du système source au format du système cible, ce qui permet au RAN de sélectionner un réseau central qui a desservi l'UE la dernière fois, s'il est disponible.

Lorsque l'UE passe de 5GS à EPS, il définit dans RRC le GUMMEI (c'est-à-dire MCC, MNC, ID de groupe MME, code MME) en tant que GUMMEI natif. Dans le cas contraire, tout eNB non modernisé 5G aurait traité un "GUMMEI mappé" comme identifiant un SGSN. L'UE indique que le GUMMEI est mappé à partir du 5G-GUTI pour permettre à un eNB mis à niveau pour la 5G de différencier les adresses MME d'une adresse AMF. Dans le message TAU, l'UE inclut le 4G-GUTI mappé à partir du 5G-GUTI et indique que l'UE passe à la 5G, le MME récupère alors le contexte de l'UE auprès de 5GC via N26.

Lorsque l'UE passe de l'EPS au 5GS, il définit dans le RRC le GUAMI (c'est-à-dire le MCC, le MNC, l'ID de la région AMF, l'ID de l'ensemble AMF et le pointeur AMF) mappé à partir du 4G-GUTI et l'indique comme étant mappé à partir de l'EPS. Cela permet au gNB de sélectionner la même entité de réseau central, par exemple AMF+MME, si elle est disponible. Dans le message d'enregistrement, l'UE inclut le GUTI 5G mappé à partir du GUTI 4G et indique qu'il passe de l'EPC. En outre, si l'UE dispose d'un GUTI 5G natif, il l'inclut en tant que "GUTI supplémentaire" et, dans ce cas, l'AMF tente de récupérer le contexte de l'UE auprès de l'ancien AMF ou de l'UDSF.

Dans le cas contraire, l'AMF récupère le contexte de l'UE auprès du MME en utilisant le 5G-GUTI mappé à partir du 4G-GUTI.

Le scénario ci-dessus, pour lequel l'UE dispose également d'un 5G-GUTI natif, est le suivant : l'UE est enregistré vers 5GC en utilisant l'accès 3GPP, et l'UE s'enregistre en outre vers 5GC via un accès non 3GPP (en utilisant N3IWF), c'est-à-dire que l'UE utilise à la fois l'accès 3GPP et l'accès non 3GPP vers 5GC. Ensuite, la connectivité d'accès 3GPP de l'UE est déplacée vers l'EPC tandis que la connectivité d'accès non 3GPP est maintenue vers 5GC. Ensuite, la connectivité d'accès 3GPP est ramenée de l'EPC vers 5GC, où l'UE est déjà enregistré sur un accès non 3GPP, c'est-à-dire que l'UE dispose déjà d'un GUTI 5G natif et l'indique par conséquent comme un "GUTI supplémentaire".

Comme décrit, lorsque l'UE fournit une identité temporaire mappée, l'E-UTRAN ou le NG-RAN peut sélectionner la même entité de réseau central que celle à laquelle l'UE était enregistré/attaché auparavant, par exemple une entité AMF+MME combinée, si cette entité est disponible.

L'identité temporaire de l'UE fournie dans le message NAS est utilisée par le MME ou l'AMF pour récupérer le contexte de l'UE auprès de l'ancienne entité dans laquelle l'UE était enregistré auparavant (par exemple via N26 ou à l'intérieur de l'entité si une combinaison AMF+MME a été utilisée).

La sélection par l'UE du mode d'enregistrement à utiliser, c'est-à-dire le mode d'enregistrement simple ou double, s'effectue selon les étapes ci-dessous :

1. Lors de l'inscription au réseau, c'est-à-dire à l'EPC ou au 5GC (y compris l'inscription initiale et la mise à jour de l'inscription de mobilité vers le 5GC et l'attachement et la mise à jour de l'AT vers l'EPC), l'UE indique qu'il prend en charge le mode de l'"autre" système, c'est-à-dire que vers le 5GC, l'UE indique qu'il prend en charge le "mode S1", c'est-à-dire que l'UE prend en charge les procédures EPC, et vers l'EPC, l'UE indique qu'il prend en charge le "mode N1", c'est-à-dire que l'UE prend en charge les procédures 5GC.
2. Un réseau qui prend en charge l'interfonctionnement indique à l'UE s'il prend en charge l'"interfonctionnement sans N26"
3. L'UE sélectionne ensuite le mode d'enregistrement comme suit :
a. si le réseau indique qu'il ne prend pas en charge l'interfonctionnement sans N26, l'UE fonctionne en mode d'enregistrement unique, et
b. si le réseau indique qu'il prend en charge l'interfonctionnement sans N26, l'UE décide de fonctionner en mode d'enregistrement unique ou double en fonction de sa mise en œuvre (la prise en charge par l'UE du mode d'enregistrement unique est obligatoire, tandis que le mode d'enregistrement double est facultatif).

Il n'y a pas de prise en charge de l'interfonctionnement entre 5GS et GERAN/UTRAN, ce qui signifie que, par exemple, la préservation de l'adresse IP pour les sessions PDU IP ne peut pas être assurée lors d'une mobilité ultérieure depuis ou vers GERAN/UTRAN pour un UE qui a été enregistré dans 5GS ou EPS.

Les principes de haut niveau spécifiques à l'interfonctionnement avec la N26 et sans la N26 sont décrits dans les sections suivantes.

3.9.2.2 Interfonctionnement à l'aide de l'interface N26

Lorsque l'interface N26 est utilisée pour les procédures d'interfonctionnement, l'UE fonctionne en mode d'enregistrement unique et les informations relatives au contexte de l'UE sont échangées via N26 entre l'AMF et la MME. L'AMF et le MME conservent un état MM (pour l'accès 3GPP) pour l'UE, c'est-à-dire soit dans l'AMF, soit dans le MME (et le MME ou l'AMF s'enregistre dans le HSS+UDM lorsqu'il détient le contexte de l'UE). Les procédures d'interfonctionnement assurent la continuité de l'adresse IP lors de la mobilité intersystème entre 5GS et EPS et sont nécessaires pour permettre la continuité de la session (par exemple pour les services vocaux). Le PGW-C+SMF maintient une correspondance entre les paramètres liés à la connexion PDN et à la session PDU, par exemple le type PDN/type de session PDU, le DNN/APN, l'APN-AMBR/l'AMBR de session et la correspondance des paramètres de qualité de service (QoS).

Pour garantir que l'interfonctionnement est possible entre 5GS et EPS, l'AMF attribue une identité de support EPS (EBI) au(x) flux de qualité de service d'une session PDU déjà lorsque l'UE utilise 5GC (les supports EPS sont utilisés pour la différenciation de la qualité de service, voir le chapitre 5, et au moins une EBI est nécessaire pour le support EPS par défaut de chaque connexion PDN dans EPS). L'AMF garde la trace de l'EBI attribué, des paires ARP avec l'ID de session PDU correspondant et de l'adresse SMF.

L'AMF met à jour les informations lorsqu'une session PDU est établie, modifiée (par exemple, lorsque de nouveaux flux de qualité de service sont ajoutés), libérée ou lorsque des sessions PDU sont transférées vers ou depuis un accès non 3GPP. La figure 3.18 illustre les interactions à un niveau élevé.

Lorsque N26 est pris en charge, l'AMF, conjointement avec PGW-C+SMF, décide, sur la base des politiques de l'opérateur (par exemple, DNN est égal à IMS), que le ou les flux de qualité de service d'une session PDU doivent être activés pour l'interfonctionnement avec EPS et lance une demande (1) à l'AMF pour obtenir des EBI attribués à un ou plusieurs flux de qualité de service. L'AMF garde la trace des EBI attribués à l'UE et décide d'accepter ou non la demande d'EBI (4). En raison de restrictions dans EPS, par exemple le nombre de porteurs EPS pris en charge ou le fait que pas plus d'un PGW-C+SMF ne peut desservir des connexions PDN vers le même APN, l'AMF peut avoir besoin de révoquer (2) des EBI précédemment attribués, par exemple dans le cas où les nouveaux flux de qualité de service demandés ont une priorité ARP plus élevée que les flux de qualité de service auxquels des EBI ont déjà été attribués. Dans ce cas, le

Le PGW-C+SMF dont les EBI sont révoqués doit informer le NG-RAN et l'UE de la suppression des paramètres de qualité de service EPS mappés correspondant à l'EBI révoqué (3). Une fois qu'un flux de qualité de service s'est vu attribuer un EBI, le SMF informe le NG-RAN et l'UE des paramètres de qualité de service EPS mappés ajoutés correspondant à l'EBI.

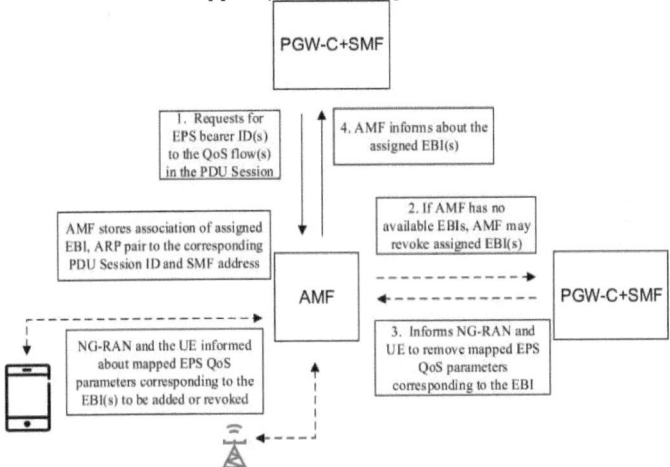

Fig. 3.18 Attribution et révocation de l'EBI.

3.9.2.3 Interfonctionnement sans interface N26

En cas d'interfonctionnement sans interface N26, il n'est pas possible de récupérer le contexte de l'UE auprès du dernier MME/AMF desservant et le HSS+UDM est donc utilisé pour un stockage supplémentaire. Le principe est que l'UE procède à l'attachement ou à l'enregistrement initial et que le MME et l'AMF indiquent au HSS+UDM de ne pas annuler l'AMF ou le MME enregistré via l'autre système et que le HSS+UDM maintient ainsi un MME et un AMF jusqu'à ce que l'UE transfère avec succès toutes les sessions de PDU/connexions de réseau numérique personnel. Le PGWC+SMF utilise également le HSS+UDM pour stocker sa propre adresse/FQDN et l'APN/DNN correspondant afin de prendre en charge la préservation de l'adresse IP, car il permet au MME et à l'AMF de sélectionner le même PGW-C+SMF pour une connexion PDN/session PDU qui a été transférée à partir de l'autre système.

L'AMF indique à l'UE, pendant l'enregistrement initial, que l'interfonctionnement sans N26 est pris en charge et le MME peut fournir cette indication à l'UE pendant la procédure de rattachement. L'UE, fonctionnant en mode double enregistrement, peut utiliser l'indication pour s'enregistrer le plus tôt possible dans le système cible afin de minimiser les interruptions de service et utiliser la procédure de rattachement vers EPS afin d'éviter que le

MME ne rejette la TAU de sorte que l'UE doive réessayer avec un rattachement. Vers le 5GS, l'UE utilise la procédure d'enregistrement que l'AMF traite comme un enregistrement initial.

Comme expliqué précédemment, les UE en mode d'enregistrement unique déplacent toutes les sessions PDU restantes après le rattachement en utilisant la procédure d'établissement de la connectivité PDN demandée par l'UE avec le type de demande "handover" et déplacent les connexions PDN après l'enregistrement en utilisant la procédure d'établissement de la session PDU initiée par l'UE avec l'indicateur "Existing PDU Sessions". Les UE fonctionnant en mode double enregistrement peuvent décider sélectivement de déplacer les connexions PDN et la session PDU en conséquence, étant donné que l'UE est enregistré dans les deux systèmes.

3.10 Informatique de pointe

L'informatique en périphérie consiste à rapprocher les services de l'endroit où ils doivent être fournis. Les services comprennent la puissance de calcul et la mémoire nécessaires pour
e.g. l'exécution d'une application demandée. L'informatique en périphérie vise donc à déplacer les applications, les données et la puissance de calcul (services) des points centralisés (centres de données centraux) vers des lieux plus proches de l'utilisateur (tels que les centres de données distribués). L'objectif est à la fois de réduire le temps de latence et les coûts de transmission. Les applications qui utilisent de gros volumes de données et/ou exigent des temps de réponse courts, par exemple les jeux en RV, la reconnaissance faciale en temps réel, la vidéosurveillance, etc. sont quelques-unes des applications qui pourraient bénéficier de l'informatique en périphérie.

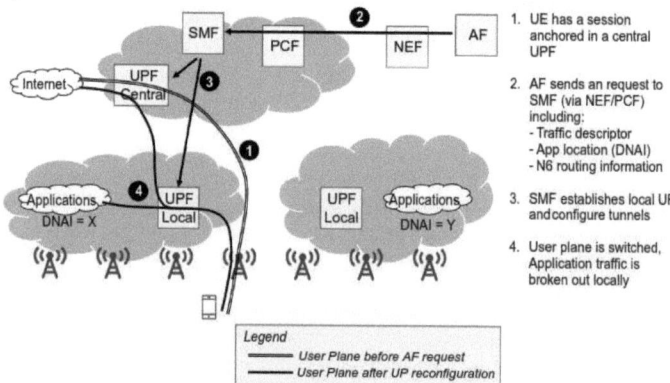

Fig. 3.19 Exemple de cas d'utilisation pour l'influence de la FA sur l'acheminement du trafic.

Dans le secteur de l'informatique périphérique, de nombreux travaux ont été réalisés sur la plate-forme d'application pour les applications périphériques et les API correspondantes, par exemple par un groupe de spécification industrielle de l'ETSI appelé MEC (Multi-access Edge Computing). Toutefois, dans le cadre du 3GPP, l'accent a été mis jusqu'à présent sur les aspects liés à l'accès et à la connectivité en ce qui concerne l'informatique de périphérie. Cela pourrait changer dans les prochaines versions si de nouveaux travaux sont entamés, mais c'était le cas dans la version 15.

Le 3GPP ne spécifie pas de solutions ou d'architectures particulières pour l'informatique en périphérie. Au lieu de cela, le 3GPP définit plusieurs outils généraux qui peuvent être utilisés pour fournir un chemin efficace pour le plan utilisateur. Ces outils, dont la plupart ont déjà été décrits plus haut dans ce chapitre, ne sont pas spécifiques à l'Edge computing, mais ils peuvent être utilisés comme facilitateurs dans les déploiements de l'Edge computing.

Les principaux outils de gestion des chemins UP sont énumérés ci-dessous, avec des références à d'autres sections où ils sont décrits plus en détail :

- Sélection UPF
- Acheminement sélectif du trafic vers le DN
- Modes de session et de continuité du service (SSC)
- Influence de l'AF sur l'acheminement du trafic
- Exposition des capacités du réseau
- LADN

L'informatique en périphérie peut bien entendu bénéficier d'autres fonctionnalités générales de la norme 5GS, telles que la qualité de service et la tarification différenciées.

3.11 Protocoles 5G

3.11.1 Introduction

Ce chapitre présente les principaux protocoles utilisés dans la 5GS, dans le but de donner un aperçu de haut niveau de ces protocoles et de leurs propriétés de base. Le monde évolue vers la prochaine génération de technologies sans fil, également connue sous le nom de 5G. Le protocole 5G est l'épine dorsale de cette technologie qui révolutionnera la façon dont nous nous connectons et communiquons. Le réseau 5G offrira des vitesses plus rapides, une plus grande capacité et une meilleure fiabilité, ce qui permettra de connecter plus d'appareils que jamais. Dans cet article, nous allons explorer le protocole 5G en détail, y compris ses caractéristiques, ses avantages et son fonctionnement. Le protocole 5G est l'ensemble des règles et des normes qui régissent la communication entre les appareils et le réseau 5G. Il définit la manière dont les données sont transmises, reçues et traitées sur le réseau. Le protocole 5G est conçu pour être plus efficace, plus fiable et plus sûr que les générations précédentes de technologies sans fil, telles que la 4G LTE. Il est basé sur les dernières avancées technologiques, notamment l'intelligence artificielle, l'informatique de pointe et l'internet des objets (IoT).

3.11.2 Caractéristiques du protocole 5G

Le protocole 5G présente plusieurs caractéristiques qui le distinguent des générations précédentes de technologie sans fil. Voici quelques-unes de ces caractéristiques :

1.   Des vitesses plus rapides : Le réseau 5G offre des vitesses plus élevées que le réseau 4G LTE, avec la possibilité d'atteindre des vitesses allant jusqu'à 20 Gbps. Cela est dû à l'utilisation de bandes de fréquences plus élevées et de techniques avancées de traitement du signal.
2.   Plus grande capacité : la technologie 5G peut prendre en charge un plus grand nombre d'appareils que la 4G LTE, ce qui permet de connecter un plus grand nombre d'appareils simultanément. Ce résultat est obtenu grâce à l'utilisation de techniques avancées telles que la formation de faisceaux et le MIMO massif.
3.   Latence plus faible : la technologie 5G a une latence plus faible que la 4G LTE, ce qui signifie qu'il y a moins de retard dans la transmission et la réception des données. Cela est dû à l'utilisation de techniques avancées de traitement du signal et de l'informatique de pointe.
4.   Fiabilité accrue : Le réseau 5G est conçu pour être plus fiable que les générations précédentes de technologie sans fil, avec la possibilité de passer d'une fréquence à l'autre et d'une bande à l'autre en toute transparence.
5.   Sécurité renforcée : la technologie 5G est dotée de fonctions de sécurité renforcées telles que le cryptage, l'authentification et le découpage du réseau, ce qui la rend plus sûre que les générations précédentes de technologie sans fil.

3.11.3 Avantages du protocole 5G

Le protocole 5G offre plusieurs avantages qui révolutionneront la façon dont nous nous connectons et communiquons. Voici quelques-uns de ces avantages :

1. Une meilleure connectivité : Le réseau 5G offrira des vitesses plus rapides, une plus grande capacité et une meilleure fiabilité, ce qui permettra de connecter plus d'appareils que jamais. Cela permettra de créer de nouvelles applications et de nouveaux services qui n'étaient pas possibles auparavant.
2. Amélioration de l'expérience utilisateur : Les vitesses plus élevées et les temps de latence plus faibles offerts par la technologie 5G amélioreront l'expérience de l'utilisateur, ce qui permettra de diffuser des vidéos de haute qualité, de jouer à des jeux en ligne et d'utiliser d'autres applications gourmandes en bande passante.
3. Efficacité accrue : Le réseau 5G sera plus efficace que les générations précédentes de technologie sans fil, car il pourra prendre en charge plus d'appareils en utilisant moins d'énergie. Il en résultera une réduction de la consommation d'énergie et des coûts.
4. Nouvelles opportunités commerciales : Le réseau 5G offrira de nouvelles

opportunités commerciales, telles que l'internet des objets (IoT), les villes intelligentes et les véhicules autonomes. Cela créera de nouveaux marchés et stimulera la croissance économique.

3.11.4 Principaux éléments du protocole 5G

Le protocole 5G est composé de plusieurs éléments clés qui fonctionnent ensemble pour fournir une communication sans fil à grande vitesse. Ces composants sont les suivants

1. Réseau d'accès radio (RAN) : Le RAN est responsable de la transmission et de la réception des données entre les appareils et le réseau 5G. Il comprend un ensemble de stations de base et d'antennes placées stratégiquement pour offrir une couverture et une capacité optimales.
2. Réseau central : Le réseau central est l'épine dorsale du réseau 5G, responsable de la gestion et du traitement des données transmises par le RAN. Il comprend plusieurs fonctions clés, telles que le routage, la commutation et l'authentification, qui garantissent le transfert efficace et sécurisé des données entre les appareils.
3. Équipement de l'utilisateur (UE) : L'équipement utilisateur désigne les appareils, tels que les smartphones et les tablettes, qui se connectent au réseau 5G. L'UE est équipé d'antennes et de processeurs avancés qui lui permettent de communiquer avec le RAN et le réseau central.

3.11.5 Fonctions du protocole 5G

Le protocole 5G remplit plusieurs fonctions clés qui lui permettent de fournir des communications sans fil rapides et fiables. Ces fonctions sont les suivantes

1. Formation de faisceaux : La formation de faisceaux est une technique qui utilise des antennes avancées pour concentrer le signal sans fil vers l'appareil visé. Cela permet d'améliorer la puissance du signal et de réduire les interférences, ce qui se traduit par des vitesses plus élevées et une meilleure couverture.
2. MIMO massif : Le MIMO massif est une technique qui utilise plusieurs antennes pour transmettre et recevoir des données simultanément. Cela permet au réseau 5G de prendre en charge un plus grand nombre d'appareils et de fournir une plus grande capacité, tout en améliorant la qualité du signal.
3. Découpage du réseau : Le découpage du réseau est une technique qui permet de diviser le réseau 5G en plusieurs réseaux virtuels, chacun adapté à des applications ou à des services spécifiques. Cela permet une utilisation plus efficace des ressources du réseau et une meilleure gestion du trafic.
4. Informatique de périphérie : L'informatique en périphérie est une technique qui rapproche la puissance de calcul de l'appareil, réduisant ainsi la latence et améliorant les temps de réponse. Cela permet d'améliorer l'expérience de l'utilisateur et de mettre en place de nouvelles applications et de nouveaux services, tels que la réalité virtuelle et augmentée.

3.12 Strate de non-accès 5G (5G NAS)

3.12.1 Introduction

NAS désigne les principaux protocoles du plan de contrôle entre l'UE et le réseau central.

Les principales fonctions des NAS sont les suivantes :

- Traitement de l'enregistrement et de la mobilité de l'UE, y compris la fonctionnalité générique de contrôle d'accès telle que la gestion des connexions, l'authentification, la gestion de la sécurité NAS, l'identification de l'UE et la configuration de l'UE.

- Prise en charge des procédures de gestion de session pour établir et maintenir la connectivité et la qualité de service de la session PDU pour le plan utilisateur entre l'UE et le DN

- Transport NAS général entre l'UE et l'AMF pour transporter d'autres types de messages qui ne sont pas définis comme faisant partie du protocole NAS en tant que tel. Cela comprend, par exemple, le transport de SMS, le protocole LPP pour les services de localisation, les données UDM telles que les messages de pilotage de l'itinérance (SOR), ainsi que les politiques de l'UE (URSP).

Le NAS se compose de deux protocoles de base pour prendre en charge les fonctionnalités ci-dessus : le protocole 5GS Mobility Management (5GMM) et le protocole 5GS Session Management (5GSM).

Le protocole 5GMM fonctionne entre l'UE et l'AMF et est le protocole NAS de base utilisé pour gérer les enregistrements de l'UE, la mobilité, la sécurité et également le transport du protocole 5GSM ainsi que le transport NAS général d'autres types de messages. Le protocole 5GSM fonctionne entre l'UE et le SMF (via l'AMF) et prend en charge la gestion de la connectivité de la session PDU. Il s'appuie sur le protocole 5GMM, comme le montre la Fig. 3.20. Le protocole 5GMM est également utilisé pour transporter des informations entre l'UE et la PCF, l'UE et le SMSF, etc. comme le montre la figure 3.20. Les protocoles 5GMM et 5GSM sont décrits plus en détail ci-dessous.

Avec la 5G, le protocole NAS est utilisé pour les accès 3GPP et non 3GPP. Il s'agit d'une différence essentielle par rapport à l'EPS/4G, où le NAS était conçu uniquement pour l'accès 3GPP (E- UTRAN).

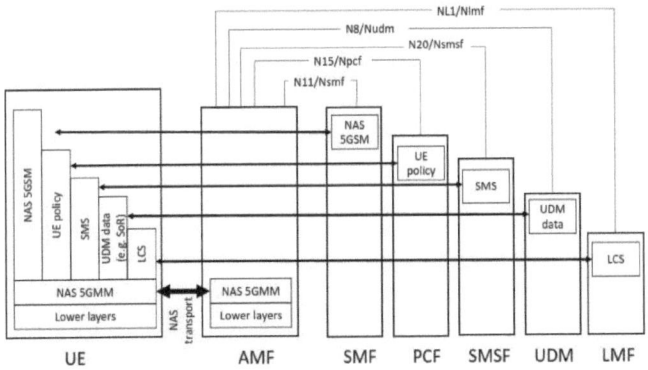

Fig. 3.20 Empilement de protocoles NAS avec les protocoles NAS-MM et NAS-MM.

Les messages NAS sont transportés par NGAP (utilisé sur le point de référence N2) entre l'AMF et le (R)AN et par des moyens spécifiques à l'accès entre le (R)AN et l'UE. La NGAP est décrite à la section 3.3 du présent chapitre.

Les protocoles NAS 5G sont définis comme de nouveaux protocoles pour la 5G, mais ils présentent de nombreuses similitudes avec les protocoles NAS utilisés pour la 4G/EPS et les protocoles NAS définis pour la 2G/3G/GPRS. Les protocoles NAS 5G sont spécifiés dans la norme 3GPP TS 24.501.

3.12.2   Gestion de la mobilité 5G

Les procédures 5GMM sont utilisées pour suivre les déplacements de l'UE, pour l'authentifier et pour contrôler la protection de l'intégrité et le chiffrement. Les procédures 5GMM permettent également au réseau d'attribuer de nouvelles identités temporaires à l'UE (5G- GUTI) et de demander des informations d'identité (SUCI et PEI) à l'UE. En outre, les procédures 5GMM fournissent au réseau des informations sur les capacités de l'UE et le réseau peut également communiquer à l'UE des informations concernant des services spécifiques dans le réseau. Le protocole 5GMM fonctionne donc au niveau de l'UE (par type d'accès), contrairement au protocole 5GSM qui fonctionne au niveau de la session PDU. La signalisation NAS 5GMM a lieu entre l'UE et l'AMF.

Les procédures de base de la méthode 5GMM sont les suivantes :
- Inscription
- Radiation
- Authentification
- Contrôle du mode de sécurité
- Demande de service

- Notification
- Transport NAS sur la liaison montante
- Transport NAS en liaison descendante
- Mise à jour de la configuration de l'UE (par exemple, pour la réattribution du 5G-GUTI, la mise à jour de la liste des TAI, etc.)
- Demande d'identité de l'UE

Les types de messages NAS de gestion de la mobilité 5GS utilisés pour prendre en charge ces procédures sont énumérés dans le tableau 3.12.1.

Tableau 3.12.1 Types de messages NAS pour la gestion de la mobilité.

Type of procedure	Message type	Direction
5GMM specific procedures	Registration request	UE → AMF
	Registration accept	AMF → UE
	Registration complete	UE → AMF
	Registration reject	AMF → UE
	Deregistration request (UE originating procedure)	UE → AMF
	Deregistration accept (UE originating procedure)	AMF → UE
	Deregistration request (UE terminated procedure)	AMF → UE
	Deregistration accept (UE terminated procedure)	UE → AMF
5GMM connection management procedures	Service request	UE → AMF
	Service reject	AMF → UE
	Service accept	AMF → UE
5GMM common procedures	Configuration update command	AMF → UE
	Configuration update complete	UE → AMF
	Authentication request	AMF → UE
	Authentication response	UE → AMF
	Authentication reject	AMF → UE
	Authentication failure	UE → AMF
	Authentication result	AMF → UE
	Identity request	AMF → UE
	Identity response	UE → AMF

Type of procedure	Message type	Direction
	Security mode command	AMF → UE
	Security mode complete	UE → AMF
	Security mode reject	UE → AMF
	5GMM status	UE → AMF or AMF → UE
	Notification	AMF → UE
	Notification response	UE → AMF
	UL NAS transport	UE → AMF
	DL NAS transport	AMF → UE

Les procédures 5GMM ne peuvent être exécutées que si une connexion de signalisation NAS a été établie entre l'UE et l'AMF. S'il n'y a pas de connexion de signalisation active, la couche 5GMM doit initier l'établissement d'une connexion de signalisation NAS. La connexion de signalisation NAS est établie par une procédure d'enregistrement ou de demande de service de l'UE. Pour la signalisation NAS en liaison descendante, s'il n'y a pas de connexion de signalisation active, l'AMF lance d'abord une procédure de radiomessagerie qui déclenche l'exécution de la procédure de demande de service par l'UE. (Voir le chapitre 15 pour une description de ces procédures).

Les procédures 5GMM s'appuient à leur tour sur les services du protocole NGAP sous-jacent entre l'AN (R) et l'AMF (c'est-à-dire N2) et sur la signalisation spécifique à l'accès entre l'UE et l'AN (R), telle que RRC pour l'accès 3GPP, afin d'établir la connectivité.

3.12.3 Gestion des sessions 5G

Les procédures 5GSM sont utilisées pour gérer les sessions PDU et la qualité de service pour l'utilisateur.
Avion.

Il s'agit notamment des procédures d'établissement et de libération des sessions de PDU, ainsi que des procédures suivantes
la modification des sessions PDU pour ajouter, supprimer ou modifier les règles de qualité de service. Les procédures 5GSM sont également utilisées pour effectuer l'authentification secondaire d'une session PDU (voir le chapitre 6 pour une description supplémentaire de l'authentification secondaire). Le protocole 5GSM fonctionne donc au niveau de la session PDU, contrairement au protocole 5GMM qui fonctionne au niveau de l'UE.

Les procédures de base du 5GSM sont les suivantes :
- PDU Établissement de la session
- PDU Libération de la session
- PDU Modification de la session
- PDU Authentification et autorisation de la session
- État 5GSM (pour échanger des informations sur l'état de la session PDU)

Les types de messages SM NAS prenant en charge ces procédures sont énumérés dans le tableau 3.12.2.
Tableau 3.12.2 Types de messages NAS pour la gestion des sessions.

Message type	Direction
PDU Session establishment request	UE → SMF
PDU Session establishment accept	SMF → UE
PDU Session establishment reject	SMF → UE
PDU Session authentication command	SMF → UE
PDU Session authentication complete	UE → SMF
PDU Session authentication result	SMF → UE
PDU Session modification request	UE → SMF
PDU Session modification reject	SMF → UE
PDU Session modification command	SMF → UE
PDU Session modification complete	UE → SMF
PDU Session modification command reject	UE → SMF
PDU Session release request	UE → SMF
PDU Session release reject	SMF → UE
PDU Session release command	SMF → UE
PDU Session release complete	UE → SMF
5GSM status	UE → SMF or SMF → UE

3.12.4 Structure du message

Les protocoles NAS sont mis en œuvre sous forme de messages 3GPP L3 standard conformément à la norme 3GPP TS 24.007. La norme 3GPP L3 conforme à la norme 3GPP TS 24.007 et ses prédécesseurs ont également été utilisés pour les messages de signalisation NAS dans les générations précédentes (2G, 3G, 4G).

Les règles d'encodage ont été développées pour optimiser la taille du message sur l'interface aérienne et pour permettre l'extensibilité et la rétrocompatibilité sans qu'il soit nécessaire de négocier la version.

Chaque message NAS contient un discriminateur de protocole et un type de message. Le discriminateur de protocole est une valeur qui indique le protocole utilisé, c'est-à-dire que pour les messages NAS 5G, il s'agit soit de 5GMM, soit de 5GSM (pour être précis, pour la 5G, un discriminateur de protocole étendu a dû être défini car les numéros de réserve disponibles du discriminateur de protocole d'origine étaient épuisés). Le type de message indique le message spécifique qui est envoyé, par exemple demande d'enregistrement, acceptation d'enregistrement ou demande de modification de session PDU, comme indiqué dans les tableaux 3.12.1 et 3.12.2.

Les messages NAS 5GMM contiennent également un en-tête de sécurité qui indique si le message est protégé par intégrité et/ou chiffré. Les messages 5GSM contiennent une identité de session PDU qui identifie la session PDU à laquelle le message 5GSM se réfère. Les autres éléments d'information des messages 5GMM et 5GSM sont adaptés à chaque message NAS spécifique.

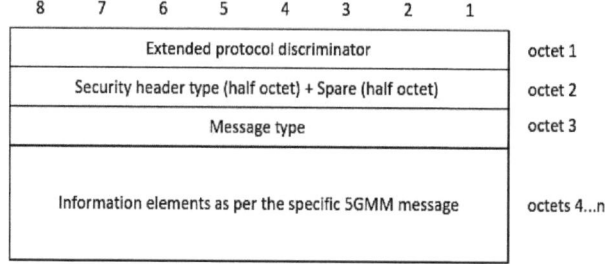

Fig. 3.21 Structure de trame d'un message NAS 5GMM ordinaire.

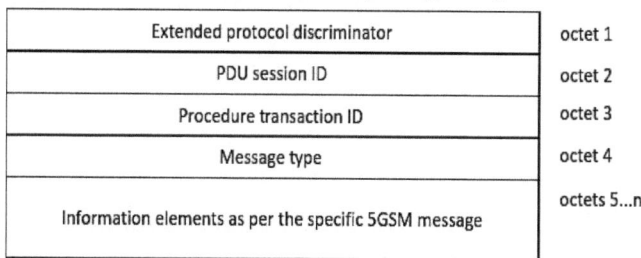

Fig. 3.22 Structure de trame d'un message NAS 5GSM ordinaire.

L'organisation d'un message NAS 5GMM ordinaire est illustrée à la figure 3.21 et celle d'un message 5GSM ordinaire à la figure 3.22.
Lorsqu'un message NAS est protégé par la sécurité, le message NAS en clair est encapsulé comme le montre la figure 3.23. Ce format s'applique à tous les messages 5GSM puisqu'ils sont toujours protégés par la sécurité. Il s'applique également aux messages 5GMM protégés par la sécurité. Dans ces messages NAS protégés par la sécurité, le premier discriminateur de protocole étendu indique qu'il s'agit d'un message 5GMM puisque la sécurité NAS fait partie du protocole NAS 5GMM. Le message NAS ordinaire contenu dans le message NAS protégé par la sécurité comporte un ou plusieurs discriminateurs de protocole étendu supplémentaires qui indiquent s'il s'agit d'un message 5GMM ou 5GSM. Une encapsulation supplémentaire peut être effectuée dans le message NAS ordinaire à l'intérieur du message NAS protégé par la sécurité. Le message NAS ordinaire peut, par exemple, être un message de transport NAS UL (5GMM) qui contient un message PDU de demande d'établissement de session (5GSM).

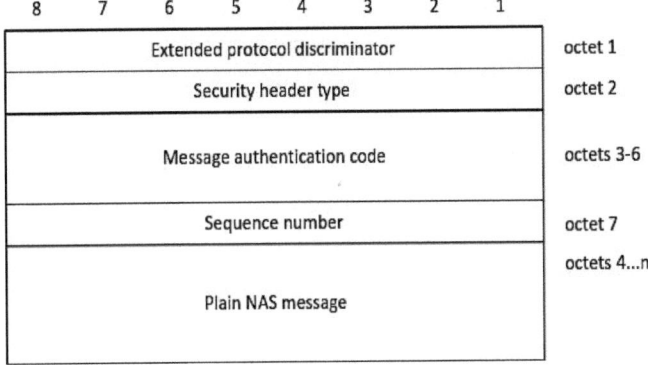

Fig. 3.23 Message NAS protégé par la sécurité.

De plus amples détails sur les messages NAS EPS et les éléments d'information sont disponibles dans les documents 3GPP TS 24.501 et 3GPP TS 24.007.

3.12.5 Extensions futures et compatibilité ascendante

L'UE et le réseau sont en principe spécifiés pour ignorer les éléments d'information qu'ils ne comprennent pas. Il est donc possible pour une version ultérieure du système d'ajouter de nouveaux éléments d'information dans la signalisation 5G NAS sans affecter les UE et le réseau qui mettent en œuvre des versions antérieures des spécifications.

3.13 Protocole d'application NG (NGAP)

3.13.1 Introduction

Le protocole NGAP est conçu pour être utilisé sur l'interface N2 entre le (R)AN et l'AMF. Il convient de noter que les groupes RAN du 3GPP ont donné le nom NG à l'interface RAN-AMF qui, dans l'architecture globale du système, est appelée N2. Le nom de protocole NGAP est donc dérivé du nom d'interface NG avec l'ajout de AP (Application Protocol), qui est un terme utilisé à de nombreuses reprises par le 3GPP pour désigner un protocole de signalisation entre deux fonctions de réseau.

3.13.2 Principes de base

La NGAP prend en charge tous les mécanismes nécessaires pour traiter les procédures entre l'AMF et le (R)AN, et elle prend également en charge le transport transparent pour les procédures qui sont exécutées entre l'UE et l'AMF ou d'autres fonctions du réseau central. La NGAP est applicable à la fois aux accès 3GPP et aux accès non-3GPP intégrés à la 5GC. Il s'agit là d'une différence essentielle par rapport à l'EPC, où la norme S1AP a été conçue pour être utilisée uniquement avec l'accès 3GPP (E- UTRAN) et non avec les accès non 3GPP. Cependant, même si la NGAP est applicable à n'importe quel accès, sa conception a été principalement axée sur les accès 3GPP (NG-RAN), ce qui peut également être remarqué dans la spécification du protocole définie dans la norme 3GPP TS 38.413. La prise en charge de paramètres spécifiques liés aux accès non 3GPP a été ajoutée au protocole lorsque cela s'avérait nécessaire.

Les interactions de la NGAP entre l'AMF et le (R)AN sont divisées en deux groupes :

- Services non associés à l'UE : Ces services NGAP sont liés à l'ensemble de l'instance d'interface NG entre le nœud (R)AN et l'AMF. Ils sont, par exemple, utilisés pour établir la connexion de signalisation NGAP entre AMF et (R)AN, gérer certaines situations de surcharge et échanger des données de configuration RAN et AMF.

- Services associés à l'UE : Ces services NGAP sont liés à un UE. Cette signalisation NGAP est donc liée aux procédures dans lesquelles un UE est impliqué, par exemple lors de l'enregistrement, de l'établissement d'une session PDU, etc.

Le protocole NGAP prend en charge les fonctions suivantes :

- les fonctions de gestion de l'interface NG (c'est-à-dire N2), par exemple la configuration initiale de l'interface NG ainsi que la réinitialisation, l'indication d'erreur, l'indication de surcharge et l'équilibrage de la charge.

- Fonctionnalité de configuration du contexte initial de l'UE pour l'établissement d'un contexte initial de l'UE dans le nœud (R)AN.

- Fourniture des informations de capacité de l'UE à l'AMF (lorsqu'elles sont reçues de l'UE).

- Fonctions de mobilité pour les UE afin de permettre le transfert dans le réseau NG-RAN, par exemple, demande de changement de voie.

- Mise en place, modification et libération des ressources de la session PDU (ressources du plan utilisateur)

- Radiomessagerie, fournissant la fonctionnalité permettant au 5GC de radiomessagerie l'UE.

- Fonctionnalité de transport des signaux NAS entre l'UE et l'AMF

- Gestion de la liaison entre une association NGAP UE et une association de couche de réseau de transport spécifique pour un UE donné

- Fonctionnalité de transfert d'état (transfert d'informations sur l'état du numéro de séquence PDCP du nœud NG-RAN source au nœud NG-RAN cible (via AMF) en vue de la livraison dans la séquence et de l'évitement de la duplication pour le transfert).
- Trace des UE actives.
- Prise en charge du protocole de localisation et de positionnement de l'UE.
- Transmission d'un message d'avertissement.

3.13.3 Procédures élémentaires de la NGAP

La NGAP se compose de procédures élémentaires. Une procédure élémentaire est une unité d'interaction entre le (R)AN (par exemple, NG-RANnode) et l'AMF. Ces procédures élémentaires sont définies séparément et sont destinées à être utilisées pour construire des séquences complètes de manière flexible. Les procédures élémentaires peuvent être invoquées indépendamment les unes des autres en tant que procédures autonomes, qui peuvent être actives en parallèle. Certaines procédures élémentaires sont spécifiquement liées aux services non associés à l'UE (par exemple, la procédure NG Setup) tandis que d'autres sont liées aux services associés à l'UE (par exemple, la procédure PDU Session Resource Modify). Certaines procédures élémentaires peuvent utiliser une signalisation non associée à l'UE ou associée à l'UE en fonction de la portée et du contexte, par exemple la procédure d'indication d'erreur qui utilise une signalisation associée à l'UE si l'erreur est liée à la réception d'un message de signalisation associé à l'UE, alors qu'elle utilise une signalisation non associée à l'UE dans le cas contraire.

Dans certains cas, l'indépendance entre certaines procédures élémentaires est restreinte ; dans ce cas, la restriction particulière est précisée dans la spécification du protocole de la NGAP.

Les tableaux 3.13.1 et 3.13.2 énumèrent les procédures élémentaires de la NGAP. Certaines procédures sont de type demande-réponse, c'est-à-dire que l'initiateur reçoit une réponse du destinataire de la demande, indiquant si la demande a été traitée avec succès ou non. Elles sont énumérées dans le tableau 3.13.1. D'autres procédures sont des procédures élémentaires sans réponse. Ces messages sont utilisés, par exemple, lorsque l'AMF souhaite uniquement délivrer un message NAS en liaison descendante. Dans ce cas, il n'est pas nécessaire que le RAN fournisse une réponse puisque la gestion des erreurs est assurée au niveau NAS. Les procédures élémentaires sans réponse sont énumérées dans le tableau 3.13.2.

Il n'y a pas de négociation de version dans la NGAP. La compatibilité ascendante et descendante du protocole est assurée par un mécanisme dans lequel tous les messages actuels et futurs, ainsi que les EI ou les groupes d'EI connexes, comprennent des champs d'identification et de criticité qui sont codés dans un format standard qui ne sera pas modifié à l'avenir. Ces parties peuvent toujours être décodées, quelle que soit la version standard.

NGAP s'appuie sur un mécanisme de transport fiable et est conçu pour fonctionner au-dessus de
SCTP.

Tableau 3.13.1 Procédures élémentaires de la NGAP avec une réponse indiquant la réussite ou l'échec.

Elementary procedure	Initiating NGAP message	Successful outcome NGAP response message	Unsuccessful outcome NGAP response message
AMF configuration update	AMF configuration update	AMF configuration update acknowledge	AMF configuration update failure
RAN configuration update	RAN configuration update	RAN configuration update acknowledge	RAN configuration update failure
Handover cancellation	Handover cancel	Handover cancel acknowledge	
Handover preparation	Handover required	Handover command	Handover preparation failure
Handover resource allocation	Handover request	Handover request acknowledge	Handover failure
Initial context setup	Initial context setup request	Initial context setup response	Initial context setup failure
NG reset	NG reset	NG reset acknowledge	
NG setup	NG setup request	NG setup response	NG setup failure
Path switch request	Path switch request	Path switch request acknowledge	Path switch request failure
PDU session resource modify	PDU session resource modify request	PDU session resource modify response	
PDU session resource modify indication	PDU session resource modify indication	PDU session resource modify confirm	
PDU session resource release	PDU session resource release command	PDU session resource release response	
PDU session resource setup	PDU session resource setup request	PDU session resource setup response	
UE context modification	UE context modification request	UE context modification response	UE context modification failure

Tableau 3.13.2 Procédures élémentaires de la NGAP sans réponse

Elementary procedure	NGAP message
Downlink RAN configuration transfer	Downlink RAN configuration transfer
Downlink RAN status transfer	Downlink RAN status transfer
Downlink NAS transport	Downlink NAS transport
Error indication	Error indication
Uplink RAN configuration transfer	Uplink RAN configuration transfer
Uplink RAN status transfer	Uplink RAN status transfer
Handover notification	Handover notify
Initial UE message	Initial UE message
NAS non delivery indication	NAS non delivery indication
Paging	Paging
PDU session resource notify	PDU session resource notify
Reroute NAS request	Reroute NAS request
UE context release request	UE context release request
Uplink NAS transport	Uplink NAS transport
AMF status indication	AMF status indication
PWS restart indication	PWS restart indication
PWS failure indication	PWS failure indication
Downlink UE associated NRPPa transport	Downlink UE associated NRPPA transport
Uplink UE associated NRPPa transport	Uplink UE associated NRPPA transport
Downlink Non UE associated NRPPa transport	Downlink non UE associated NRPPA transport
Uplink non UE associated NRPPa transport	Uplink non UE associated NRPPA transport
Trace start	Trace start
Elementary procedure	NGAP message
Location report	Location report
UE TNLA binding release	UE TNLA binding release request
UE radio capability info indication	UE radio capability info indication
RRC inactive transition report	RRC inactive transition report
Overload start	Overload start
Overload stop	Overload stop

3.14 Protocole de tunnelage GPRS pour le plan utilisateur (GTP-U)

Les deux principaux composants du GTP sont la partie du plan de contrôle du GTP (GTP-C) et la partie du plan utilisateur du GTP (GTP-U). Le GTP-C est le protocole de contrôle utilisé dans les réseaux 3G/GPRS et 4G/EPS pour contrôler et gérer les connexions PDN et les tunnels du plan utilisateur qui constituent le chemin du plan utilisateur. Le GTP-U utilise un mécanisme de tunnel pour transporter le trafic de données de l'utilisateur et fonctionne sur le transport UDP. Dans le système 5GS, le GTP-U a été réutilisé pour transporter les données du plan utilisateur sur N3 et N9 (et N4), mais le protocole de contrôle pour gérer les identités des tunnels, etc. utilise à la place HTTP/2 et NGAP, qui ont été décrits ci-dessus. GTP-C n'est utilisé que lorsque 5GC interfonctionne avec EPC. Nous ne décrirons donc ici que GTP-U.

Le lecteur intéressé par le GTP-C peut, par exemple, consulter un ouvrage sur l'EPC tel que Olsson et al.(2012). Les tunnels GTP-U sont utilisés entre deux nœuds GTP-U correspondants pour séparer le trafic en différents flux de communication. Un point d'extrémité de tunnel local (TEID), l'adresse IP et le port UDP identifient de manière unique un point d'extrémité de tunnel dans chaque nœud, où le TEID attribué par l'entité réceptrice doit être utilisé pour la communication.

Dans 5GC, les tunnels GTP-U sont établis en fournissant des TEID GTP-U et des adresses IP entre (R)AN et SMF. Cette signalisation est transportée par HTTP/2 entre SMF et AMF et par NGAP entre AMF et (R)AN. Il n'y a donc pas d'utilisation de GTP-C dans 5GC pour gérer les tunnels GTP-U. La pile de protocoles du plan utilisateur pour une session PDU est illustrée à la figure 3.24.

Un chemin GTP est identifié dans chaque nœud par une adresse IP et un numéro de port UDP. Un chemin peut être utilisé pour multiplexer les tunnels GTP et il peut y avoir plusieurs chemins entre deux entités supportant le GTP.

Le TEID présent dans l'en-tête GTP-U indique à quel tunnel appartient une charge utile donnée. Ainsi, les paquets sont multiplexés et démultiplexés par le GTP-U entre une paire donnée de points d'extrémité de tunnel. L'en-tête GTP-U est illustré à la figure 3.25. Le protocole GTP-U est défini dans la norme 3GPP TS 29.281.

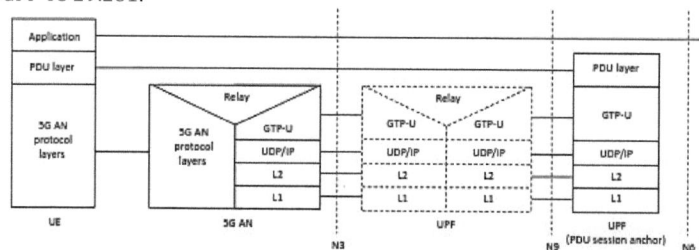

Fig. 3.24 Pile de protocoles du plan utilisateur pour une session PDU.

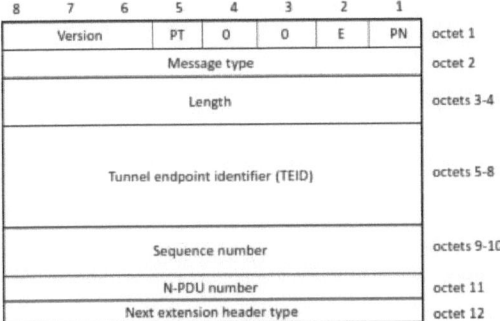

Fig. 3.25 En-tête GTP-U.

3.15 Sécurité IP (IPSec)

3.15.1 Introduction

IPsec est un sujet très vaste et de nombreux ouvrages ont été écrits à ce sujet. Ce chapitre n'a ni l'intention ni l'ambition de fournir une vue d'ensemble complète et un tutoriel sur IPsec. Au lieu de cela, nous donnerons une introduction de haut niveau aux concepts de base d'IPsec en nous concentrant sur les parties d'IPsec qui sont utilisées dans le système 5GS.

IPsec fournit des services de sécurité pour les protocoles IPv4 et IPv6. Il opère au niveau de la c o u c h e IP, offre une protection du trafic se déroulant au-dessus de la couche IP et peut également être utilisé pour protéger les informations de l'en-tête IP sur la couche IP. Le système 5GS utilise IPsec pour sécuriser les communications sur plusieurs interfaces, dans certains cas entre les nœuds du réseau central et dans d'autres cas entre l'UE et le réseau central. Par exemple, IPsec est utilisé pour protéger le trafic dans le réseau central dans le cadre du NDS/IP. IPsec est également utilisé entre l'UE et le N3IWF pour protéger la signalisation NAS et le trafic du plan utilisateur.

Dans la section suivante, nous donnons un aperçu des concepts de base d'IPsec. Nous examinons ensuite les protocoles IPsec destinés à protéger les données des utilisateurs : ESP et AH. Nous abordons ensuite le protocole IKE (Internet Key Exchange) utilisé pour l'authentification et l'établissement d'associations de sécurité (SA) IPsec. Enfin, nous abordons brièvement le protocole de mobilité et de multihoming IKEv2 (MOBIKE).

3.15.2 Aperçu d'IPsec

L'architecture de sécurité IPsec est définie dans le document IETF RFC 4301. L'ensemble des services de sécurité fournis par IPsec sont les suivants :

- Contrôle d'accès
- Authentification de l'origine des données
- Intégrité sans connexion
- Détection et rejet des rediffusions
- Confidentialité
- Confidentialité des flux de circulation limitée.

Par contrôle d'accès, nous entendons le service permettant d'empêcher l'utilisation non autorisée d'une ressource telle qu'un serveur particulier ou un réseau particulier. Le service d'authentification de l'origine des données permet au destinataire des données de vérifier l'identité de l'expéditeur présumé des données.

L'intégrité sans connexion est le service qui garantit qu'un récepteur peut détecter si les données reçues ont été modifiées sur le chemin de l'expéditeur. Cependant, il ne détecte pas si les paquets ont été dupliqués (rejoués) ou réorganisés. L'authentification de l'origine des données et l'intégrité sans connexion sont généralement utilisées conjointement. La détection et le rejet des rediffusions constituent une forme d'intégrité partielle de la séquence, le récepteur pouvant détecter si un paquet a été dupliqué. La confidentialité est le service qui protège le trafic contre la lecture par des parties non autorisées. Le mécanisme permettant d'assurer la confidentialité avec

IPsec est un cryptage, où le contenu des paquets IP est transformé à l'aide d'un algorithme de cryptage de manière à le rendre inintelligible. La confidentialité limitée du flux de trafic est un service par lequel IPsec peut être utilisé pour protéger certaines informations sur les caractéristiques du flux de trafic, par exemple les adresses de source et de destination, la longueur des messages ou la fréquence des longueurs de paquets.

Afin d'utiliser les services IPsec entre deux nœuds, ces derniers utilisent certains paramètres de sécurité qui définissent la communication, tels que les clés, les algorithmes de cryptage, etc. Pour gérer ces paramètres, IPsec utilise des associations de sécurité (SA). Une AS est la relation entre les deux entités, définissant la manière dont elles vont communiquer en utilisant IPsec. Une AS est unidirectionnelle, de sorte que pour assurer la protection IPsec du trafic bidirectionnel, une paire d'AS est nécessaire, une dans chaque direction. Chaque SA IPsec est identifié de manière unique par un indice de paramètre de sécurité (SPI), ainsi que par l'adresse IP de destination et le protocole de sécurité (AH ou ESP ; voir ci-dessous). Le SPI peut être considéré comme un index d'une base de données d'associations de sécurité maintenue par les nœuds IPsec et contenant tous les SA. Comme nous le verrons plus loin, le protocole IKE peut être utilisé pour établir et maintenir des AS IPsec.

IPsec définit également une base de données nominale de politique de sécurité (SPD), qui contient la politique relative au type de service IPsec fourni au trafic IP entrant et sortant du nœud.

Le SPD contient des entrées qui définissent un sous-ensemble de trafic IP, par exemple à l'aide de filtres de paquets, et pointe vers un AS (le cas échéant) pour ce trafic.

3.15.3 Charge utile de sécurité encapsulée et en-tête d'authentification

IPsec définit deux protocoles pour protéger les données, l'Encapsulated Security Payload (ESP) et l'Authentication Header (AH). Le protocole ESP est défini dans le document IETF RFC 4303 et le protocole AH dans le document IETF RFC 4302, tous deux datant de 2005.

ESP peut assurer l'intégrité et la confidentialité, tandis que AH n'assure que l'intégrité. Une autre différence est que l'ESP ne protège que le contenu du paquet IP (y compris l'en-tête ESP et une partie de la bande-annonce ESP), tandis que l'AH protège le paquet IP complet, y compris l'en-tête IP et l'en-tête AH. Les figures 14.18 et 14.19 illustrent des paquets protégés par ESP et AH. Les champs des en-têtes ESP et AH sont brièvement décrits ci-dessous. ESP et AH sont généralement utilisés séparément, mais il est possible, bien que peu courant, de les utiliser ensemble. Dans ce cas, ESP est généralement utilisé pour la confidentialité et AH pour la protection de l'intégrité.

Le SPI est présent dans les en-têtes ESP et AH et est un nombre qui, avec l'adresse IP de destination et le type de protocole de sécurité (ESP ou AH), permet au récepteur d'identifier l'AS auquel le paquet entrant est lié. Le numéro de séquence contient un compteur qui augmente pour chaque paquet envoyé. Il est utilisé pour faciliter la protection contre le rejeu.

La valeur de contrôle d'intégrité (ICV) dans l'en-tête AH et la bande-annonce ESP contient la valeur de contrôle d'intégrité calculée cryptographiquement. Le récepteur calcule la valeur de contrôle d'intégrité pour le paquet reçu et la compare à celle reçue dans le paquet ESP ou AH.

ESP et AH peuvent être utilisés dans deux modes : le mode transport et le mode tunnel. En mode transport, ESP est utilisé pour protéger la charge utile d'un paquet IP. Le champ Données, tel qu'illustré à la figure 3.25, contiendrait alors, par exemple, un en-tête UDP ou TCP ainsi que les données d'application transportées par UDP ou TCP. La figure 3.26 illustre un paquet UDP protégé par ESP en mode transport. En revanche, en mode tunnel, ESP et AH sont utilisés pour protéger un paquet IP complet. La partie "données" du paquet ESP de la figure 3.27 correspond maintenant à un paquet IP complet, y compris l'en-tête IP. La figure 3.28 illustre un paquet UDP protégé par ESP en mode tunnel.

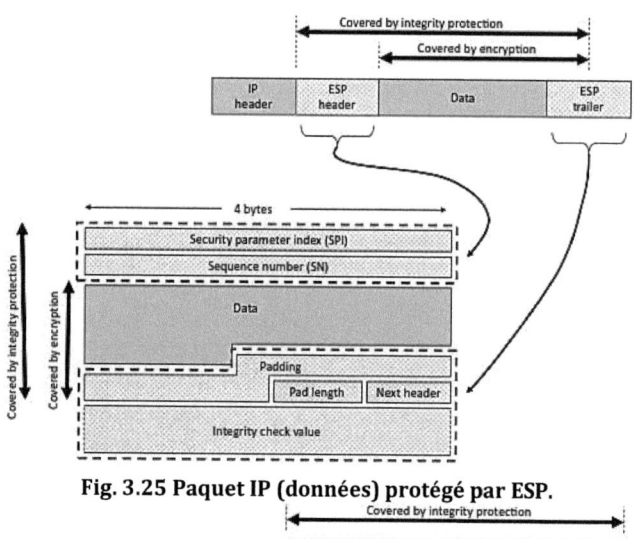

Fig. 3.25 Paquet IP (données) protégé par ESP.

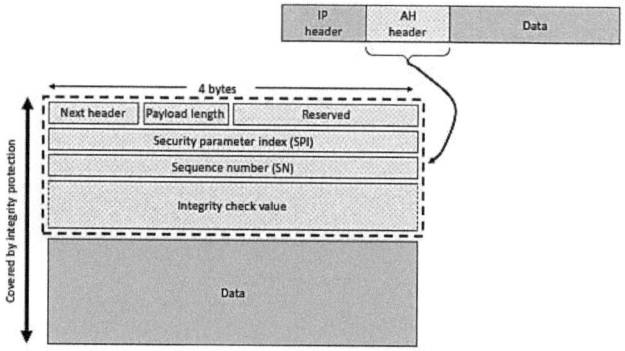

Fig. 3.26 Paquet IP (données) protégé par AH.

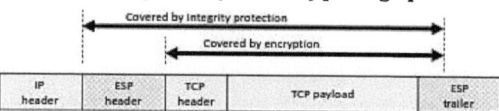

Fig. 3.27 Exemple de paquet IP protégé par ESP en mode transport.

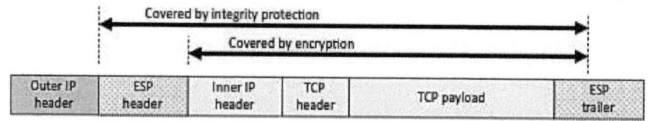

Fig. 3.28 Exemple de paquet IP protégé par ESP en mode tunnel.

Le mode transport est souvent utilisé entre deux points d'extrémité pour protéger le trafic correspondant à une certaine application. Le mode tunnel est généralement utilisé pour protéger l'ensemble du trafic IP entre les passerelles de sécurité ou dans les connexions VPN lorsqu'un UE se connecte à un réseau sécurisé via un accès non sécurisé.

3.15.4 Échange de clés par Internet

Pour communiquer à l'aide d'IPsec, les deux parties doivent établir les SA IPsec nécessaires. Cela peut se faire manuellement en configurant simplement les deux parties avec les paramètres requis. Cependant, dans de nombreux scénarios, un mécanisme dynamique d'authentification, de génération de clés et de génération de SA IPsec est nécessaire. C'est là que l'échange de clés Internet (IKE) entre en jeu. IKE est utilisé pour authentifier les deux parties et pour négocier, établir et maintenir des SA de manière dynamique (on pourrait considérer IKE comme le créateur des SA et IPsec comme l'utilisateur des SA). Il existe en fait deux versions d'IKE : IKE version 1 (IKEv1) et IKE version 2 (IKEv2).

IKEv1 est basé sur le protocole ISAKMP (Internet Security Association and Key Management Protocol). ISAKMP, IKEv1 et leur utilisation avec IPsec sont définis dans les RFC 2407, RFC 2408 et RFC 2409 de l'IETF. ISAKMP est un cadre permettant de négocier, d'établir et de maintenir des AS. Il définit les procédures et les formats de paquets pour l'authentification et la gestion des AS. ISAKMP est toutefois distinct des protocoles d'échange de clés proprement dits afin de séparer proprement les détails de la gestion des associations de sécurité (et de la gestion des clés) des détails de l'échange de clés. ISAKMP utilise généralement IKEv1 pour l'échange de clés, mais il peut être utilisé avec d'autres protocoles d'échange de clés. IKEv1 a ensuite été remplacé par IKEv2, qui est une évolution d'IKEv1/ISAKMP. IKEv2 est défini dans un seul document, IETF RFC 7296. Des améliorations par rapport à IKEv1 ont été apportées dans des domaines tels que la réduction de la complexité du protocole, la réduction de la latence dans des scénarios courants et la prise en charge du protocole d'authentification extensible (EAP) et des extensions de mobilité (MOBIKE).

L'établissement d'une SA à l'aide d'IKEv1 ou d'IKEv2 se déroule en deux phases (à ce niveau élevé, la procédure est similaire pour IKEv1 et IKEv2). (À ce niveau élevé, la procédure est similaire pour IKEv1 et IKEv2.) Au cours de la phase 1, une SA IKE est générée et utilisée pour protéger le trafic d'échange de clés. L'authentification mutuelle des deux parties a également lieu au cours de la phase 1. Lorsque IKEv1 est utilisé, l'authentification peut être basée sur des secrets partagés ou des certificats en utilisant une infrastructure à clé publique (PKI). IKEv2 prend également en charge l'utilisation de l'EAP et permet donc l'utilisation d'un plus grand nombre d'informations d'identification, telles que les cartes SIM. Dans la phase 2, une autre SA est créée, appelée SA IPsec dans IKEv1 et SA enfant dans IKEv2 (par souci de simplicité, nous utiliserons le terme SA IPsec pour les deux versions).

Cette phase est protégée par la SA IKE établie lors de la phase

1. Les SA IPsec sont utilisés pour la protection IPsec des données à l'aide de ESP ou AH. Une fois la phase 2 achevée, les deux parties peuvent commencer à échanger du trafic en utilisant EPS ou AH.
2. Les normes initiales pour NDS/IP dans le 3GPP autorisaient à la fois IKEv1 et IKEv2, mais dans les versions ultérieures du 3GPP, la prise en charge d'IKEv1 a été supprimée. C'est également IKEv2 qui est utilisé sur l'interface entre l'UE et le N3IWF.

3.15.5 Mobilité et multi-homing IKEv2

Dans le protocole IKEv2, les SA IKE et les SA IPsec sont créés entre les adresses IP utilisées lors de l'établissement du SA IKE. Dans le protocole IKEv2 de base, il n'est pas possible de modifier ces adresses IP après la création de l'AS IKE. Il existe cependant des scénarios dans lesquels les adresses IP peuvent changer. C'est le cas, par exemple, d'un nœud multi-homing disposant de plusieurs interfaces et adresses IP. Le nœud peut vouloir utiliser une interface différente au cas où l'interface actuellement utilisée cesserait soudainement de fonctionner. Un autre exemple est un scénario dans lequel un UE mobile change de point d'attache à un réseau et se voit attribuer une adresse IP différente dans le nouvel accès. Dans ce cas, l'UE doit négocier une nouvelle SA IKE et une nouvelle SA IPsec, ce qui peut prendre beaucoup de temps et entraîner une interruption de service.

Dans le système 5GS, cela peut se produire si un utilisateur utilise le Wi-Fi pour se connecter à un N3IWF. La signalisation NAS et le trafic utilisateur transportés entre l'UE et le N3IWF sont protégés par ESP en mode tunnel. La SA IPsec pour ESP a été configurée à l'aide d'IKEv2. Si l'utilisateur passe maintenant à un autre réseau (par exemple, à un autre point d'accès Wi-Fi) et reçoit une nouvelle adresse IP du nouveau réseau Wi-Fi, il ne sera pas possible de continuer à utiliser l'ancienne SA IPsec. Une nouvelle authentification IKEv2 et l'établissement d'une SA IPsec doivent être effectués.

Le protocole MOBIKE étend le protocole IKEv2 en offrant la possibilité de mettre à jour dynamiquement l'adresse IP des SA IKE et des SA IPsec. MOBIKE est défini dans la RFC 4555 de l'IETF.

MOBIKE est utilisé sur l'interface entre l'UE et le N3IWF pour prendre en charge les scénarios dans lesquels l'UE passe d'un accès non-3GPP non fiable à un autre.

3.16 Encapsulation générique de routage (GRE)

3.16.1 Introduction

Le GRE est un protocole conçu pour réaliser le tunnelage d'un protocole de couche réseau sur un autre protocole de couche réseau. Il est générique en ce sens qu'il permet l'encapsulation d'un protocole de couche réseau arbitraire (par exemple, IP ou MPLS) sur un autre protocole de couche réseau arbitraire. Cela diffère de nombreux autres mécanismes de tunneling, où l'un des protocoles ou les deux sont spécifiques, comme IPv4-in-IPv4 (IETF RFC 2003) ou Generic Packet Tunneling over IPv6 (IETF RFC 2473).

GRE est également utilisé pour de nombreuses applications différentes et dans de nombreux déploiements de réseaux en dehors du domaine des télécommunications. Il n'est pas dans l'intention de ce livre de discuter des aspects de tous ces scénarios. Nous nous concentrerons plutôt sur les propriétés de GRE qui sont les plus pertinentes pour la norme 5GS.

3.16.2 Aspects fondamentaux du protocole

L'opération de base d'un protocole de tunneling est qu'un protocole de réseau, que nous appelons le protocole de charge utile, est encapsulé dans un autre protocole de livraison. Il convient de noter que l'encapsulation est un élément clé de toute pile de protocoles dans laquelle un protocole de couche supérieure est encapsulé dans un protocole de couche inférieure. Cet aspect de l'encapsulation ne doit cependant pas être considéré comme un tunnel. Lorsque la tunnelisation est utilisée, il arrive souvent qu'un protocole de couche 3 tel que IP soit encapsulé dans un autre protocole de couche 3 ou dans une autre instance du même protocole. La pile de protocoles résultante peut ressembler à celle de la figure 3.29.

Nous utilisons la terminologie suivante :

- Paquet de charge utile et protocole de charge utile : Le paquet et le protocole qui doivent être encapsulés (les trois cases supérieures de la pile de protocoles de la figure 3.29).
- Protocole d'encapsulation (ou tunnel) : Le protocole utilisé pour encapsuler le paquet de données utiles, c'est-à-dire GRE (troisième case en partant du bas sur la figure 3.29).

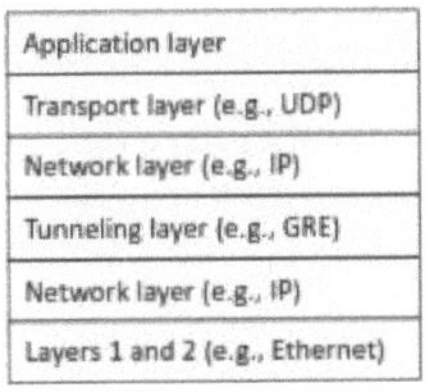

Application layer
Transport layer (e.g., UDP)
Network layer (e.g., IP)
Tunneling layer (e.g., GRE)
Network layer (e.g., IP)
Layers 1 and 2 (e.g., Ethernet)

Fig. 3.29 Exemple de pile de protocoles en cas d'utilisation du tunnel GRE.

- Protocole de livraison : Protocole utilisé pour acheminer le paquet encapsulé jusqu'à l'extrémité du tunnel (deuxième case en partant du bas dans la figure 3.29).

Le fonctionnement de base de GRE est le suivant : un paquet du protocole A (le protocole de charge utile) qui doit être tunnelé vers une destination est d'abord encapsulé dans un paquet GRE (le protocole de tunnelage).

Le paquet GRE est ensuite encapsulé dans un autre protocole B (le protocole de livraison) et envoyé à la destination via un réseau de transport du protocole de livraison. Le récepteur décapsule alors le paquet et rétablit le paquet de données utiles d'origine du type de protocole. Dans 5GS, GRE est principalement utilisé pour transporter les paquets (PDU) entre l'UE et le N3IWF.

GRE permet ici à la valeur QFI et à l'indicateur RQI pour la QoS réfléchie d'être transportés dans l'en-tête GRE avec le PDU encapsulé. Le QFI et le RQI sont inclus dans le champ de clé GRE (voir ci-dessous). La figure 3.30 montre un exemple de PDU transporté dans un tunnel GRE entre l'UE et le N3IWF sur un protocole de livraison IP.

GRE est spécifié dans la RFC 2784 de l'IETF. Il existe également d'autres RFC qui décrivent comment GRE est utilisé dans des environnements particuliers ou avec des protocoles de charge utile et/ou de livraison spécifiques. Une extension de la spécification GRE de base qui revêt une importance particulière pour l'EPS est l'extension du champ clé GRE spécifiée dans l'IETF RFC 2890. L'extension du champ Key est décrite plus en détail dans le cadre du format de paquet ci-dessous.

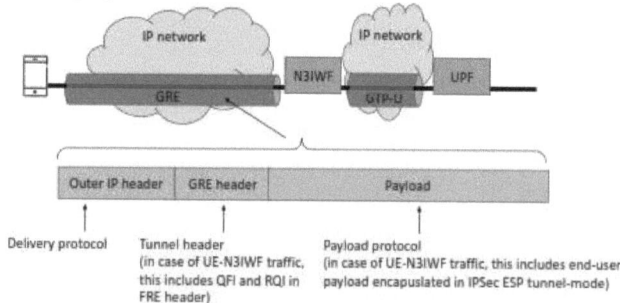

Fig. 3.30 Exemple de tunnel GRE entre deux nœuds de réseau avec le protocole de livraison IPv4.

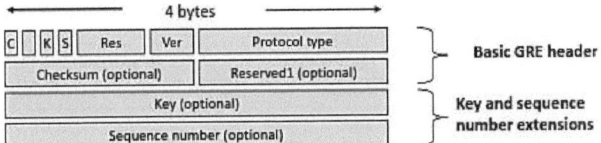

Fig. 3.31 Format d'en-tête GRE comprenant l'en-tête de base ainsi que les extensions de clé et de numéro de séquence.

3.16.3   Format des paquets GRE

Le format de l'en-tête GRE est illustré à la figure 3.31. Le drapeau C indique si les champs Checksum et Reserved1 sont présents. Si l'indicateur C est activé, les champs Checksum et Reserved1 sont présents. Dans ce cas, le champ Checksum contient une somme de contrôle de l'en-tête GRE ainsi que du paquet de données utiles. Le champ Reserved1, s'il est présent, est mis à zéro. Si l'indicateur C n'est pas activé, les champs Checksum et Reserved1 ne sont pas présents dans l'en-tête.

Les drapeaux K et S indiquent respectivement la présence ou non de la clé et/ou du numéro de séquence. Le champ Protocol Type contient le type de protocole du paquet de données utiles. Il permet au point de réception d'identifier le type de protocole du paquet décapsulé.

L'objectif du champ Key est d'identifier un flux de trafic individuel au sein d'un tunnel GRE. GRE ne précise pas comment les deux points d'extrémité déterminent le(s) champ(s) Key à utiliser. Cette tâche est laissée aux implémentations ou est spécifiée par d'autres normes utilisant GRE. Le champ de clé peut, par exemple, être configuré de manière statique dans les deux points d'extrémité ou être établi de manière dynamique à l'aide d'un protocole de signalisation entre les points d'extrémité. Dans la norme 5GS, le champ clé est utilisé entre l'UE et le N3IWF pour transmettre la valeur QFI et le RQI.

Le QFI prend 6 bits et le RQI un seul bit sur les 32 bits disponibles dans le champ de la clé. Cette procédure est décrite plus en détail dans le document 3GPP TS 24.502.

Le champ Numéro de séquence est utilisé pour maintenir la séquence des paquets dans le tunnel GRE. Le nœud qui effectue l'encapsulation insère le numéro de séquence et le récepteur l'utilise pour déterminer l'ordre dans lequel les paquets ont été envoyés.

Question à deux points Réponses

1. Comment fonctionne la sélection du mode de continuité des sessions et des services ?

La politique de sélection du mode SSC est utilisée pour déterminer le type de mode de continuité de session et de service associé à une application ou à un groupe d'applications pour l'UE. Un ORM peut définir les règles de politique pour l'UE afin de déterminer le type de mode associé à une application ou à un groupe d'applications. Il peut y avoir une politique par défaut qui correspond à toutes les applications sur l'UE.

2. **Quelle est la différence entre la 5G NR et la 4G (LTE) ?**

La 4G LTE et la LTE-advanced suivent les règles du 3GPP. La 4G fonctionne en dessous de 6 GHz, tandis que la 5G NR fonctionne dans différentes bandes de fréquences, à savoir Sub-1 GHz, 1 à 6 GHz, plus de 6 GHz dans des bandes d'ondes millimétriques (28 GHz, 40 GHz, etc.). La 5G prend en charge des débits de données plus élevés que la 4G. La 5G offre un débit d'environ 10 Gbps alors que le LTE-a pro offre un débit de 3 Gbps. La 5G offre une latence inférieure à 1 ms, alors que le LTE-ady pro offre une latence inférieure à 2 ms.

3. **Expliquer l'architecture du réseau 5G NR, ses éléments et ses interfaces de réseau ?**

L'architecture de la 5G NR comprend trois éléments : l'UE (équipement de l'utilisateur), le RAN et le réseau central. Le NG RAN abrite la radio gNB (Le. station de base), l'unité de contrôle et l'unité de données. Ici, AMF signifie Access and Mobility Management Function (fonction de gestion de l'accès et de la mobilité) et UPF signifie User Plane Function (fonction du plan utilisateur).

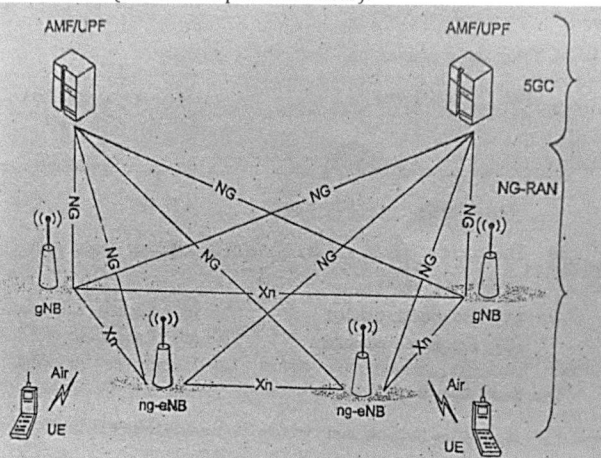

Fig. Architecture globale de la 5G NR

4. **Expliquer les scénarios ou modes de déploiement de la 5G NR, à savoir NSA (Non-Standalone), SA (Standalone), mode homogène et mode hétérogène,**

En mode SA, l'UE fonctionne uniquement avec la RAT 5G et la RAT LTE n'est pas nécessaire. La cellule 5G est utilisée à la fois pour le plan C (plan de contrôle) et le plan U (plan utilisateur) afin de prendre en charge la signalisation et le transfert d'informations. En mode NSA, la connexion à la cellule LTE et à la cellule 5G est obligatoire. Dans ce mode non autonome, le LTE est utilisé pour les fonctions de contrôle (plan C), par exemple l'émission et la terminaison d'appels, l'enregistrement de la localisation, etc. alors que la 5G NR se concentre uniquement sur le plan U.

5. **Quelles sont les fonctions de la couche RRC dans la 5G NR ?**

Les fonctions exécutées par la couche RRC dans la pile de protocole 5G NR sont les suivantes. Diffusion de messages SI (System Information) vers AS (Access Stratum) et NAS (Non-Access Stratum). Traitement de la radiomessagerie initiée par le SGC (réseau central 5G) ou le NG-RAN (réseau d'accès radio). Établissement, maintenance et libération de la connexion RRC entre l'UE 5G NR et le NG-RAN. Cela comprend l'ajout, la modification et la libération de l'agrégation de caméras (CA) et de la double connectivité dans le réseau NR ou entre l'E-UTRA et le réseau NR. Fonctions liées à la sécurité, y compris la gestion des clés. Établissement, configuration, maintenance et libération des SRB (Signaling Radio Bearers) et des DRB (Data Radio Bearers). Fonctions de mobilité telles que le transfert de contexte, la sélection/sélection de cellule de l'UE, le contrôle de la sélection/sélection de cellule, la mobilité inter-RAT, etc. Gestion de la qualité de service. Rapport de mesure de l'UE, contrôle du rapport Détection d'une défaillance de la liaison radio et rétablissement après une défaillance de la liaison radio. Transfert de messages NAS vers/depuis le NAS de/vers l'UB.

6. **Qu'entend-on par "edge computing" ?**

L'informatique en périphérie est un paradigme informatique émergent qui fait référence à une gamme de réseaux et d'appareils au niveau ou à proximité de l'utilisateur. Il s'agit de traiter les données au plus près de l'endroit où elles sont générées, ce qui permet d'augmenter les vitesses et les volumes de traitement et d'obtenir des résultats plus concrets en temps réel.

7. **Qu'est-ce qu'un NAS dans le domaine de la téléphonie mobile ?**

Un dispositif de stockage en réseau (NAS) est un dispositif de stockage de données qui se connecte et est accessible via un réseau, au lieu de se connecter directement à un ordinateur.

8. **Qu'est-ce que l'informatique en périphérie à accès multiples ?**

Le Multi-Access Edge Computing (MEC) déplace l'informatique du trafic et des services d'un nuage centralisé vers la périphérie du réseau et plus près du client. Au lieu d'envoyer toutes les données à un nuage pour traitement, la périphérie du réseau analyse, traite et stocke les données.

9. **Quels sont les avantages de la technologie MEC dans la 5G ?**

- Il offre un accès en temps réel aux données au niveau local dans un environnement IoT.
- Il réduit les coûts opérationnels en évitant les besoins en centres de données

coûteux.

- Il réduit le besoin de stockage de données dans le nuage et sauvegarde consécutivement les coûts de transport.
- Il préserve la bande passante du réseau et réduit la congestion du réseau.

10. Qu'est-ce que l'architecture E2E dans la 5G ?

L'architecture du réseau 5G de bout en bout (E2E) est composée d'un réseau d'accès radio de nouvelle génération (NG-RAN), d'un système informatique périphérique multi-accès (MEC), d'un cœur de paquet virtuel évolué (vEPC), d'un réseau de données (DN) et d'un service en nuage.

UNITÉ IV : GESTION DYNAMIQUE DU SPECTRE ET ONDES MILLIMÉTRIQUES

Gestion de la mobilité, commande et contrôle, partage et échange de fréquences, radio cognitive basée sur la 5G, ondes millimétriques.

UNITÉ IV
GESTION DYNAMIQUE DU SPECTRE ET ONDES MILLIMÉTRIQUES

4.1 Introduction

Le spectre radioélectrique est un facteur essentiel de la croissance des services mobiles. Le succès du réseau 5G repose sur la disponibilité illimitée du spectre. Environ 1 200 MHz de spectre dans les bandes de fréquences inférieures à 5 GHz ont été identifiés pour les services IMT lors de la Conférence administrative mondiale des radiocommunications (CAMR)-92, de la Conférence mondiale des radiocommunications (CMR)-2000 et de la CMR-2007. Ces bandes de fréquences sont les suivantes : 450-470 MHz, 698-960 MHz, 1710-2025 MHz, 2110-2200 MHz, 2300-2400 MHz,

2500-2690 MHz, et 3400-3600 MHz. Le spectre identifié n'est pas contigu et est dispersé dans différentes bandes de fréquences allant de 450 MHz à 3,4 GHz. Cependant, l'attribution réelle se situe entre la bande de fréquence 700 MHz et 2,6 GHz. L'ironie est que ces bandes de fréquences identifiées ont déjà été attribuées à d'anciens services depuis longtemps. Par conséquent, aucun spectre vacant n'est actuellement disponible pour les communications mobiles, en particulier en dessous de 6 GHz. Les options disponibles pour améliorer la disponibilité du spectre pour les communications 5G sont le réaménagement du spectre, le partage du spectre et l'utilisation de la technologie radio cognitive.

En outre, ce spectre non contigu de 1200 MHz ne pourrait pas supporter la pression d'une forte croissance des données mobiles, la demande de convergence de différentes variétés de services et la vitesse envisagée dans le réseau 5G. L'attribution d'un nouveau spectre radio est cruciale pour répondre aux demandes attendues des futurs réseaux 5G. Cela est possible en exploitant des fréquences micro-ondes plus élevées, appelées bandes d'ondes millimétriques (mm). Par conséquent, la bande de fréquences millimétriques est la bande la plus évidente et la plus préférée pour le réseau 5G. Le réseau 5G est envisagé comme une combinaison de plusieurs micro, pico et femto cellules intégrées dans une macro cellule. Selon les lois de la physique, la couverture diminue avec l'augmentation de la fréquence. Les ondes millimétriques peuvent être divisées en différentes catégories, la première se situant entre les bandes de fréquences 20 et 40 GHz pour les micro-sites et l'autre se situant autour de la bande de fréquences 60 GHz pour les pico et femto-sites cellulaires. Avec l'augmentation du nombre d'appareils sans fil, le nombre de connexions sans fil et de réseaux à haut débit augmente. Il en résulte deux facteurs importants, la demande de spectre et l'encombrement du spectre, qui s'avèrent être les deux défis majeurs du futur monde de la communication sans fil. Simultanément, les exigences des utilisateurs, telles que la transmission de données multimédias à haut débit sur la base d'applications exigeantes en bande passante, feront que les futurs réseaux sans fil souffriront de la rareté du spectre.

4.2 Gestion de la mobilité
4.2.1 Introduction
Les principes généraux de la gestion de la mobilité dans le système 5GS sont similaires à ceux des systèmes 3GPP précédents, mais avec quelques différences essentielles. Dans cette section, nous décrivons donc d'abord les principes généraux, puis nous nous concentrons sur les principales différences par rapport à l'EPS.

Comme pour les systèmes précédents, la mobilité est une caractéristique essentielle du système 5GS. La gestion de la mobilité est nécessaire pour garantir ce qui suit :

- Le réseau peut "atteindre" l'utilisateur, par exemple pour l'informer de l'arrivée de messages ou d'appels,

- qu'un utilisateur peut initier une communication avec d'autres utilisateurs ou des services tels que l'accès à l'internet, et

- Cette connectivité et les sessions en cours peuvent être maintenues lorsque l'utilisateur se déplace, au sein d'une même technologie d'accès ou d'une technologie à l'autre.

L'établissement et le maintien de la connectivité entre l'UE et le réseau par le biais de procédures de gestion de la mobilité permettent d'atteindre les objectifs susmentionnés.

En outre, la fonctionnalité de gestion de la mobilité permet l'identification de l'UE, la sécurité, et sert de transport de messages génériques pour d'autres communications entre l'UE et le 5GC.

L'objectif du 5GC est de servir de réseau central convergent pour n'importe quelle technologie d'accès, mais aussi de fournir un support flexible pour un large éventail de nouveaux cas d'utilisation. Par conséquent, il est nécessaire de pouvoir sélectionner la fonctionnalité requise en fonction de la mobilité, car les utilisateurs ont des besoins différents en matière de mobilité. Par exemple, un appareil utilisé dans une machine dans une usine ne se déplace normalement pas, mais d'autres appareils peuvent le faire. S'il est nécessaire de suivre l'appareil et de s'assurer qu'il est joignable, des procédures de mobilité sont nécessaires. En outre, les procédures de mobilité sont également utilisées pour l'enregistrement de base au réseau qui est nécessaire pour activer les procédures de sécurité et permettre à l'UE de communiquer avec d'autres entités selon les besoins.

Dans certains cas d'utilisation, comme l'accès sans fil fixe, il est toutefois moins nécessaire de fournir un ensemble complet de procédures de mobilité : dans ce cas, les procédures qui ne sont pas essentielles pour tous les utilisateurs peuvent être ajoutées ou supprimées en tant que "service lié à la mobilité". Lors de l'élaboration des spécifications du système 5GS, on a parlé de "mobilité à la demande". Alors que dans les systèmes précédents, aucune signalisation de mobilité n'était générée pour ou par les UE qui ne se déplaçaient pas (à l'exception des mises à jour périodiques de l'enregistrement), le 3GPP a pris en charge d'autres cas d'utilisation qui n'exigeraient pas la prise en charge de la mobilité ou qui n'exigeraient qu'une prise en charge limitée de la mobilité.

Par c o n s é q u e n t , plusieurs fonctions optionnelles liées à la gestion de la mobilité 5GS diffèrent des systèmes 3GPP précédents :
- Restriction de la zone de service : la mobilité avec continuité de la session est contrôlée au niveau de l'UE dans certaines zones.
- Réseau local de données (LADN) : la mobilité avec continuité de la session est contrôlée au niveau de la session PDU, ce qui rend la communication disponible dans certaines zones.
- Mobile Initiated Connection Only (MICO) : la capacité de radiomessagerie (dans le cadre d u service de mobilité) est facultative.

Les procédures relatives à la gestion de la mobilité 5G (5GMM) sont divisées en trois catégories en fonction de l'objectif de la procédure et de la manière dont elles peuvent être lancées :
1. Procédures communes ; peuvent toujours être lancées lorsque l'UE est dans l'état CM- CONNECTED.

2. Procédures spécifiques : une seule procédure spécifique initiée par l'UE peut être exécutée pour chacun des types d'accès.

3. Procédures de gestion de la connexion ; utilisées pour établir une connexion

de signalisation sécurisée entre l'UE et le réseau, ou pour demander la réservation de ressources pour l'envoi de données, ou les deux.

4.3 Établir la connectivité

4.3.1 Découverte et sélection de réseaux

Les procédures de découverte et de sélection du réseau 5GS ne diffèrent pas beaucoup de celles de l'EPS et les principes utilisés lors de la sélection d'un type d'accès 3GPP ont été maintenus. Avant de pouvoir recevoir et utiliser les services et les capacités du 5GS, par exemple les services de gestion de session du SMF, l'UE doit établir une connexion avec le 5GS. Pour ce faire, l'UE sélectionne d'abord un réseau/PLMN et un 5G-AN. Pour l'accès 3GPP c'est-à-dire le NG-RAN, l'UE sélectionne une cellule, puis l'UE établit une connexion RRC avec le NG- RAN. Sur la base du contenu (par exemple, PLMN sélectionné, informations sur les tranches de réseau) fourni par l'UE lors de l'établissement de la connexion RRC, le NG-RAN sélectionne un AMF et transmet le message NAS MM de l'UE à l'AMF dans le 5GC en utilisant le point de référence N2. En utilisant la connexion AN (c'est-à-dire la connexion RRC) et le N2, l'UE et le 5GS effectuent une procédure d'enregistrement. Une fois la procédure d'enregistrement terminée, l'UE est enregistré dans le 5GC, c'est-à-dire qu'il est connu et qu'il dispose d'une connexion NAS MM avec l'AMF, le point d'entrée de l'UE dans le 5GC, qui est utilisé comme connexion NAS avec le 5GC. Les communications ultérieures entre l'UE et d'autres entités dans le 5GC utilisent la connexion NAS établie comme transport NAS à partir de ce point. Pour économiser des ressources, la connexion NAS est libérée alors que l'UE est toujours enregistré et connu dans le 5GC, c'est-à-dire que pour rétablir la connexion NAS, l'UE ou le 5GC lance une procédure de demande de service. Messages NAS utilisés et pour une description plus détaillée de l'utilisation du transport NAS pour la communication entre l'UE et diverses entités 5GC.

Tableau 7.1 Résumé de la fonctionnalité de gestion de la mobilité

Type	Procedure	Purpose
5GMM common procedures	Primary authentication and key agreement procedure	Enables mutual authentication between UE and 5GC and provides key establishment in UE and 5GC in subsequent security procedures.
	Security mode control procedure	Initiates 5G NAS security contexts i.e. initializes and starts the NAS signaling security between the UE and the AMF with the corresponding 5G NAS keys and 5G NAS security algorithms.
	Identification procedure	Requests a UE to provide specific identification parameters to the 5GC.
	Generic UE configuration update procedure	Allows the AMF to update the UE configuration for access and mobility management-related parameters.
	NAS transport procedures	Provides a transport of payload between the UE and the AMF.
	5GMM status procedure	Report at any time certain error conditions detected upon receipt of 5GMM protocol data in the AMF or in the UE.
5GMM specific procedures	Registration procedure	Used for Initial Registration, Mobility Registration Update or Periodic Registration Update from UE to the AMF.
	Deregistration procedure	Used to Deregister the UE for 5GS services.
	eCall inactivity procedure	Applicable in 3GPP access for a UE conFigured for eCall only mode.
5GMM connection management procedures	Service request procedure	To change the CM state from CM-IDLE to CM-CONNECTED state, and/or to request the establishment of User Plane resources for PDU Sessions which are established without User Plane resources.
	Paging procedure	Used by the 5GC to request the establishment of a NAS signaling connection to the UE, and to request the UE to re-establish the User Plane for PDU Sessions. Performed as part of the Network Triggered Service Request procedure.
	Notification procedure	Used by the 5GC to request the UE to re-establish the User Plane resources of PDU Session(s) or to deliver NAS signaling messages associated with non-3GPP access.

Pour les réseaux d'accès 5G de type accès non fiable non-3GPP, les principes sont similaires, mais un N3IWF est également impliqué. Dans ce cas, l'UE établit d'abord une connexion locale à un réseau d'accès non-3GPP (par exemple à un point d'accès Wi-Fi), puis un tunnel sécurisé entre l'UE et le N3IWF (NWu) est établi en tant que connexion AN. En utilisant le tunnel, l'UE lance une procédure d'enregistrement vers l'AMF via le N3IWF.

4.3.2 Inscription et mobilité

La gestion de la mobilité en mode inactif pour le système 5GS utilisant NR et E-UTRA repose sur des concepts similaires à ceux de LTE/E-UTRAN (EPS), GSM/WCDMA et CDMA. Les réseaux radio sont constitués de cellules dont la taille varie de quelques dizaines ou centaines de mètres à des dizaines de kilomètres, et l'utilisateur met régulièrement le réseau au courant de sa position. Il n'est pas pratique de garder la trace d'un utilisateur en mode inactif à chaque fois qu'il se déplace entre différentes cellules en raison de la quantité de signaux que cela entraînerait, ni de rechercher un utilisateur sur l'ensemble du réseau pour chaque événement de terminaison (par exemple, un appel entrant). Par conséquent, dans un souci d'efficacité, les cellules sont regroupées en zones de suivi (TA), et une ou plusieurs zones de suivi peuvent être attribuées à l'UE en tant que zone d'enregistrement (RA). La RA sert de base au réseau pour rechercher l'UE et à l'UE pour signaler sa position.

Le gNB/ng-eNB diffuse l'identité de la TA dans chaque cellule et l'UE compare ces informations avec la ou les TA qu'il a précédemment stockées comme faisant partie de la RA assignée. Si la zone de suivi diffusée ne fait pas partie de l'AR attribuée, l'UE entame une procédure - appelée procédure d'enregistrement - vers le réseau pour l'informer qu'il se trouve désormais à un autre endroit. Par exemple, lorsqu'un UE auquel on a précédemment attribué une RA avec TA1 et 2 se déplace dans une cellule qui diffuse TA 3, l'UE remarque que les informations diffusées comprennent une TA différente de celles qu'il a précédemment stockées comme faisant partie de la RA. Cette différence incite l'UE à effectuer une procédure de mise à jour de l'enregistrement vers le réseau. Au cours de cette procédure, l'UE informe le réseau du nouvel AT qu'il a saisi. Dans le cadre de la procédure de mise à jour de l'enregistrement, le réseau attribue à l'UE une nouvelle AR que l'UE stocke et utilise tout en continuant à se déplacer.

Comme indiqué plus haut, les AR se composent d'une liste d'un ou plusieurs TA. Pour distribuer le signal de mise à jour de l'enregistrement, le concept de listes d'AT a été introduit dans EPS et est également adopté par 5GS. Ce concept permet à un UE d'appartenir à une liste d'AT différents. Différents UE peuvent être attribués à différentes listes d'AT. Si l'UE se déplace à l'intérieur de la liste d'AT qui lui a été attribuée, il n'a pas besoin d'effectuer une mise à jour de l'enregistrement à des fins de mobilité (c'est-à-dire en utilisant un type d'enregistrement réglé sur la mise à jour de l'enregistrement de la mobilité). En attribuant différentes listes d'AT à différents UE, l'opérateur peut donner à ces derniers des limites d'AR différentes et réduire ainsi les pics de signalisation de mise à jour d'enregistrement, par exemple lorsqu'un train passe une limite d'AT.

Outre les mises à jour d'enregistrement effectuées lors du passage d'une frontière dans un TA où l'UE n'est pas enregistré, il existe également des mises à jour d'enregistrement périodiques. Lorsque l'UE est en état d'inactivité, il effectue des mises à jour d'enregistrement périodiques sur la base d'un minuteur, même s'il se trouve toujours dans l'AR. Ces mises à jour sont utilisées pour libérer des ressources dans le réseau pour les UE qui ne sont pas couverts ou qui ont été désactivés sans en informer le réseau.

Le réseau sait ainsi qu'un UE en état d'inactivité est situé dans l'un des TA inclus dans l'AR. Lorsqu'un UE est en état d'inactivité et que le réseau a besoin d'atteindre l'UE (par exemple pour envoyer du trafic sur la liaison descendante), le réseau envoie une page à l'UE dans l'AR. La taille des listes d'AT/AT est un compromis entre le nombre de mises à jour d'enregistrement et la charge de pagination dans le système.

Plus les TA sont petits, moins il y a de cellules nécessaires pour biper les UE mais, en revanche, les mises à jour d'enregistrement seront plus fréquentes. Plus les TA sont grands, plus la charge de radiomessagerie dans les cellules est élevée, mais il y aura moins de signalisation pour les mises à jour d'enregistrement en raison des déplacements des UE. Le concept des listes d'AT peut également être utilisé pour réduire la fréquence des mises à jour d'enregistrement dues à la mobilité. Si, par exemple, le mouvement des UE peut être prédit, les listes peuvent être adaptées pour un UE individuel afin de s'assurer qu'il passe moins de frontières, et les UE qui reçoivent beaucoup de messages de radiomessagerie peuvent se voir attribuer des listes TA plus petites, tandis que les UE qui ne sont pas souvent radiomessagés peuvent se voir attribuer des listes TA plus grandes. Le tableau 7.2 résume le concept de zone d'enregistrement et les procédures de mise à jour de la mobilité pour les différents systèmes 3GPP.

Voici un résumé de la procédure de mobilité inactive dans le système 5GS :

- Un AT est constitué d'un ensemble de cellules,
- La zone d'enregistrement dans 5GS est une liste d'une ou plusieurs zones de suivi (liste TA),
- L'UE effectue une mise à jour de l'enregistrement en raison de la mobilité lorsqu'il sort de sa zone d'enregistrement, c'est-à-dire de la liste TA,
- L'UE en état d'inactivité effectue également une mise à jour périodique de l'enregistrement à l'expiration du délai de mise à jour périodique de l'enregistrement.

Tableau 7.2 Représentation de la zone d'enregistrement pour le domaine PS des accès radio 3GPP

Generic concept	5GS	EPS	GSM/WCDMA GPRS
Registration Area	List of Tracking Areas (TA list)	List of Tracking Areas (TA list)	Routing Area (RA)
Registration Area update procedure	Registration procedure	TA Update procedure	RA Update procedure

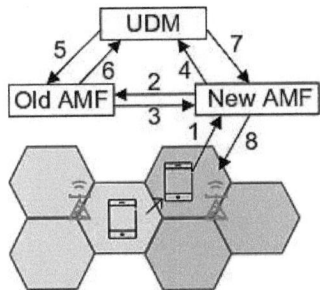

Fig. 4.1 Procédure de mise à jour de l'enregistrement de la mobilité.

La figure 4.1 présente un schéma de haut niveau de la procédure de mise à jour de l'enregistrement pour cause de mobilité (c'est-à-dire lorsque le type d'enregistrement est réglé sur la mise à jour de l'enregistrement pour cause de mobilité - MRU) et comprend les étapes suivantes :

1. Lorsque l'UE resélectionne une nouvelle cellule et se rend compte que l'ID de l'AT diffusée ne figure pas dans la liste des AT de l'AR, l'UE lance une procédure MRU vers le réseau, le NG-RAN achemine la MRU vers un AMF desservant la nouvelle zone.

2. Dès réception du message MRU de l'UE, l'AMF vérifie si un contexte pour cet UE particulier est disponible ; si ce n'est pas le cas, l'AMF vérifie l'identité temporaire de l'UE (5G-GUTI) pour déterminer l'AMF qui conserve le contexte de l'UE. Une fois ce point déterminé, l'AMF demande à l'ancien AMF de lui fournir le contexte de l'UE.

3. L'ancien AMF transfère le contexte de l'UE au nouvel AMF.

4. Une fois que le nouvel AMF a reçu l'ancien contexte de l'UE, il informe l'UDM que le contexte de l'UE a été transféré à un nouvel AMF en s'enregistrant auprès de l'UDM, en s'abonnant pour être notifié lorsque l'UDM désenregistre l'AMF et en obtenant de l'UDM les données relatives à l'abonné de l'UE.

5-6. L'UDM désenregistre le contexte de l'UE (pour le type d'accès 3GPP) dans l'ancien AMF.

7. L'UDM accuse réception du nouvel AMF et insère les nouvelles données de l'abonné dans le nouvel AMF.

8. Le nouvel AMF informe l'UE que l'UFM a réussi et l'AMF fournit un nouveau 5G-GUTI (où le GUAMI renvoie à l'AMF).

La procédure d'enregistrement est également utilisée pour communiquer des informations entre l'UE et le 5GC, qui sont gérées par l'AMF. Par exemple, la procédure d'enregistrement est utilisée par l'UE pour fournir les capacités de l'UE ou les paramètres de l'UE tels que le mode MICO et pour récupérer les informations LADN. Par conséquent, en cas de modification de ces informations, par exemple des capacités de l'UE, l'UE lance une procédure d'enregistrement (le type d'enregistrement étant réglé sur la mise à jour de l'enregistrement de la mobilité - MRU).

4.4 Accessibilité
4.4.1 Recherche de personnes
La radiomessagerie est utilisée pour rechercher des UE inactifs et établir une connexion de signalisation. La radiomessagerie est, par exemple, déclenchée par des paquets de liaison descendante arrivant à l'UPF. Lorsque l'UPF reçoit un paquet de liaison descendante destiné à un UE inactif, il n'a pas d'adresse de tunnel du plan utilisateur NG-RAN à laquelle il peut envoyer le paquet. L'UPF met le paquet en mémoire tampon et informe le SMF qu'un paquet de liaison descendante est arrivé. Le SMF demande à l'AMF de configurer les ressources du plan utilisateur pour la session PDU, et l'AMF, qui sait dans quelle AR l'UE est situé, envoie une demande de radiomessagerie au NG-RAN dans l'AR. Le NG-RAN calcule à quel moment l'UE doit être pagé en utilisant des parties du 5G-S-TMSI (10 bits) de l'UE comme données d'entrée, puis le NG-RAN pager l'UE. Dès réception du message de radiomessagerie, l'UE répond à l'AMF et les ressources du plan utilisateur sont activées afin que le paquet de liaison descendante puisse être acheminé vers l'UE.

4.4.2 Mode MICO (Mobile Initiated Connection Only)
Le mode MICO (Mobile Initiated Connection Only) a été introduit pour permettre d'économiser les ressources de radiomessagerie pour les UE qui n'ont pas besoin d'être disponibles pour la communication de terminaison mobile. Lorsque l'UE est en mode MICO, l'AMF considère l'UE comme inaccessible lorsque l'UE est en état CM-IDLE. L'utilisation du mode MICO ne convient pas à tous les types d'UE et, par exemple, un UE initiant un service d'urgence ne doit pas indiquer sa préférence MICO au cours de la procédure d'enregistrement.

Le mode MICO est négocié (et renégocié) pendant les procédures d'enregistrement, c'est-à-dire que l'UE peut indiquer sa préférence pour le mode MICO et l'AMF décide si le mode MICO peut être activé en tenant compte de la préférence de l'UE ainsi que d'autres informations telles que l'abonnement de l'utilisateur et les politiques du réseau. Lorsque l'AMF indique le mode MICO à un UE, l'AR n'est pas limitée par la taille de la zone de radiomessagerie. Si la zone de desserte de l'AMF est l'ensemble du PLMN, l'AMF peut fournir à l'UE une AR "tout PLMN".

Dans ce cas, le réenregistrement dans le même PLMN en raison de la mobilité ne s'applique pas.

4.4.3 Accessibilité et localisation de l'UE

Le système 5GS prend également en charge les services de localisation de la même manière que le système EPS (voir le chapitre 3), mais il permet également à toute FN autorisée (par exemple SMF, PCF ou NEF) dans le 5GC de s'abonner aux rapports d'événements liés à la mobilité de l'UE.

La FN qui souscrit à un événement lié à la mobilité de l'UE peut le faire en fournissant les informations suivantes à l'AMF :

- Si la localisation ou la mobilité de l'UE par rapport à une zone d'intérêt doit être signalée

- Dans le cas où une zone d'intérêt est demandée, le FN spécifie la zone comme suit :

  ➢ Liste des zones de suivi, liste des cellules ou liste des nœuds NG-RAN.
  ➢ Si la FN veut obtenir une zone LADN, la FN (par exemple SMF) fournit le DNN LADN pour référencer la zone de service LADN en tant que zone d'intérêt.
  ➢ Si une zone de signalement de présence est demandée comme zone d'intérêt, le FN (par exemple SMF ou PCF) peut fournir un identifiant pour faire référence à une zone prédéfinie configurée dans l'AMF.

- Informations sur les rapports d'événements : mode de rapport d'événements (par exemple, rapport périodique), nombre de rapports, durée maximale du rapport, condition de rapport d'événements (par exemple, lorsque l'UE cible s'est déplacé dans une zone d'intérêt spécifiée).

- L'adresse de notification, c'est-à-dire l'adresse de la FN à laquelle l'AMF doit fournir les notifications, qui peut être une autre FN que celle qui s'est inscrite à l'événement.

- La cible du rapport d'événement qui indique un UE spécifique, un groupe d'UE ou n'importe quel UE (c'est-à-dire tous les UE).

En fonction des informations auxquelles la FN souscrit, l'AMF peut avoir besoin d'utiliser le NG-RAN pour obtenir des informations de localisation précises. Dans ce cas, l'AMF suit les événements liés à la mobilité souscrits par chaque FN à l'égard d'un UE ou d'un groupe d'UE. L'AMF utilise ensuite les rapports de localisation du NG-RAN pour récupérer les informations de localisation. Les rapports de localisation du NG-RAN fournissent une identification au niveau de la cellule, mais l'UE doit alors être maintenu en état CM-CONNECTED et RRC-CONNECTED (par exemple, si l'UE est en état RRC Inactif, le NG-RAN peut signaler la localisation comme étant "inconnue"). En général, la précision au niveau de la cellule est nécessaire, par exemple, pour les services d'urgence et l'interception légale, mais elle peut aussi être utilisée via l'AMF si les FN le demandent dans le 5GC. Lorsque la présence de l'UE dans une zone d'intérêt est demandée, l'AMF fournit une ou plusieurs zones (jusqu'à 64) au NG-RAN sous la forme d'une liste d'AT, d'une liste d'identités de cellules ou d'une liste d'identités de nœuds du NG-RAN.

4.5 Autres concepts liés au MM

4.5.1 CRR Inactif
La version 15 prend en charge une communication efficace avec une signalisation minimale en utilisant un concept appelé RRC Inactif qui affecte l'UE, le NG-RAN et le 5GC. RRC Inactif est un état dans lequel un UE reste en état CM-CONNECTED (c'est-à-dire au niveau NAS) et peut se déplacer dans une zone configurée par NG-RAN (la zone de notification RAN - RNA) sans notifier le réseau. La RNA est un sous-ensemble de la RA allouée par l'AMF.

Lorsque l'UE est dans l'état RRC inactif, les dispositions suivantes s'appliquent :

- La joignabilité de l'UE est gérée par le NG-RAN, avec des informations d'assistance provenant du 5GC ;
- La radiomessagerie de l'UE est gérée par le NG-RAN ;
- L'UE surveille la recherche de personnes avec une partie de l'identifiant 5GC (5G S-TMSI) et NG-RAN de l'UE.

En mode RRC inactif, le dernier nœud NG-RAN desservant conserve le contexte de l'UE et les connexions NG (N2 et N3) associées à l'UE avec l'AMF et l'UPF desservants. Par conséquent, il n'est pas nécessaire que l'UE émette un signal vers le 5GC avant d'envoyer des données du plan utilisateur.

Le NG-RAN contrôle le moment où l'UE est mis en état d'inactivité RRC pour économiser les ressources RRC, et le 5GC fournit au NG-RAN des informations d'assistance d'inactivité RRC pour permettre au NG-RAN de mieux juger de l'opportunité d'utiliser l'état d'inactivité RRC. Les informations d'assistance à l'inactivité RRC sont par exemple les valeurs DRX spécifiques à l'UE, le RA fourni à l'UE, le délai de mise à jour périodique de l'enregistrement, si le mode MICO est activé pour l'UE, et la valeur de l'indice d'identité de l'UE (c'est-à-dire les 10 bits du 5G-S-TMSI de l'UE) permettant au NG-RAN de calculer les occasions de radiomessagerie NG-RAN de l'UE. Les informations sont fournies par l'AMF lors de l'activation N2 et l'AMF fournit des informations mises à jour, par exemple si l'AMF attribue une nouvelle AR à l'UE.

Dans la figure 7.2, l'UE s'est vu attribuer une AR et, à l'intérieur de celle-ci, une zone de notification RAN (cellules gris foncé). L'UE est libre de se déplacer à l'intérieur de la RNA (cellules gris foncé) sans en avertir le réseau, tandis que s'il sort de la RNA tout en restant dans l'AR (par exemple dans une autre cellule gris foncé), il effectue une mise à jour de la RNA pour permettre au NG-RAN de mettre à jour le contexte de l'UE et les connexions associées à l'UE. Si l'UE se déplace en dehors de l'AR (cellules gris clair), il doit également en informer le 5GC par une procédure d'enregistrement avec le type d'enregistrement réglé sur la mise à jour de l'enregistrement de la mobilité.

Bien que l'état RRC inactif se situe dans un état CM-CONNECTED, l'UE effectue de nombreuses actions similaires à l'état RRC inactif, c'est-à-dire que l'UE fait :

- Sélection PLMN ;
- Sélection et resélection des cellules ;
- Enregistrement des lieux et mise à jour de l'ARN.

Les procédures de sélection du PLMN, de sélection et de resélection de cellule, ainsi que l'enregistrement de la localisation sont effectués à la fois pour l'état d'inactivité de la CRR et pour l'état d'inactivité de la CRR. Toutefois, la mise à jour de l'ARN ne s'applique qu'à l'état d'inactivité de la CRR, et lorsque l'UE sélectionne un nouveau PLMN, il passe de l'état d'inactivité de la CRR à l'état d'inactivité de la CRR.

Lorsque l'UE est en état de connexion RRC, l'AMF est informé des cellules auxquelles l'UE est connecté, mais lorsque l'UE est en état d'inactivité RRC, l'AMF ne sait pas à quelle cellule l'UE est connecté et si l'UE est en état de connexion RRC ou en état d'inactivité RRC. Toutefois, l'AMF peut s'abonner pour être informé des transitions de l'UE entre les états RRC connecté et RRC inactif (les deux sont des états CM-CONNECTED), à l'aide d'une procédure de notification N2 (appelée demande de rapport de transition RRC inactif). Si l'AMF a demandé à être notifié en continu des transitions d'état, le NG-RAN continue la notification jusqu'à ce que l'UE passe à l'état CM-IDLE ou que l'AMF envoie une indication d'annulation. L'AMF peut également s'abonner pour être informé de la localisation de l'UE.

Si l'UE reprend la connexion RRC dans un nœud NG-RAN différent au sein du même PLMN ou d'un PLMN équivalent, le contexte AS de l'UE est récupéré à partir du dernier nœud NG-RAN desservant et une procédure est déclenchée vers le 5GC pour mettre à jour le plan de l'utilisateur (connexions N3).

Fig. 4.2 Relation entre la zone d'enregistrement et l'ARN.

4.6 Gestion N2

Dans le système EPS, lorsqu'un UE s'attache à l'EPC et se voit attribuer un 4G-GUTI, celui-ci est associé à un MME spécifique et s'il est nécessaire de déplacer l'UE vers un autre MME, l'UE doit être mis à jour avec un nouveau 4G-GUTI. Cela peut présenter un inconvénient, par exemple si l'UE utilise un mécanisme d'économie d'énergie ou si un grand nombre d'UE doivent être mis à jour en même t e m p s . Avec 5GS et N2, il est possible de déplacer un ou plusieurs UE vers un autre AMF sans qu'il soit immédiatement nécessaire de mettre à jour l'UE avec un nouveau 5G-GUTI. Le réseau 5G-AN et l'AMF sont reliés par une couche de réseau de transport utilisée pour transporter la signalisation des messages NGAP entre eux. Le protocole de transport utilisé est le SCTP. Les points d'extrémité SCTP de la 5G-AN et de l'AMF établissent entre eux des associations SCTP qui sont identifiées par les adresses de transport utilisées. Une association SCTP est généralement appelée association de couche de réseau de transport (TNLA).

Le point de référence N2 (également appelé NG dans les spécifications RAN3, par exemple 3GPP TS 38.413) entre le 5G-AN et le 5GC (AMF) prend en charge différents déploiements des AMF, par exemple

(1) une instance AMF NF qui utilise des techniques de virtualisation telles qu'elle peut fournir les services vers la 5G-AN de manière distribuée, redondante, sans état et évolutive et qu'elle peut fournir les services à partir de plusieurs emplacements, ou
(2) un ensemble AMF qui utilise plusieurs instances AMF NF au sein de l'ensemble AMF et les multiples fonctions de réseau AMF sont utilisées pour permettre les caractéristiques distribuées, redondantes, sans état et évolutives.

En règle générale, la première option de déploiement nécessiterait des opérations sur N2 telles que l'ajout et la suppression de TNLA, ainsi que la libération de TNLA et le rebasage de l'association NGAP UE à un nouveau TNLA vers le même AMF. La seconde option nécessiterait les mêmes opérations, mais aussi des opérations d'ajout et de suppression d'AMF et de réattribution d'associations NGAP UE à de nouveaux AMF au sein de l'ensemble AMF.

Le point de référence N2 prend en charge une forme de configuration auto-automatique. Au cours de ce type de configuration, les nœuds 5G-AN et les AMF échangent des informations NGAP sur ce que chaque partie prend en charge, par exemple, le nœud 5G-AN indique les TA pris en charge, tandis que l'AMF indique les ID PLMN pris en charge et les GUAMI desservis. L'échange est effectué par la procédure NG SETUP et, si des mises à jour sont nécessaires, par la procédure RAN ou AMF CONFIGURATION UPDATE. La procédure AMF CONFIGURATION UPDATE peut également être utilisée pour gérer les associations TNL utilisées par la 5G-AN. Ces messages sont des exemples de messages N2 non associés à l'UE car ils concernent l'ensemble de l'instance d'interface NG entre le nœud 5G-AN et l'AMF utilisant une connexion de signalisation non associée à l'UE.

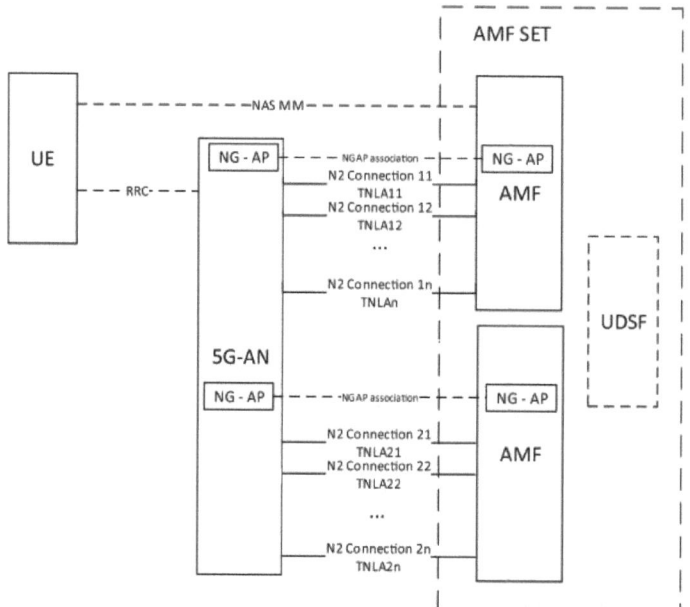

Fig. 4.3 Point de référence N2 avec TNLA comme moyen de transport.

4.6.1 Gestion de l'AMF

Le 5GC, y compris le N2, prend en charge la possibilité d'ajouter et de supprimer des AMF des ensembles AMF. Dans le cadre de la 5GC, le NRF est mis à jour (ainsi que le système DNS pour l'interfonctionnement avec l'EPS) avec les nouvelles FN lorsqu'elles sont ajoutées, et le profil de la FN de l'AMF comprend le ou les GUAMI que l'AMF gère. Pour un GUAMI, il peut également y avoir un ou plusieurs AMF de secours enregistrés dans le NRF (par exemple, à utiliser en cas de défaillance ou de suppression planifiée d'un AMF).

La suppression planifiée d'un AMF peut être effectuée soit par l'AMF qui stocke les contextes des UE enregistrés dans une UDSF (fonction de stockage de données non structurées), soit par l'AMF qui se désenregistre du NRF, auquel cas l'AMF notifie à la 5G-AN qu'elle ne sera pas disponible pour traiter les transactions pour le(s) GUAMI(s) configuré(s) sur cet AMF. En outre, l'AMF peut initialement réduire la charge en modifiant le facteur de pondération de l'AMF vis-à-vis du 5G-AN, par exemple en le fixant à zéro, ce qui amène le 5G-AN à sélectionner d'autres AMF au sein de l'ensemble AMF pour les nouveaux UE entrant dans la zone.

4.6.2 Assistance 5GC pour l'optimisation des réseaux RAN

Comme les informations sur le contexte de l'UE ne sont pas conservées dans le NG-RAN lorsque l'UE passe à l'état RRC-IDLE, il peut être difficile pour le NG-RAN d'optimiser la logique relative à l'UE, car le comportement spécifique de l'UE est inconnu, à moins que l'UE n'ait été en état RRC-CONNECTED pendant un certain temps. Il existe des moyens spécifiques au NG-RAN pour récupérer ces informations sur l'utilisateur, par exemple les informations sur l'historique de l'utilisateur peuvent être transférées entre les nœuds du NG-RAN. Pour faciliter davantage une décision optimisée dans le NG-RAN, par exemple pour la transition d'état RRC de l'UE, la décision de transition d'état CM et la stratégie optimisée du NG-RAN pour l'état RRC-INACTIF, l'AMF peut fournir des informations d'assistance 5GC au NG-RAN.

Le 5GC dispose d'une meilleure méthode pour stocker les informations relatives à l'UE pendant une période plus longue et d'un moyen de récupérer les informations auprès d'entités externes par l'intermédiaire d'interfaces externes. Lorsqu'elles sont calculées par le 5GC (AMF), les algorithmes utilisés et les critères correspondants, ainsi que la décision d'envoyer les informations au NG-RAN lorsqu'elles sont considérées comme appropriées et stables, sont propres à chaque fournisseur.

Par conséquent, les informations d'assistance envoyées au réseau NG-RAN sont souvent accompagnées d'informations, qu'elles soient dérivées de statistiques ou récupérées par le biais d'informations d'abonnement (par exemple, définies par des accords ou via une API).

Les informations relatives à l'assistance de 5GC sont divisées en trois parties :

- Réglage des paramètres RAN assisté par le réseau central ;
- Informations de radiomessagerie du RAN assistées par le réseau central ;
- Information sur l'assistance inactive de la CRR.

Le réglage des paramètres RAN assisté par le réseau central permet au NG-RAN de comprendre le comportement de l'UE afin d'optimiser la logique NG-RAN, par exemple la durée pendant laquelle l'UE doit rester dans des états spécifiques.

4.6.3 Zone de service et restrictions de mobilité

Les restrictions de mobilité permettent au réseau, principalement par le biais d'abonnements, de contrôler la gestion de la mobilité de l'UE ainsi que la manière dont l'UE accède au réseau. Une logique similaire à celle utilisée dans EPS est appliquée dans 5GS, mais avec quelques nouvelles fonctionnalités ajoutées.

Le 5GS prend en charge les éléments suivants :

- Restriction RAT :

Définit la ou les technologies d'accès radio 3GPP auxquelles un UE n'est pas autorisé à accéder dans un PLMN et peut être fourni par le 5GC au NG-RAN dans le cadre des restrictions de mobilité. La restriction RAT est appliquée par le NG- RAN lors de la mobilité en mode connecté.

- Zone interdite :

Une zone interdite est une zone dans laquelle l'UE n'est pas autorisé à établir une communication avec le réseau pour le PLMN.

- Restriction du type de réseau central :

Définit si l'UE est autorisé à accéder au 5GC, à l'EPC ou aux deux pour l'appel d'offres.
PLMN.

- Restriction de la zone de service :

Définit les zones contrôlant si l'UE est autorisé à entamer une communication pour les services suivants :

- Zone autorisée : Dans une zone autorisée, l'UE est autorisé à établir une communication avec le réseau comme le permet l'abonnement.
- Zone non autorisée : Dans une zone non autorisée, un UE est "limité à la zone de service", ce qui signifie que ni l'UE ni le réseau ne sont autorisés à initier une signalisation pour obtenir des services d'utilisateur (à la fois dans les états CM-IDLE et CM-CONNECTED).

L'UE effectue la signalisation liée à la mobilité comme d'habitude, par exemple les mises à jour de l'enregistrement de la mobilité lorsqu'il quitte l'AR. L'UE dans une zone non autorisée répond aux messages initiés par 5GC, ce qui permet d'informer l'UE que, par exemple, la zone est désormais autorisée.

Les restrictions de type RAT, zone interdite et réseau central fonctionnent de la même manière que dans EPS, mais la restriction de la zone de service est un nouveau concept. Comme indiqué précédemment, il a été développé pour mieux prendre en charge les cas d'utilisation qui ne nécessiteraient pas une prise en charge complète de la mobilité.

4.7 Méthode de commandement et de contrôle

La méthode conventionnelle d'attribution du spectre est connue sous le nom de "méthode de commande et de contrôle", comme le montre la figure 4.1. Certains pays utilisent cette technique d'attribution du spectre. Dans cette méthode, le spectre radioélectrique est divisé en différentes bandes de fréquences qui sont autorisées à des services de radiocommunication spécifiques tels que les services par satellite, les services mobiles et les services de radiodiffusion sur une base exclusive.

Cette méthode garantit que le spectre des fréquences radio sera exclusivement concédé à un utilisateur autorisé et qu'il pourra utiliser le spectre sans aucune interférence.

Cette méthode d'attribution du spectre n'est pas efficace pour les raisons suivantes :

- Le spectre attribué à un service de radiocommunication particulier ne peut être remplacé par d'autres services, même si l'on constate que ce spectre est sous-utilisé.
- Il n'est pas possible d'interroger l'utilisateur une fois que le spectre lui a été attribué (pendant la période d'octroi des licences) conformément aux normes, à condition qu'il respecte les conditions générales.

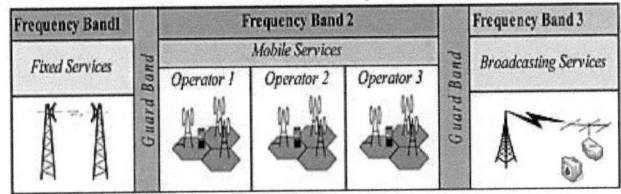

Figure 4.4 Méthode de commandement et de contrôle

- Cette méthode ne permet pas d'utiliser efficacement le spectre dans les zones rurales, car l'utilisation du spectre est importante dans les régions urbaines et sous-utilisée dans les zones rurales.

Il est triste de constater que le spectre est sous-utilisé et qu'il n'est pas accessible à tous. Il est difficile pour certains pays de fournir eux-mêmes des services 4G. Il est nécessaire de prendre des mesures sérieuses pour gérer les problèmes de spectre en mettant en œuvre des technologies sophistiquées pour le développement de la nation. Dans ce cas, des techniques telles que l'échange de fréquences seraient une solution efficace. Cela ne peut que conduire au développement des communications 5G dans ces types de pays.

4.7.1 Qu'est-ce qu'une attaque par commandement et contrôle ?

Les attaques malveillantes sur les réseaux se sont multipliées au cours de la dernière décennie. L'une des attaques les plus préjudiciables, souvent exécutée par DNS, est réalisée par le biais de la commande et du contrôle, également appelés C2 ou C&C. Le commandement et le contrôle sont définis comme une technique utilisée par les acteurs de la menace pour communiquer avec des dispositifs compromis sur un réseau.

Le C2 implique généralement un ou plusieurs canaux secrets, mais selon l'attaque, les mécanismes spécifiques peuvent varier considérablement. Les attaquants utilisent ces canaux de communication pour donner des instructions à l'appareil compromis afin de télécharger d'autres logiciels malveillants, de créer des réseaux de zombies ou d'exfiltrer des données.

Selon le cadre ATT&CK de MITRE, il existe plus de 16 tactiques différentes de commandement et de contrôle utilisées par les adversaires, y compris de nombreuses sous techniques :

1. Protocole de la couche application
2. Communication par le biais de supports amovibles
3. Encodage des données
4. Obfuscation des données
5. Résolution dynamique
6. Canal crypté
7. Canaux de repli
8. Transfert d'outils d'infiltration
9. Canaux à plusieurs étages
10. Protocole de la couche non applicative
11. Port non standard
12. Tunnels de protocole
13. Proxy
14. Logiciel d'accès à distance
15. Signalisation routière
16. Service Web

4.7.2 Comment fonctionne une attaque par commandement et contrôle

L'attaquant commence par s'implanter pour infecter la machine cible, qui peut se trouver derrière un <u>pare-feu de nouvelle génération</u>. Cela peut se faire de différentes manières :

- Par le biais d'un courriel d'hameçonnage qui :
  - incite l'utilisateur à suivre un lien vers un site web malveillant ou
  - l'ouverture d'une pièce jointe qui exécute un code malveillant.
- Par le biais de failles de sécurité dans les modules d'extension des navigateurs.
- via d'autres logiciels infectés.

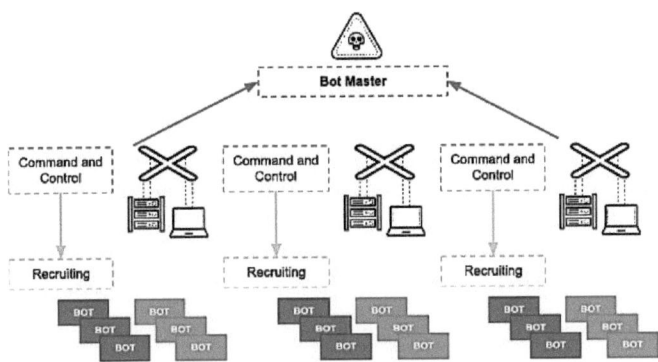

Fig. 4.5 Attaque de commandement et de contrôle

Une fois la communication établie, la machine infectée envoie un signal au serveur de l'attaquant, à la recherche de sa prochaine instruction. L'hôte compromis exécute les commandes du serveur C2 de l'attaquant et peut installer des logiciels supplémentaires. De nombreux attaquants tentent de mélanger le trafic C2 avec d'autres types de trafic légitime comme HTTP/HTTPS ou DNS. L'objectif est d'éviter d'être détecté.

L'attaquant a désormais le contrôle total de l'ordinateur de la victime et peut exécuter n'importe quel code. Le code malveillant se propage généralement à d'autres ordinateurs, créant ainsi un botnet - un réseau d'appareils infectés. De cette manière, un pirate peut obtenir le contrôle total d'un réseau d'entreprise.

Le commandement et le contrôle constituent l'une des dernières étapes de la chaîne de la mort (selon l'expression de Lockheed Martin). Il se produit juste avant que les acteurs de la menace n'atteignent leurs objectifs. Cela signifie que l'attaquant a déjà contourné les autres outils de sécurité éventuellement mis en place. Il est donc essentiel que les professionnels de la sécurité découvrent et préviennent rapidement le C2.

4.7.3 Types de techniques de commandement et de contrôle

Les attaques C2C utilisent trois modèles différents. Ces modèles dictent la manière dont la machine infectée communiquera avec le serveur de commande et de contrôle. Chacun d'entre eux a été conçu pour échapper le plus efficacement possible à la détection.

1. **Architecture centralisée**

Il s'agit probablement du modèle le plus courant, qui s'apparente à une architecture transactionnelle client-serveur. Lorsqu'un nouvel ordinateur est infecté par un bot, il rejoint le botnet en établissant une connexion avec le serveur C&C. Une fois qu'il a rejoint le canal, le bot attend sur le serveur C&C les ordres du botmaster. Une fois qu'il a rejoint le canal, le bot attend sur le serveur C&C les ordres du botmaster. Les attaquants utilisent souvent des services d'hébergement prévalents pour les serveurs C2c.

Ce modèle peut être facile à détecter et à bloquer, car les commandes proviennent d'une seule source. L'IP peut donc être rapidement détectée et bloquée. Cependant, certains cybercriminels ont adapté leur approche en utilisant des balances de charge, des redirecteurs et des proxys dans leur configuration. Dans ce cas, la détection est plus difficile.

2. **Architecture peer to peer (P2P)**
Ce modèle est décentralisé. Plutôt que de s'appuyer sur un serveur central, les membres du botnet transfèrent les commandes entre les nœuds. Le modèle P2P est donc beaucoup plus difficile à détecter. Même s'il est détecté, il n'est généralement possible d'abattre qu'un seul nœud à la fois.

Le modèle pair-à-pair est souvent utilisé en tandem avec le modèle centralisé pour une configuration hybride. L'architecture P2P sert de solution de repli lorsque le serveur principal est compromis ou mis hors service.

3. **Architecture aléatoire**
Le modèle d'architecture aléatoire est de loin le plus difficile à détecter. C'est une question de conception. L'objectif est d'empêcher le personnel de sécurité de tracer et d'arrêter le serveur C&C ou d'identifier la chaîne de commandement du réseau de zombies. Ce modèle fonctionne en transmettant des communications à l'hôte infecté (ou au réseau de zombies) à partir de sources disparates :
- Salons de discussion IRC
- CDN
- Commentaires sur les médias sociaux
- Courriel

Les cybercriminels augmentent leurs chances de succès en sélectionnant des sources fiables et couramment utilisées.

Appareils visés par le C&C
Les attaques de commandement et de contrôle peuvent viser pratiquement

n'importe quel dispositif informatique, y compris, mais sans s'y limiter.
- Téléphones intelligents
- Tablettes
- Ordinateurs de bureau
- Ordinateurs portables
- Dispositifs IoT

Les dispositifs IoT sont potentiellement exposés à un risque accru de C&C pour diverses raisons :

- Ils sont difficiles à contrôler en raison d'interfaces utilisateur limitées.
- Les appareils IoT sont généralement peu sûrs par nature.
- Les objets intelligents sont rarement corrigés, voire jamais.
- Les appareils de l'internet des objets partagent de grandes quantités de données via l'internet.

4.7.4 Ce que les pirates informatiques peuvent accomplir grâce au commandement et au contrôle

1. **Livraison de logiciels malveillants** : En prenant le contrôle d'une machine compromise au sein du réseau d'une victime, les adversaires peuvent déclencher le téléchargement de logiciels malveillants supplémentaires.

2. **Vol de données** : Des données sensibles, telles que des documents financiers, peuvent être copiées ou transférées sur le serveur d'un pirate.

3. **Arrêt** : Un attaquant peut mettre hors service une ou plusieurs machines, voire mettre hors service le réseau d'une entreprise.

4. **Redémarrage** : Les ordinateurs infectés peuvent s'éteindre et redémarrer de manière soudaine et répétée, ce qui peut perturber le fonctionnement normal de l'entreprise.

5. **Évasion de la défense** : Les attaquants tentent généralement d'imiter le trafic normal et attendu afin d'éviter d'être détectés. En fonction du réseau de la victime, les attaquants établissent un commandement et un contrôle avec différents niveaux de furtivité pour contourner les outils de sécurité.

6. **Déni de service distribué** : Les attaques DDoS submergent les serveurs ou les réseaux en les inondant de trafic internet. Une fois qu'un réseau de zombies est établi, un attaquant peut ordonner à chaque zombie d'envoyer une requête à l'adresse IP ciblée. Cela crée un embouteillage de requêtes pour le serveur ciblé.

Le résultat est comparable à un bouchon sur une autoroute : le trafic légitime vers l'adresse IP attaquée se voit refuser l'accès. Ce type d'attaque peut être utilisé pour mettre hors service un site web. En savoir plus sur les attaques DDoS réelles.

Les attaquants d'aujourd'hui peuvent personnaliser et reproduire le code C2 malveillant, ce qui leur permet d'échapper plus facilement à la détection. Cela est dû aux outils d'automatisation sophistiqués qui sont maintenant disponibles, bien qu'ils soient traditionnellement utilisés par les équipes rouges de sécurité.

4.8 Partage du spectre

La demande de contenu multimédia et de traitement de l'information, de services tels que l 'éducation et la santé en ligne, la radiodiffusion mobile et l'augmentation considérable du nombre de gadgets électroniques nécessitent une utilisation efficace de tout le spectre de fréquences disponible et utilisable. La nouvelle génération de réseaux mobiles à large bande devra supporter des débits de données plus élevés.

De nombreuses technologies sophistiquées ont été mises en œuvre pour utiliser efficacement le spectre disponible. Par exemple, les systèmes en visibilité directe (LOS) sont désormais utilisables jusqu'à 100 GHz. La réduction de la taille des composants et des systèmes électroniques permet d'introduire plusieurs bandes de fréquences dans un seul équipement, ce qui conduit à une utilisation efficace du spectre disponible grâce à un partage dynamique amélioré des bandes de fréquences.

La gestion du spectre devrait être telle qu'il y ait toujours un partage optimal du spectre. Un meilleur partage des fréquences et des bandes permet à différents utilisateurs d'envoyer plus de données dans la même quantité de spectre disponible.

Le partage du spectre comporte essentiellement trois dimensions : la fréquence, le temps et l'emplacement. L'utilisation collective du spectre (CUS) permet à plusieurs utilisateurs d'utiliser le spectre simultanément sans avoir besoin d'une licence. Parmi les exemples de partage du spectre, on peut citer le concept de réutilisation des fréquences dans les réseaux de télécommunications existants, l'AMFD et l'AMRT. Un autre défi important est le partage du spectre entre les réseaux hétérogènes. Alors qu'il est plus facile de parvenir à un partage efficace et réussi du spectre entre des réseaux ou des applications homogènes ou similaires, les réseaux hétérogènes présentent une certaine complexité.

Les méthodes de partage du spectre sont classées en trois catégories en fonction du niveau de priorité d'accès au spectre radioélectrique :

a. Partage horizontal du spectre : tous les appareils ont les mêmes droits d'accès au spectre.
b. Transfert vertical du spectre uniquement : les utilisateurs principaux se voient attribuer des priorités d'accès au spectre.
c. Partage hiérarchique du spectre : il s'agit d'une variante améliorée du partage vertical du spectre.

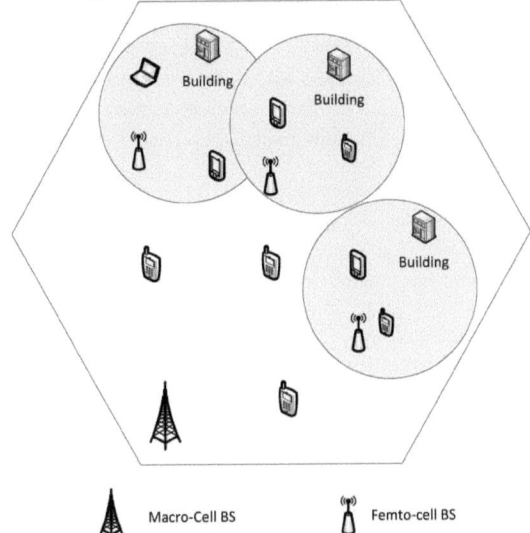

Fig.4.6 Un réseau HetNet multi-niveaux avec partage du spectre dans lequel le spectre est détenu par la macro-cellule et partagé avec les autres niveaux.

4.8.1 Spectre utilisant la radio logicielle et la radio cognitive - Partage dynamique

L'évolution de la radio logicielle (SDR) et de la radio cognitive (CR) sont deux étapes majeures dans les communications mobiles. Le partage dynamique du spectre améliore l'efficacité du spectre et les technologies susmentionnées jouent un r ô l e essentiel à cet égard.

Traditionnellement, les émetteurs étaient réglés sur des fréquences spécifiques, et les installations pour des fréquences multiples coûtaient cher. Mais après le développement de ces technologies, il est devenu plus facile de régler les émetteurs sur des fréquences multiples, c'est-à-dire qu'il est possible de passer à des fréquences différentes de manière dynamique à un coût raisonnable.

La radio cognitive détecte d'abord l'occupation du canal, et s'il est occupé, elle aide les utilisateurs à passer à d'autres canaux vacants. Les signaux porteurs sont également détectés régulièrement pour être utilisés dans d'autres canaux. En cas d'urgence ou de sécurité publique, on a toujours besoin d'une grande quantité de spectre par rapport aux conditions normales. Dans ces cas d'urgence, le partage dynamique du spectre serait une solution prometteuse. Dans certains pays, des régulateurs de spectre sont utilisés pour encourager le partage dynamique du spectre avec les exigences de sécurité publique. Il convient de noter que la RC est une combinaison de techniques administratives (réglementaires), techniques et basées sur le marché pour améliorer l'efficacité de l'utilisation du spectre.

Les espaces blancs (bande de télévision) constituent un autre domaine d'utilité pour le partage dynamique. Normalement, les diffuseurs TV répètent le même canal/la même porteuse à des distances relativement plus longues, afin d'éviter toute interférence, en particulier à la frontière/à la limite des zones de couverture qui se trouvent à la frontière de deux transmissions adjacentes sur le même canal. Cependant, il y a très peu de récepteurs dans cette zone, et l'utilisation du spectre n'est pas efficace et pourrait être utilisée à d'autres fins.

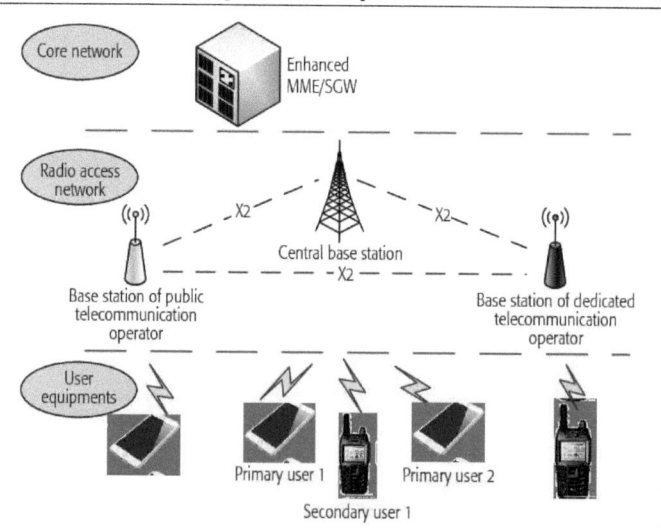

Fig. 4.7 Partage dynamique du spectre entre utilisateurs actifs et passifs

Les radiodiffuseurs protègent généralement très bien leurs transmissions de signaux, même dans les zones situées au-delà des zones de couverture théoriques. Par conséquent, seuls les systèmes de faible puissance qui causent un minimum d'interférences peuvent être envisagés pour une utilisation partagée du spectre TV. Toutefois, avec le temps et la confiance collective des utilisateurs, y compris des radiodiffuseurs, des systèmes de plus forte puissance pourraient être envisagés.

Le partage du spectre n'est pas une tendance universelle pour tous les régulateurs et les approches adoptées ne sont pas non plus similaires pour tous les régulateurs. Les modèles de partage du spectre sont assez diversifiés dans le monde. Dans sa forme la plus simple, il implique la location d'une quantité donnée d'ondes dans une zone de service sous licence pour une période convenue d'un commun accord. La quantité d'ondes louée est à la disposition des autres détenteurs de licence pendant la période de location et peut être utilisée de manière optimale pour la conception du réseau et des services abordables.

Le partage du spectre englobe plusieurs techniques - certaines administratives, techniques et basées sur le marché. Le partage peut se faire par l'octroi de licences et/ou par des accords commerciaux impliquant la location et l'échange de fréquences. Le spectre peut également être partagé dans plusieurs dimensions : le temps, l'espace et la géographie. La limitation de la puissance d'émission est également un facteur qui peut être utilisé pour permettre le partage. Les dispositifs à faible puissance dans le domaine commun du spectre fonctionnent sur la base de cette caractéristique principale : la propagation du signal qui tire parti des techniques de réduction de la puissance et des interférences. Le partage du spectre peut être réalisé par des moyens techniques utilisant des technologies avancées en évolution, telles que la radio cognitive.

Un problème commun aux technologies innovantes et aux méthodes fondées sur le marché est de parvenir à un juste équilibre. La résolution des problèmes d'interférence inhérents aux méthodes fondées sur le principe de la neutralité technologique est une question d'une grande importance. Les interférences ne peuvent être éliminées et, par conséquent, l'identification de modèles de gestion des interférences qui soutiennent le partage du spectre dans le cadre de méthodes administratives, de méthodes fondées sur le marché ou de biens communs du spectre, reste une exigence et un défi permanents pour les gestionnaires du spectre.

4.8.2 Partage administratif

La gestion administrative du partage du spectre implique généralement les processus du régulateur pour déterminer où le partage doit avoir lieu et quelles règles doivent s'appliquer. Elle comprend également la définition des règles de partage pour les performances des systèmes radio et les normes techniques applicables, les spécifications des équipements et l'approbation du type d'équipement. Le régulateur peut prendre plusieurs mesures pour améliorer le partage du spectre :

• Établir des politiques d'attribution du spectre et d'octroi de licences fondées sur les demandes du marché et adopter des procédures équitables, efficaces et transparentes pour l'octroi des licences. Cela peut signifier le lancement d'un processus d'évaluation des attributions existantes et la détermination de la quantité de spectre pouvant être attribuée sur une base partagée ou non exclusive.
• Réaliser un audit indépendant des fréquences détenues afin d'identifier les bandes dans lesquelles des changements immédiats peuvent être apportés.
• Mener des consultations avec les parties prenantes afin d'obtenir les informations nécessaires pour étayer les décisions relatives au partage et aux normes techniques.
• Encourager les solutions basées sur des négociations entre les parties concernées, y compris le paiement de compensations.
• Établir des spécifications qui encouragent l'utilisation de technologies économes en spectre et mettre en place des mécanismes tels que l'utilisation d'incitations financières pour amorcer la transition des attributions et des assignations.

4.8.2 Partage basé sur le marché

L'utilisation économiquement efficace du spectre signifie la maximisation de la valeur des résultats produits à partir du spectre disponible. Les approches fondées sur le marché, telles que les ventes aux enchères et les échanges de fréquences, sont considérées comme des moyens plus efficaces d'atteindre l'efficacité économique que les méthodes administrées. Les méthodes fondées sur le marché fonctionnent mieux lorsque la demande est suffisante et que les règles et les droits sont clairs.

• Les méthodes de marché sont employées à la fois lors de l'émission primaire des licences d'utilisation du spectre, lorsque des enchères sont utilisées, et, plus significativement, en permettant l'achat et la vente de droits d'utilisation du spectre pendant la durée de vie d'une licence et en autorisant un changement d'utilisation du spectre en question.

• Dans les cas où le spectre est une ressource rare, et comme toutes les ressources rares dans un marché concurrentiel, les décisions d'attribution efficaces sont basées sur les prix. Les ventes aux enchères bien conçues et correctement gérées sont intéressantes car elles garantissent que les fréquences sont attribuées à l'entreprise qui fait l'offre la plus élevée et qui peut, dans certaines conditions, être l'entreprise la plus efficace.

4.8.4   Techniquement possible Partage

L'utilisation techniquement efficace du spectre, à un niveau de base, implique l'utilisation la plus complète possible de tout le spectre disponible. L'occupation et le débit de données sont deux mesures de l'efficacité technique. Le temps, par exemple, peut être utilisé comme mesure de l'efficacité technique, dans le sens de la constance ou de l'intensité de l'utilisation du spectre dans le temps. Le débit de données correspond à l a quantité de données et d'informations pouvant être transmises pour une capacité de spectre donnée. Les technologies de partage du spectre, notamment l'étalement du spectre, l'accès dynamique et la bande ultra-large (UWB) sont décrites ci-dessous.

4.8.4.1   Technologies sous-jacentes - Bande ultralarge et spectre étalé

La technique du spectre sous-jacent est un principe de gestion du spectre selon lequel des signaux à très faible densité spectrale de puissance peuvent coexister, en tant qu'utilisateur secondaire, avec les utilisateurs principaux de la ou des bandes de fréquences. Les utilisateurs principaux déploient des systèmes dont la densité de puissance est beaucoup plus élevée. La sous-couche entraîne une augmentation modeste du bruit de fond pour ces utilisateurs primaires.

En raison des niveaux d'émission extrêmement faibles actuellement autorisés par les organismes de réglementation, les systèmes UWB ont tendance à être des applications à courte portée et à l'intérieur. Cependant, en raison de la courte durée des impulsions UWB, il est plus facile de concevoir des débits de données extrêmement élevés, et l e débit de données peut être facilement échangé contre la portée en agrégeant simplement l'énergie de l'impulsion par bit de données en utilisant soit une intégration simple, soit des techniques de codage.

L'étalement du spectre est une technique qui consiste à diffuser un signal sur une très grande largeur de bande, souvent plus de 200 fois la largeur de bande du signal d'origine.

4.8.4.2 Technologies superposées et accès dynamique au spectre

L'accès dynamique au spectre, qui en est à ses premiers stades de développement, est une approche avancée de la gestion du spectre qui est étroitement liée à d'autres techniques de gestion telles que la gestion flexible du spectre et le commerce du spectre. Il implique l'unitisation du spectre en termes de créneaux horaires et/ou géographiquement. Cela permet aux utilisateurs d'accéder à une partie particulière du spectre pour une période de temps définie ou dans une zone définie qu'ils ne peuvent pas dépasser sans faire une nouvelle demande pour la ressource.

Il permet aux communications de fonctionner par :

- Surveillance pour détecter les fréquences inutilisées ;
- Se mettre d'accord avec des appareils similaires sur les fréquences à utiliser ;
- Contrôle de l'utilisation des fréquences par d'autres ;
- Changer de bande de fréquence et ajuster la puissance selon les besoins.

L'accès dynamique au spectre est souvent associé à des technologies et des concepts tels que la radio logicielle (SDR) et la radio cognitive, bien qu'il n'en dépende pas exclusivement.

4.8.4.3 Radio logicielle (SDR) et radio cognitive (CR)

Certaines technologies émergentes sont susceptibles de favoriser l'émergence de nouvelles méthodes de partage du spectre. Les radios logicielles sont des systèmes radio mis en œuvre sur du matériel à usage général dont les caractéristiques opérationnelles spécifiques sont mises en œuvre dans des logiciels - les différents systèmes et normes radio sont essentiellement chargés comme des programmes logiciels. La souplesse d'une radio augmente à mesure qu'une plus grande partie de sa fonctionnalité est basée sur des logiciels.

Les technologies SDR font peu à peu leur entrée dans les systèmes radio commerciaux, à mesure que les progrès technologiques permettent aux fabricants de le faire à moindre coût. La RRL permet une attribution plus souple du spectre, car ces systèmes radio utilisent potentiellement le spectre de manière plus intensive et sont plus tolérants aux interférences.

Une radio cognitive est une radio qui, dans une certaine mesure, est consciente de l'environnement en surveillant les transmissions sur une large bande passante, en notant les zones de spectre inutilisées et en étant capable de modifier sa transmission à l'aide de méthodes de modulation et de codage appropriées.

4.8.4.4 Antennes intelligentes et autres technologies

Les applications et la technologie des antennes intelligentes sont apparues au cours des dix dernières années et sont intéressantes pour leur capacité à augmenter de manière significative les performances de divers systèmes sans fil tels que les réseaux cellulaires mobiles de 2,5 générations (GSM-EDGE), de troisième génération (IMT 2000) et BWA. Les technologies d'antennes intelligentes exploitent des antennes multiples en mode d'émission et de réception avec le codage, la modulation et le traitement des signaux associés pour améliorer les performances des systèmes sans fil en termes de capacité, de couverture et de débit. L'antenne intelligente n'est pas une idée nouvelle, mais elle est plus rentable depuis l'avènement des processeurs de signaux numériques, des processeurs à usage général et des circuits intégrés à application spécifique (ASIC).

Les radios multimodales sont capables de fonctionner sur plusieurs bandes et technologies. Le tri-bande et le téléphone mobile mondial sont des exemples de radios multimodales. Les fréquences continuent d'être divisées en éléments distincts, même si la nécessité d'harmoniser les attributions de fréquences et les normes techniques à l'échelle régionale ou mondiale n'est plus aussi cruciale.

4.9 Spectrum Trading

L'échange de fréquences contribue à une utilisation plus efficace des fréquences sur le plan économique. En effet, un échange n'a lieu que si la valeur du spectre est plus élevée pour le nouvel utilisateur que pour l'ancien, ce qui reflète l'avantage économique plus important que le nouvel utilisateur espère tirer de son utilisation. En l'absence d'erreurs d'appréciation ou de comportement irrationnel de la part de l'acheteur ou du vendeur, et si l'échange n'entraîne pas d'effets externes, on peut supposer que l'échange de fréquences contribue à une plus grande efficacité économique. Les échanges de fréquences permettent aux entreprises de se développer plus rapidement qu'elles ne le feraient autrement. Il permet également aux nouveaux arrivants potentiels sur le marché d'acquérir plus facilement des fréquences afin d'entrer sur le marché.

Il est important de veiller à ce que les coûts de transaction ou les coûts administratifs pour les utilisateurs du spectre soient aussi faibles que possible. Cela implique, par exemple, qu'il y ait peu d'obstacles bureaucratiques au transfert du spectre. Parallèlement, il doit exister une source d'informations claires permettant aux utilisateurs potentiels du spectre de savoir quelles sont les fréquences disponibles, à quoi elles peuvent servir, qui les utilise actuellement et ce qu'il faut faire pour obtenir un droit d'utilisation.

Pour que les échanges de fréquences soient à la fois transparents et efficaces, il est judicieux de donner à toutes les parties intéressées un accès direct aux informations sur l'utilisation actuelle des fréquences. Il est conseillé de mettre en place une base de données centrale sous la supervision directe de l'autorité de régulation du spectre, qui fournit les informations nécessaires pour faciliter les échanges de fréquences. Ces critères constituent le cadre de toute une série de dispositions institutionnelles qui déterminent la forme précise de l'échange de fréquences, définissent exactement comment les droits d'utilisation peuvent être transférés et stipulent précisément qui peut prendre quelles décisions, à quel moment et dans quelles conditions.

4.9.1 Durée de la licence

L'introduction de l'échange de fréquences diminue la nécessité de fixer une date d'expiration fixe pour les droits d'utilisation. Dans le cadre d'un système d'échange de fréquences, les droits sont transférés aux utilisateurs qui ont identifié une autre utilisation promettant un meilleur rendement économique. Le choix d'une date d'expiration, que ce soit dans cinq, dix ou vingt ans, est toujours quelque peu arbitraire. Un argument en faveur de l'octroi de droits d'utilisation du spectre à perpétuité est que les utilisateurs font des investissements complémentaires par étapes et que chaque investissement a une période de retour différente. En effet, l'un des objectifs de la réglementation du spectre devrait être d'encourager l'investissement et l'innovation.

Les économistes qui font confiance aux forces du marché sans entraves préconisent donc que les droits d'utilisation du spectre soient accordés à perpétuité. Cela signifie qu'après l'assignation primaire du spectre, le régulateur n'aurait à intervenir que si les utilisateurs souhaitaient restituer le spectre ou si leur droit d'utilisation leur était retiré en raison d'une violation des conditions d'utilisation.

Néanmoins, étant donné qu'il existe d'importantes imperfections sur le marché, il peut être judicieux de donner à l'autorité de régulation nationale la possibilité de retirer les droits d'utilisation du spectre. Une autre solution consisterait à spécifier une certaine période à l'issue de laquelle l'autorité de régulation déciderait si le droit d'utilisation du spectre doit être prolongé ou non.

4.9.2 *Questions de concurrence liées au commerce*

La politique réglementaire vise à créer un marché où les prix sont aussi proches que possible des coûts et où les consommateurs peuvent choisir parmi une large gamme de services. Une concurrence durable n'est généralement possible que s'il existe des infrastructures concurrentes, mais la rareté du spectre radioélectrique crée des restrictions qui font qu'un oligopole est souvent la seule issue possible. Les fréquences devraient donc être distribuées de manière à créer une structure de marché qui garantisse le plus haut degré de concurrence possible pour le spectre disponible.

La conception du mécanisme d'assignation et des conditions de licence ou d'utilisation associées est cruciale pour l'établissement d'une concurrence basée sur les infrastructures. Le mécanisme d'assignation choisi par l'autorité de régulation façonne la structure du marché en divisant le spectre et en limitant la quantité maximale de spectre qu'un utilisateur peut acquérir.

On estime généralement que plus le nombre d'utilisateurs du spectre est élevé, plus le marché est concurrentiel et moins il est nécessaire de réglementer les utilisateurs finaux. Imaginons un instant que toutes les fréquences disponibles pour les applications mobiles GSM soient vendues aux enchères par petites parcelles, sans restriction quant à la quantité maximale de spectre qu'un soumissionnaire peut acquérir. Il est concevable qu'une entreprise puisse acquérir toutes les parcelles de spectre, ce qui aboutirait à un monopole sur le marché des communications mobiles. Sans entreprendre une analyse précise de la probabilité qu'un tel résultat se produise selon les différents types d'enchères, il est néanmoins vrai que, selon la théorie économique, un monopoleur non réglementé est en mesure de réaliser le profit le plus élevé et sera donc disposé à payer le plus pour le spectre.

Les efforts visant à établir une structure de marché concurrentielle ne s'arrêtent pas à l'assignation des fréquences. Les échanges de fréquences sans restriction pourraient être exploités par des utilisateurs agissant de concert pour créer un monopole ou au moins un oligopole plus concentré. Les régulateurs du spectre doivent être attentifs à cette possibilité. L'autorité de régulation, qui est en mesure de fixer des plafonds de spectre, peut empêcher de différentes manières les comportements anticoncurrentiels, sous la forme de l'acquisition de fréquences "excessives", en établissant des règles qui précisent comment les échanges de fréquences doivent se dérouler, y compris l'approbation préalable des échanges ou des transferts de fréquences.

4.9.3 Monopolisation

Une fois que le marché secondaire est autorisé, la structure du secteur peut être affectée par des fusions d'entreprises ou le transfert direct de la propriété du spectre. Il existe un risque d'émergence d'une structure contenant un monopole ou, plus généralement, une ou plusieurs entreprises dominantes, qui peuvent fixer des prix excessifs. Si les marchés du spectre conduisent à la monopolisation de la fourniture de services en aval (c'est-à-dire si une seule entreprise peut s'accaparer l'ensemble du spectre capable de produire un tel service), et s'il n'y a pas d'autres technologies ou services concurrents ou de substitution, alors un marché du spectre pourrait facilement produire des résultats pires qu'un système administratif qui conduirait à la concurrence entre les fournisseurs de services en aval.

Ces problèmes peuvent également être combattus par le droit de la concurrence ordinaire lorsque la loi existe ; par exemple, une position dominante peut être démantelée ou une fusion refusée. Mais il peut également être nécessaire que le régulateur ait le pouvoir d'examiner et, le cas échéant, d'interdire certains échanges de fréquences. Par exemple, des procédures spéciales peuvent être nécessaires pour limiter l'acquisition de licences de spectre ou exiger l'approbation préalable des transferts ou l'application de procédures de contrôle des fusions qui évaluent l'impact d'une concentration proposée du spectre sur le marché antitrust concerné. Enfin, les régulateurs du spectre peuvent élaborer des règles d'enchères pour la mise à disposition de nouvelles fréquences de manière à promouvoir la concurrence.

L'échange de fréquences est un cas de partage du spectre avec l'implication d'activités commerciales. L'échange de fréquences s'avère être un moyen plus économique d'utiliser efficacement le spectre. C'est une option qui permet d'accroître la flexibilité et d'attribuer le spectre à un service particulier, et qui peut être facilement transférée pour d'autres usages. En bref, l'échange de fréquences est un mécanisme basé sur le marché dans lequel les acheteurs et les vendeurs déterminent les attributions de fréquences et leurs utilisations, le vendeur transférant le droit d'utilisation des fréquences, en tout ou en partie, à l'acheteur tout en en conservant la propriété. Dans de nombreux pays, l'échange de fréquences est déjà en cours et la procédure d'échange est limitée à des bandes spécifiques, qui sont demandées pour une utilisation commerciale avec des conditions spécifiques.

L'échange de fréquences améliore l'efficacité et facilite l'entrée de nouveaux services sur le marché en modifiant légèrement les dispositions réglementaires.

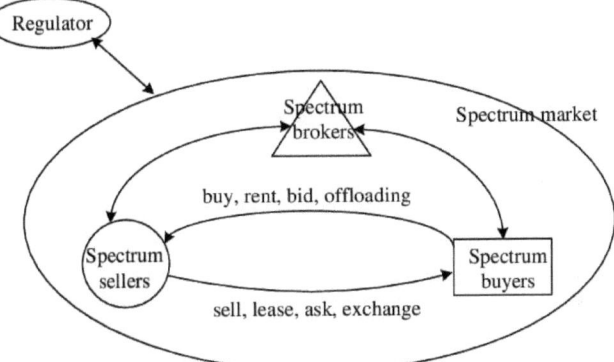

Fig.4.8 Structure des marchés d'échange de fréquences. | Télécharger le diagramme scientifique

La différence entre le partage et l'échange de fréquences peut être expliquée comme suit :

Dans l'échange de fréquences, les droits d'utilisation sont transférés intégralement au vendeur pour une période déterminée. En revanche, dans le partage du spectre, l'acheteur obtient un droit temporaire d'utilisation du spectre, les droits exclusifs revenant au vendeur. Le commerce ne devient efficace que lorsqu'il est associé à la libéralisation.

L'échange de fréquences peut être mis en œuvre s'il existe une base solide pour comprendre les technologies et les systèmes d'exploitation avancés, car la flexibilité du spectre exige de nouvelles approches et des méthodes pratiques pour le contrôle de la conformité, l'application et la résolution des conflits.

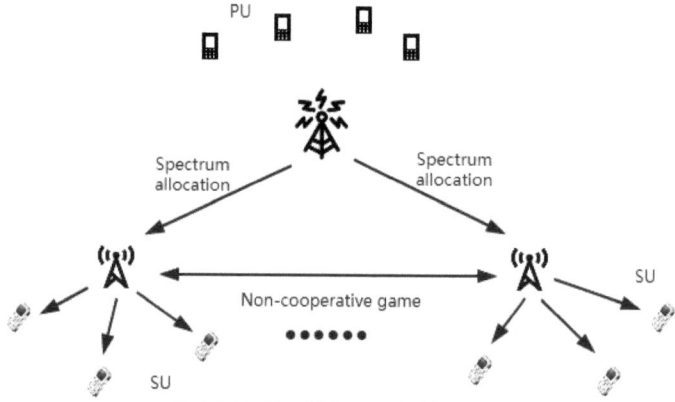

Fig.4.9 Modèle d'échange de fréquences

4.9.4 Mérites de l'échange de fréquences
Les avantages de l'échange de fréquences sont les suivants :
- Améliore l'efficacité de l'utilisation du spectre
- Facilite l'évaluation des licences d'utilisation du spectre et permet de connaître la valeur marchande du spectre.
- Processus plus rapide, avec une prise de décision meilleure et plus rapide de la part de ceux qui disposent de l'information
- Supprime les barrières à l'entrée en permettant aux petits opérateurs et aux jeunes entreprises d'acquérir plus facilement des droits d'utilisation du spectre, facilitant ainsi le développement de la concurrence sur le marché.
- Il est possible de procéder à un redéploiement plus rapide et d'accélérer l'accès au spectre.
- Encourage les nouvelles technologies à accéder plus rapidement au spectre
- Les opérateurs existants ont la possibilité de vendre des fréquences inutilisées ou sous-utilisées et d'utiliser le spectre de manière plus souple.
- Réduction des coûts de transaction liés à l'acquisition des droits d'utilisation du spectre
- Permet aux opérateurs de bénéficier d'une plus grande flexibilité pour répondre à l'évolution de la demande liée aux changements du marché.

4.10 Radio cognitive basée sur la 5G

La définition approuvée par l'IEEE de la radio cognitive (CR) est une radio dans laquelle les systèmes de communication sont conscients de leur environnement et de leur état interne, et peuvent prendre des décisions concernant leur fonctionnement radio sur la base de ces informations et d'objectifs prédéfinis. Les informations environnementales peuvent ne pas inclure les informations de localisation liées aux systèmes de communication. La radio cognitive est une très bonne solution pour accroître l'utilisation du spectre.

Les radios cognitives devraient être capables d'auto-organiser leur communication sur la base de fonctions de détection et de reconfiguration, comme indiqué ci-dessous :
- *Gestion des ressources du spectre :* ce système est nécessaire pour gérer et organiser efficacement les informations sur les trous dans le spectre entre les radios cognitives.
- *Gestion de la sécurité :* les réseaux radio cognitifs (CRN) sont par essence des réseaux hétérogènes et cette propriété hétérogène pose de nombreux problèmes de sécurité. Ce système permet donc de fournir des fonctions de sécurité dans un environnement dynamique.
- *Gestion de la mobilité et des connexions :* ce système peut contribuer à la découverte du voisinage, à la détection de l'accès Internet disponible et à la prise en charge des transferts verticaux, ce qui aide les radios cognitives à sélectionner les itinéraires et les réseaux.

4.10.1 Concept de dispositif CR
Cette section explique les caractéristiques de la CR dont la mise en œuvre dans un dispositif unique permet de créer un terminal utilisateur très intelligent et très performant - le terminal CR. La figure 4.10 présente les propriétés du CR.
A. Détection du spectre
L'opération de détection du spectre peut être divisée en trois étapes :
- *Détection du signal :* Au cours de cette étape, l'existence du signal est détectée. Il n'est pas nécessaire de connaître le type de signal à cette étape.
- *Classification du signal :* Dans cette étape de l'opération, le type de signal est détecté, ce qui est fait en extrayant les caractéristiques du signal.

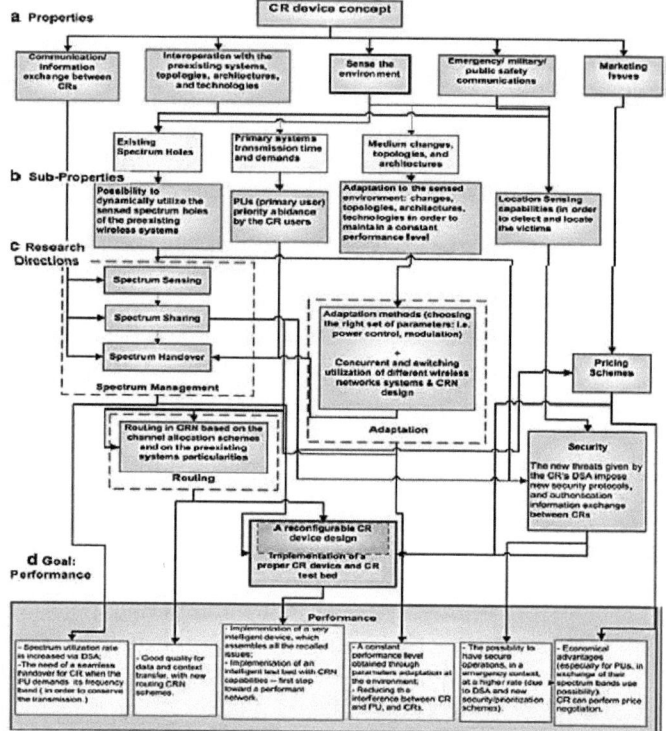

Figure 4.10 Concept de dispositif CR.

- *Décision sur la disponibilité du canal :* Cette étape permet de déterminer la disponibilité des canaux. Une fois les canaux libres détectés, l'étape suivante consiste à partager les trous dans le spectre, ce qui peut être réalisé grâce au système d'attribution du spectre.

La technologie CR pose également de nouveaux *défis en matière de sécurité et de tarification*
qui sont présentés dans la figure 4.10.

- De nouvelles menaces de sécurité apparaissent avec le concept d'accès dynamique au spectre, ainsi qu'avec les besoins d'authentification du CR.
- La tarification est fortement influencée par le système d'attribution des canaux utilisé. En outre, les CR doivent être conçus avec de fortes capacités de négociation du prix des canaux disponibles.

B. Transfert de spectre

Le phénomène de changement dynamique de fréquence est appelé transfert de spectre. Un utilisateur secondaire change de fréquence lorsqu'un utilisateur primaire apparaît ou en raison d'une dégradation de la transmission. Il est donc nécessaire de concevoir un schéma de transfert.

C. Adaptation à l'environnement

Différents changements, tels que des changements topologiques, du bruit ou des interférences, peuvent survenir lors de la détection des informations. Afin de s'adapter à ces changements et de maintenir des performances constantes, de nouvelles techniques d'adaptation doivent être mises en œuvre, ce qui constitue un sujet de préoccupation important.

D. Routage CR

Le routage CR est basé sur l'exigence d'interopérabilité du dispositif CR avec différents systèmes, et est influencé par les techniques de partage du spectre. Les CRN héritent des caractéristiques des réseaux PS (Primary Systems) : infrastructure, maillage, ad hoc, réseaux de capteurs, etc. et ces types d'architecture imposent un algorithme de routage spécifique, qui doit également inclure les dispositifs CR et la possibilité pour un CR d'être un nœud de relais pour un autre CR.

4.10.2 CR basé sur la 5G

Comme indiqué précédemment, la technologie CR serait une modalité majeure pour construire le réseau 5G intégré. Les différentes fonctionnalités de la 5G qui pourraient être satisfaites par l'utilisation de la technologie CR sont les suivantes :

- Technologies PHY et MAC avancées.
- Mise en œuvre de protocoles nouveaux et flexibles.
- Capacité à prendre en charge des systèmes homogènes et hétérogènes.
- Adaptation à différents changements tels que les changements d'environnement, les changements de fréquence dynamique, etc.

La corrélation entre WISDOM et CR en référence à la 5G pourrait être donnée comme suit :
"La 5G apporte le concept de convergence par le biais du WISDOM et le CR représente l'outil technologique pour le mettre en œuvre. La technologie 5G élimine les terminaux radio spécifiques à des technologies sans fil particulières et propose un terminal universel qui doit inclure toutes les fonctions précédentes dans un seul appareil. Cette convergence des terminaux est soutenue par les besoins et les demandes des utilisateurs et se retrouve fortement dans les terminaux CR.

De nombreuses questions doivent encore être abordées :
- Comment connecter le terminal CR aux réseaux câblés ?
- Comment atteindre le seuil maximal de débit de données de 1 Tera bps de la 5G en utilisant la technologie CR au niveau de l'accès ?
- Comment mettre en œuvre les bonnes techniques pour combiner les flux provenant de plusieurs réseaux d'accès ?

La radio cognitive (RC) est une forme de communication sans fil dans laquelle un émetteur-récepteur peut détecter intelligemment les canaux de communication utilisés et ceux qui ne le sont pas. L'émetteur-récepteur se déplace alors instantanément sur les canaux vacants, tout en évitant les canaux occupés. Ces capacités permettent d'optimiser l'utilisation du spectre des radiofréquences (RF) disponible.

Elle minimise également les interférences avec les autres utilisateurs. Enfin, en évitant les canaux occupés, elle augmente l'efficacité du spectre et améliore la qualité de service (QoS) pour les utilisateurs.

Le spectre des radiofréquences sans fil est une ressource limitée, généralement attribuée par le biais d'une procédure d'octroi de licences. Aux États-Unis, il relève de la responsabilité conjointe de la Commission fédérale des communications (FCC) et de l'Administration nationale des télécommunications et de l'information (NTIA). La FCC gère le spectre pour une utilisation non fédérale (par exemple, commerciale), tandis que la NTIA fait de même pour une utilisation fédérale (par exemple, militaire, FBI).

Le spectre attribué (sous licence) n'est pas toujours utilisé de manière optimale. En conséquence, certaines bandes sont surchargées (par exemple, les réseaux cellulaires GSM), tandis que d'autres sont relativement inutilisées (par exemple, les réseaux militaires). Cette inefficacité du spectre limite la quantité de données pouvant être transmises aux utilisateurs et réduit la qualité du service.

Le nombre d'appareils connectés ne cessant de croître, cette ressource limitée devient rapidement une denrée *rare. La* radio cognitive est un moyen efficace d'utiliser et de partager cette ressource de manière intelligente, optimale et équitable.

Radio frequency spectrum bands

DESIGNATION	ABBREVIATION	FREQUENCIES	FREE-SPACE WAVELENGTHS
Very low frequency	VLF	3 kHz to 30 kHz	100 km to 10 km
Low frequency	LF	30 kHz to 300 kHz	10 km to 1 km
Medium frequency	MF	300 kHz to 3 MHz	1 km to 100 m
High frequency	HF	3 MHz to 30 MHz	100 m to 10 m
Very high frequency	VHF	30 MHz to 300 MHz	10 m to 1 m
Ultrahigh frequency	UHF	300 MHz to 3 GHz	1 m to 100 mm
Super-high frequency	SHF	3 GHz to 30 GHz	100 mm to 10 mm
Extremely high frequency	EHF	30 GHz to 300 GHz	10 mm to 1 mm

Fig. 4.11 La radio cognitive optimise l'utilisation des bandes de fréquences radio disponibles

4.10.3 Réseaux et capacités de radio cognitive

Joseph Mitola, de l'Institut royal de technologie KTH de Stockholm, a proposé l'idée de la radio cognitive pour la première fois en 1998. Il s'agit d'une technologie hybride impliquant la radio logicielle (SDR) appliquée aux communications à spectre étalé.

Un réseau de radio cognitive (CRN) est divisé en deux réseaux principaux, un *réseau primaire* et un *réseau secondaire*. Le réseau primaire possède la bande sous licence et se compose de la station de base radio primaire et des utilisateurs. Le réseau secondaire partage le spectre non utilisé avec le réseau primaire. Il se compose d'une station de base radio cognitive et d'utilisateurs.

Les trois capacités clés qui différencient la radio cognitive de la radio traditionnelle sont les suivantes :
• **Cognition** : La CR comprend son environnement géographique et opérationnel.
• **Reconfiguration** : En fonction de ces connaissances cognitives, la CR peut décider d'ajuster ses paramètres de manière dynamique et autonome.
• **Apprentissage** : La CR peut également tirer des enseignements de l'expérience et expérimenter de nouvelles configurations dans de nouvelles situations.

4.10.4 Facettes de la radio cognitive

Les deux principales facettes de la RC sont la *détection du spectre* et la *base de données du spectre*.

4.10.4.1 Détection du spectre

Les dispositifs CR surveillent les bandes de fréquences dans leur voisinage afin d'identifier les utilisateurs autorisés à opérer dans cette bande. Ils recherchent également les portions inutilisées du spectre RF, connues sous le nom d'espaces blancs ou de trous dans le spectre. Ces trous sont créés et supprimés de manière dynamique et peuvent être utilisés sans licence.

La détection du spectre peut être coopérative ou non coopérative. Dans la méthode coopérative, les dispositifs de radio cognitive partagent les informations sur le spectre, tandis que dans la méthode non coopérative, chaque dispositif de radio cognitive agit de son côté.

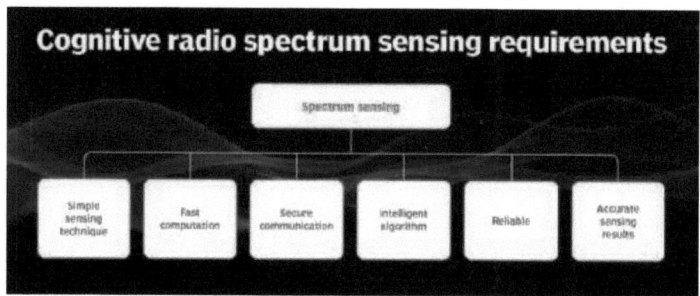

Fig. 4.12 Les dispositifs de radio cognitive surveillent les bandes de fréquences à l'aide d'une technique appelée détection de spectre, qui se présente sous deux formes (coopérative et non coopérative) et comporte certaines exigences.

4.10.4.2 Base de données du spectre

Les chaînes de télévision mettent à jour leur utilisation du spectre RF pour la semaine suivante dans une base de données gérée par la FCC. Les dispositifs de radio cognitive peuvent rechercher des informations sur le spectre libre à partir de cette base de données, de sorte qu'ils n'ont pas besoin de recourir à des techniques de détection du spectre complexes, longues et coûteuses.

L'inconvénient de cette méthode est qu'il est difficile pour la base de données de mettre à jour l'activité dynamique du spectre en temps réel. Par conséquent, les dispositifs CR peuvent manquer des opportunités d'accès au spectre inutilisé.

Pour prendre en charge le nombre croissant d'appareils qui utilisent le spectre RF, il est utile d'adopter une approche combinée. Elle garantit que les appareils peuvent détecter rapidement et précisément le spectre inutilisé et améliorer ainsi la qualité de service.

4.10.5 Types de radio cognitive

Les deux principaux types de RC sont l'*hétérogénéité* et le *partage du spectre*.

Dans la radio cognitive hétérogène, les opérateurs exploitent plusieurs réseaux d'accès radio (RAN) utilisant des protocoles de technologie d'accès radio (RAT) identiques ou différents. La radio cognitive hétérogène utilise une approche centrée sur le réseau, et les bandes de fréquences attribuées aux différents RAN sont fixes.

Dans le cadre de la RC avec partage du spectre, plusieurs RAN partagent la même bande de fréquences. Ils se coordonnent également pour utiliser les sous-bandes inoccupées de manière intelligente et optimale.

Dans les deux types de CR, les ressources radio sont optimisées et la qualité de service est bien meilleure qu'avec la radio traditionnelle.

Une autre façon de catégoriser la RC est de la qualifier de *cognitive complète* ou de *détection du spectre*. La RC cognitive complète prend en compte tous les paramètres qu'un nœud ou un réseau sans fil peut connaître. La RC à détection de spectre détecte les canaux dans le spectre RF.

4.5 Ondes millimétriques

La plupart des communications radio, y compris la télévision, les communications par satellite, le GPS et le Bluetooth, utilisent une bande de fréquences allant de 300 MHz à 3 GHz. Mais cette bande est de plus en plus encombrée et l'accent est mis sur la libération et l'utilisation du spectre supplémentaire. Les ondes millimétriques constituent une solution prometteuse à ce problème.

Les bandes de fréquences identifiées dans le cadre de l'IMT n'ont pas la capacité de transporter des données aussi volumineuses que celles requises pour les services 5G. Par conséquent, les ondes millimétriques pourraient être les bandes candidates pour les communications mobiles 5G en raison de leur grande capacité de transport de données. Les ondes millimétriques présentent les avantages suivants :

(a) Peu d'opérations dans les ondes millimétriques, donc plus de spectre disponible dans les ondes millimétriques.
(b) De très grands blocs de spectre contigus pour soutenir les applications futures.
(c) En raison de l'atténuation élevée dans l'espace libre, la réutilisation des

fréquences est possible à plus courte distance.

(d)   La résolution spatiale est meilleure pour le matériel à ondes millimétriques avec la technologie CMOS

(e)   Les progrès de la technologie des semi-conducteurs permettent d'utiliser des équipements à faible coût

(f) La petite longueur d'onde permet d'utiliser de grands réseaux d'antennes pour la formation de faisceaux adaptatifs.

(g)   La petite taille de l'antenne en ondes millimétriques facilite l'intégration sur la puce et l'installation à des endroits appropriés.

Les ondes millimétriques permettent une plus grande largeur de bande et offrent un transfert de données élevé et un faible taux de latence qui conviennent aux services Internet fiables à haut débit. La petite longueur d'onde facilite l'utilisation d'antennes de petite taille et d'autres éléments du matériel radio, ce qui réduit les coûts et facilite l'installation. L'antenne de l'émetteur ressemble à un lampadaire, qui peut être installé sur un bâtiment, un lampadaire de rue, etc.

La haute directivité obtenue dans cette bande peut être utilisée pour augmenter le multiplexage spatial. La taille de l'antenne requise pour une radio à ondes millimétriques peut être dix fois inférieure à celle d'une radio équivalente à plus basse fréquence, ce qui permet aux fabricants de construire des systèmes plus petits et plus légers.

La largeur du faisceau est la mesure de la façon dont un faisceau transmis s'étend à mesure qu'il s'éloigne de son point d'origine. Mais en raison de la disponibilité limitée des bandes de radiofréquences (RF), les systèmes de communication sans fil de cinquième génération passeront à des bandes d'ondes millimétriques à ultra-haute capacité. La haute fréquence rend la bande d'ondes millimétriques plus attrayante pour les systèmes de communication sans fil et ces fréquences sont utilisées dans les communications terrestres et par satellite.

Les produits sans fil qui utilisent les ondes millimétriques existent déjà pour les transmissions fixes, LOS, mais le taux d'absorption du signal électromagnétique des ondes millimétriques pose de grands défis pour leur utilisation dans les connexions non LOS et mobiles. D'autre part, la haute directionnalité obtenue dans cette bande peut être utilisée pour augmenter le multiplexage spatial. L'acheminement sans fil sera un autre élément clé des petites cellules 5G à ondes millimétriques.

Parmi les fréquences millimétriques, la bande de 60 GHz a attiré les chercheurs, car de grandes quantités de largeur de bande ne sont pas attribuées dans cette bande, des largeurs de bande qui sont nécessaires pour les systèmes de communication à des débits de données prévus de 100 Mbps et plus. Un autre avantage de la bande des 60 GHz est dû à une propriété physique du canal de propagation à cette fréquence qui offre un moyen naturel de réduire le facteur de réutilisation des fréquences, ce qui tend à réduire la taille des cellules.

Une propriété générale de la propagation des ondes millimétriques est que le comportement des rayons de propagation est bien caractérisé par l'optique géométrique. En d'autres termes, les ondes ne pénètrent pas les murs ou d'autres obstacles et la réflexion des ondes est le principal mécanisme conduisant à un trajet multiple. Les ondes millimétriques ont le potentiel de soutenir l'accès aux services à large bande, ce qui est particulièrement important en raison de l'avènement du réseau numérique à intégration de services à large bande (RNISLB).

Avec le développement des systèmes de communication personnelle sans fil, deux éléments apparaissent comme significatifs :

- Exploiter les bandes de fréquences élevées, telles que les ondes millimétriques, afin de fournir une large bande pour la transmission de données à haut débit.
- Intégrer plusieurs tâches dans un seul système, ce qui permet d'étendre considérablement l'application des appareils sans fil.

L'utilité des ondes millimétriques pour les microcellules qui forment le GIMCV basé sur WISDOM est bien positionnée pour être desservie par ces ondes millimétriques. Elle a été développée dans les points suivants :

- Il est relativement facile d'obtenir des licences pour de grands blocs de spectre d'ondes millimétriques, ce qui permettrait aux opérateurs de déployer de grands tuyaux de liaison de plus de 1 Gbps. Si une petite cellule n'a pas besoin d'une telle capacité, la complexité des réseaux hétérogènes nécessitera la mise en réseau d'un grand nombre de petites cellules, chacune d'entre elles transmettant sa charge le long de la ligne.
- L'acheminement des petites cellules utilise au mieux les caractéristiques de haute fréquence des ondes millimétriques. Plus la fréquence est élevée, plus la distance de propagation d'une onde est courte, à moins qu'elle ne bénéficie d'une forte augmentation de puissance. Mais le réseau hétérogène sera par définition composé de cellules très denses en milieu urbain, ce qui signifie que

les ondes mm n'auront pas à parcourir de grandes distances entre les sauts.

Les utilisations traditionnelles des ondes millimétriques comprennent la radionavigation, la recherche spatiale, la radioastronomie, les satellites d'exploration de la terre, les radars, les armes militaires et d'autres applications. Les réseaux dorsaux/de liaison (réseau point à point) pour les réseaux de télécommunications existants afin de connecter la station de base au centre de commutation principal (MSC), le système de distribution multipoint local (LMDS), le WLAN intérieur, les réseaux denses à haute capacité sont également présents dans les ondes millimétriques. Les bandes de fréquences typiques pour les liaisons de retour par micro-ondes sont celles de 6,0 GHz, 11,0 GHz, 18,0 GHz, 23,0 GHz et 38,0 GHz.

La faible utilisation des ondes millimétriques pourrait être attribuée à une forte atténuation et à une faible pénétration. À une fréquence aussi élevée, les ondes sont plus sujettes à la pluie et à d'autres formes d'atténuation atmosphérique. La longueur d'onde est de l'ordre du millimètre et les gouttes de pluie ont la même taille. La pluie absorbe les ondes à haute fréquence et rend leur propagation difficile. Cependant, les résultats expérimentaux montrent qu'en cas de forte pluie, l'atténuation est de 1,4 dB et de 1,6 dB pour une distance de 200 mètres à 28 GHz et 38 GHz, respectivement [8]. Les atténuations dues à la pluie à 60 GHz pour un taux de précipitations de 50 mm/h sont d'environ 18 dB/km. Une conception adéquate de la liaison avec une puissance d'émission légèrement élevée peut remédier à l'atténuation due à la pluie.

Un léger changement de position affecterait la force du signal à l'extrémité réceptrice, car les ondes millimétriques sont profondément affectées par la diffusion, la réflexion et la réfraction. Le délai moyen quadratique (RMS) des ondes millimétriques est de l'ordre de quelques nanosecondes, et il est plus élevé pour les liaisons non-LOS (NLOS) que pour les liaisons LOS (LOS). De même, l'exposant de perte de chemin pour les liaisons NLOS est plus élevé que pour les liaisons LOS. En raison de l'augmentation de l'affaiblissement sur le trajet et de l'étalement du retard efficace, on suppose que les ondes millimétriques ne conviennent pas aux liaisons (NLOS). Toutefois, ces difficultés pourraient être résolues en utilisant des techniques d'agrégation de porteuses, de MIMO d'ordre élevé, d'antennes orientables et de formation de faisceaux.

Récemment, des mesures approfondies visant à comprendre les caractéristiques de propagation pour définir le canal radio ont été effectuées à

28 GHz dans les zones urbaines denses de la ville de New York et à 38 GHz, des mesures de propagations cellulaires ont été effectuées à Austin, Texas, sur le campus principal de l'Université du Texas. Les mesures ont été effectuées pour connaître les détails de l'angle d'arrivée (AoA), de l'angle de départ (AoD), de l'étalement du retard RMS, de l'affaiblissement sur le trajet et des caractéristiques de pénétration et de réflexion des bâtiments pour la conception des futurs systèmes cellulaires à ondes millimétriques. Les études de faisabilité de la propagation à 28 GHz et 38 GHz ont montré que la propagation est possible jusqu'à une distance de 200 mètres [6,10] dans les deux conditions, c'est-à-dire (LOS) et (NLOS) avec une puissance d'émission de l'ordre de 40-50 dBm dans un environnement urbain difficile. Cela correspond à la taille d'une microcellule dans les zones urbaines.

Les bandes de fréquences autour de 60 GHz sont les mieux adaptées aux cellules pico et femto en raison de leur grande capacité de transmission de données et de leur faible distance de réutilisation due à une forte absorption d'oxygène à un taux de 15 dB/Km. L'utilisation des bandes de fréquences autour de 60 GHz est très éparse, ce qui permet d'allouer une grande largeur de bande à chaque canal. En outre, l'équipement peut être très compact grâce à la taille très réduite de l'antenne.

De nombreux travaux de recherche ont été réalisés pour caractériser les canaux intérieurs dans la bande des 60 GHz, mais très peu ont été réalisés pour caractériser les canaux extérieurs. Des mesures de référence ont été effectuées pour la bande étroite CW en ce qui concerne la puissance reçue en fonction de la distance de séparation dans différents environnements, notamment un aéroport, une rue urbaine et un tunnel urbain. Un sondeur de canal basé sur la corrélation a été utilisé pour la mesure de la fréquence centrale de 59,0 GHz avec une largeur de bande de 200 MHz. Une antenne cornet de 90° a été utilisée à l'extrémité d'émission et un cornet biconique avec une largeur de faisceau d'élévation de 20° a été utilisé au récepteur dans toutes les mesures. Les mesures ont été effectuées pour l'exposant de perte de chemin et l'étalement de retard RMS. Les résultats ont montré que l'exposant de perte de chemin était compris entre 2 et 2,5 pour l'environnement extérieur et que l'étalement du retard RMS était inférieur à 20 ns. Les résultats montrent également que le phénomène de trajets multiples est plus important dans les parkings en raison de leurs grandes dimensions et de leur surface lisse que dans les rues des villes et les tunnels routiers, où le phénomène de trajets multiples n'est pas très important.

Des mesures ont été effectuées à 55 GHz dans les rues de la ville de Londres

(Royaume-Uni) avec une densité de trafic modérée, en utilisant un émetteur fixe et un récepteur mobile, avec des distances de liaison ne dépassant pas 400 m. L'émetteur était installé à 10 m au-dessus du sol et le récepteur était mobile et monté sur le toit d'une voiture. Le signal d'essai était un signal FM à bande étroite généré par un oscillateur Gunn et alimenté par une antenne conique de 25 dBi. Les résultats ont montré que l'exposant de perte de trajet était de 3,6 pour une séparation T-R de 400 m avec un trajet LOS et que l'exposant de perte de trajet était de 10,4 pour la même séparation Tx-Rx dans des conditions NLOS.

Afin de comprendre les caractéristiques de propagation des canaux radio, des mesures approfondies de propagation en milieu urbain ont été réalisées il y a longtemps sur l e campus de l'université de technologie de Delft, aux Pays-Bas. Les mesures d'évanouissement de fréquence sur une largeur de bande de 100 MHz centrée autour de 59,9 GHz ont été effectuées presque exclusivement dans le domaine temporel à l'aide d'analyseurs de réseau et de sondeurs de canal. Le schéma fonctionnel du système de mesure utilisé pour la caractérisation du canal radioélectrique dans le domaine fréquentiel est illustré à la figure 4.13.

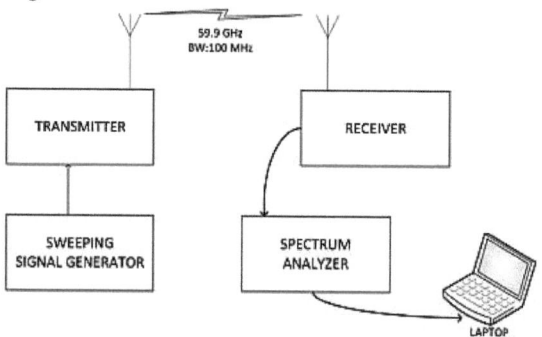

Figure 4.13 Configuration de la mesure.

Les deux principaux composants sont le générateur de signaux du côté de l'émetteur et l'analyseur de spectre du côté du récepteur. Une antenne omnidirectionnelle plate (2 dBi, 120°) a été utilisée du côté de l'émetteur et une antenne omnidirectionnelle (120) et une antenne directionnelle patch (pencil beam, 19,5 dBi, 15°) ont été utilisées du côté du récepteur. Les mesures ont été effectuées avec les deux types d'antennes afin de voir la différence de performance, car l'antenne omnidirectionnelle permet à davantage de composants réfléchis d'entrer dans le récepteur. Les mesures ont été effectuées pour les statistiques du facteur "k" de la distribution de Rice et le coefficient de perte sur le trajet pour la picocellule d'un rayon de 50 m à trois endroits différents, y compris à l'extérieur et à l'intérieur. Les mesures ont été effectuées dans des endroits possibles pour la communication multimédia mobile.

Les mesures effectuées dans le couloir (intérieur) de l'université pour le facteur de Rice k et la puissance reçue en fonction de la distance avec une séparation T de 12 à 15 m sont illustrées dans les figures 4.14 et 4.15 ci-dessous. Les mesures effectuées dans le parking (extérieur) de l'université pour la puissance reçue en fonction de la distance sur une échelle logarithmique avec une séparation T de 12 à 15 m sont illustrées à la figure 4.16.

Les résultats des mesures montrent que la propagation est possible jusqu'à 10-15 m dans un environnement urbain intérieur et extérieur, ce qui correspond à la taille normale d'une picocellule. Le secteur des radiocommunications de l'Union internationale des télécommunications (UIT) est responsable de la gestion du spectre radioélectrique au niveau international. Conformément au plan d'attribution des fréquences de l'UIT-R, la bande de fréquences 10-40 GHz a été réservée aux services par satellite dans les trois régions, ainsi qu'aux services fixes et mobiles. Les principaux services présents dans les ondes millimétriques sont le système de distribution multipoint local (LMDS), le réseau local sans fil (WLAN), les services par satellite et les réseaux denses à haute capacité, etc.

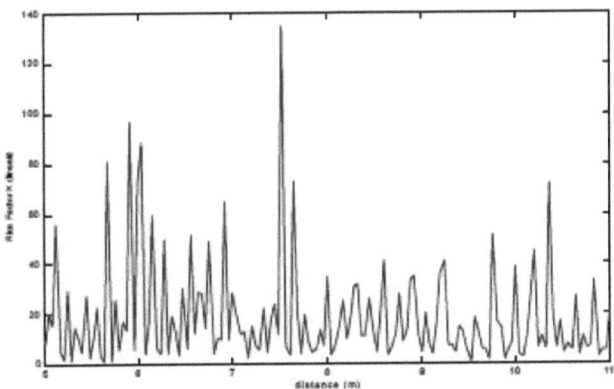

Figure 4.14 Facteur de riz k en fonction de la distance dans le couloir. Antenne réceptrice directionnelle utilisée.

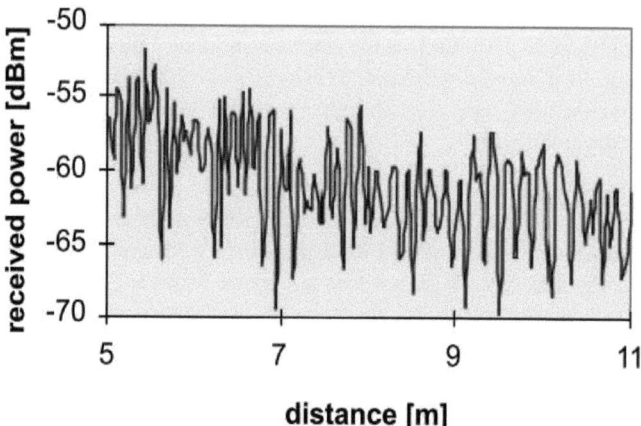

Figure 4.15 Puissance moyenne reçue en bande large dans le couloir avec une antenne de réception omnidirectionnelle.

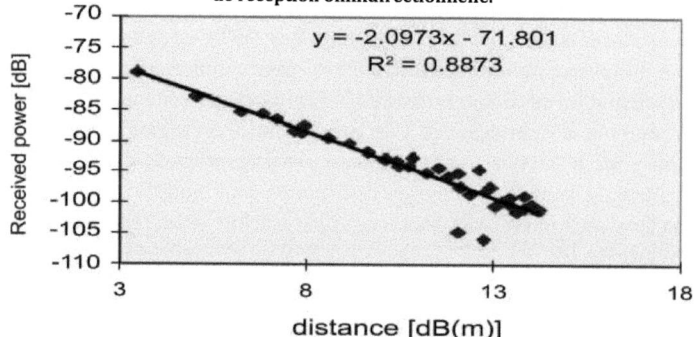

Figure 4.16 Dispersion du tracé de la puissance mesurée [dB] en fonction de la distance sur une échelle logarithmique pour un emplacement extérieur (parking) avec une antenne omnidirectionnelle.

Plusieurs liaisons micro-ondes fixes point à point fonctionnent également dans cette bande. Ces liaisons servent essentiellement de réseau de base/de liaison pour le GSM et d'autres services. Une bonne quantité de spectre vacant est disponible dans les ondes millimétriques et pourrait être utilisée pour les services de communication 5G. Les services 5G peuvent transmettre des puissances élevées, de l'ordre de 40 à 50 dBW. Par conséquent, une étude de coexistence doit être réalisée avec les services LMDS et satellitaires existants, qui fonctionneraient dans les bandes de fréquences voisines.

Le spectre est un élément clé des communications mobiles sans fil. Le concept de partage et d'échange du spectre est principalement abordé dans ce chapitre. Le concept d'échange de fréquences fait prendre conscience de son importance, car il n'est pas couronné de succès dans de nombreux pays. La gestion du spectre est un défi important pour l'évolution des communications 5G. Des bandes de fréquences extra-hautes doivent être explorées pour les transferts de données rapides. Dans cette optique, les ondes millimétriques se sont avérées efficaces pour les communications à courte portée.

Mais des recherches supplémentaires doivent être menées pour faire progresser les technologies existantes, telles que les réseaux cognitifs, afin d'utiliser efficacement le spectre.

UNITÉ V : SÉCURITÉ DANS LES RÉSEAUX 5G

Caractéristiques de sécurité dans les réseaux 5G, sécurité du domaine du réseau, sécurité du domaine de l'utilisateur, cadre de qualité de service basé sur le flux, atténuation des menaces dans la 5G.

UNITÉ V
LA SÉCURITÉ DANS LES RÉSEAUX 5G

5.1 Introduction

Aujourd'hui, la tendance vers un environnement informatique omniprésent, telle qu'elle est envisagée, a conduit à des réseaux mobiles caractérisés par une demande sans cesse croissante de débits de données élevés et de mobilité. La technologie la plus importante qui a émergé pour répondre à ces problèmes est la 5G mobile et beaucoup d'efforts ont été déployés pour la développer au cours des dernières années, l'objectif étant qu'elle soit déployée d'ici 2020 et au-delà. Les communications 5G visent à fournir une grande largeur de bande pour les données, une capacité infinie de mise en réseau et une couverture étendue des signaux afin de soutenir une riche gamme de services personnalisés de haute qualité pour les utilisateurs finaux. Pour atteindre cet objectif, les communications 5G intégreront de multiples technologies avancées existantes avec de nouvelles techniques innovantes. Toutefois, cette intégration entraînera d'énormes problèmes de sécurité dans les futurs réseaux mobiles 5G.

En particulier, on s'attend à ce qu'un large éventail de problèmes de sécurité soit soulevé dans les réseaux mobiles 5G en raison d'un certain nombre de facteurs, dont les suivants :
(i) l'architecture ouverte IP du système 5G,
(ii) la diversité des technologies de réseau d'accès sous-jacentes du système 5G,
(iii) la pléthore d'appareils communicants interconnectés, qui seront également très mobiles et dynamiques,
(iv) l'hétérogénéité des types d'appareils en termes de capacités de calcul, de puissance de la batterie et de stockage de la mémoire,
(v) les systèmes d'exploitation ouverts des appareils, et
(vi) le fait que les dispositifs interconnectés seront généralement utilisés par des utilisateurs non professionnels en matière de sécurité.

Par conséquent, les systèmes de communication 5G devront faire face à des menaces plus nombreuses et beaucoup plus fortes que les systèmes de communication mobile actuels. Toutefois, même si les prochains systèmes de communications 5G seront la cible de nombreuses menaces de sécurité connues et inconnues, on ne sait pas exactement quelles menaces seront les plus graves et quels éléments du réseau seront le plus souvent visés. Étant donné que cette connaissance est de la plus haute importance pour la fourniture d'orientations visant à garantir la sécurité des systèmes de communications mobiles de la prochaine génération, l'objectif du présent chapitre est de présenter les problèmes et défis potentiels en matière de sécurité pour les systèmes de communications 5G à venir.

5.1.1 Vue d'ensemble d'une architecture potentielle de système de communication 5G

Dans les communications 5G, l'adoption d'une architecture hétérogène dense, comprenant des macrocellules et des petites cellules, est l'une des solutions à faible coût les plus prometteuses qui permettra aux réseaux 5G de répondre aux besoins de croissance de la capacité de l'industrie et de fournir une expérience de connectivité uniforme du côté de l'utilisateur final. Sur la base de la littérature la plus récente, nous considérons qu'une architecture potentielle de communications 5G à l'échelle macrocellulaire, telle que décrite dans la figure, comprendra la station de base (BS), équipée de grands réseaux d'antennes, ainsi que de grands réseaux d'antennes supplémentaires de la BS répartis géographiquement sur le réseau macrocellulaire. Les grands réseaux d'antennes distribués joueront le rôle de points d'accès pour petites cellules prenant en charge plusieurs protocoles de réseau d'accès radio (RAN) pour une large gamme de technologies de réseau d'accès sous-jacentes (2G/3G/4G). En outre, les utilisateurs mobiles en extérieur collaboreront entre eux pour former des réseaux virtuels de grandes antennes. Les réseaux virtuels de grandes antennes, avec les réseaux distribués de grandes antennes (c'est-à-dire les points d'accès des petites cellules) de la station de base, construiront des liaisons MIMO (entrées multiples, sorties multiples) massives virtuelles dans les petites cellules. Les points d'accès des petites cellules s'appuient sur une connectivité de liaison fiable par fibres optiques. En outre, les bâtiments situés dans la zone de la macrocellule 5G seront également équipés de grands réseaux d'antennes installés à l'extérieur du bâtiment. Ainsi, chaque bâtiment pourra communiquer avec la station de base de la macrocellule directement ou avec les grands réseaux d'antennes distribués de la station de base. En outre, dans chaque bâtiment, les grands réseaux d'antennes installés à l'extérieur seront connectés par câble aux points d'accès sans fil à l'intérieur du bâtiment qui communiquent avec les utilisateurs à l'intérieur. En outre, l'architecture de référence du Home eNode B (HeNB), définie par le 3GPP dans les références afin de construire des femtocellules, est très prometteuse pour les futurs réseaux de communication 5G. En effet, la femtocellule HeNB offre une solution efficace pour répondre à la demande croissante de débits de données. En particulier, une femtocellule HeNB est un point d'accès de faible puissance et de faible portée principalement utilisé pour fournir une couverture intérieure aux groupes fermés d'abonnés (GFA). Les femtocellules HeNB déchargent le réseau macrocellulaire et fournissent une connexion IP à large bande au réseau de l'opérateur mobile par l'intermédiaire de l'accès résidentiel à l'internet de l'abonné.

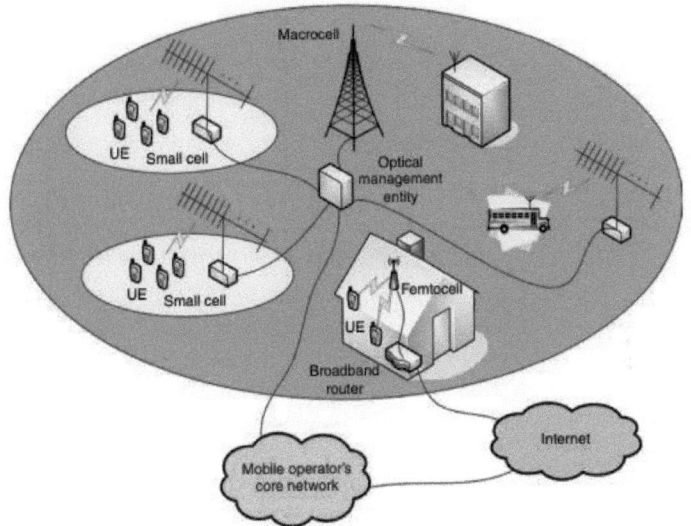

Fig 5.1 : Architecture des systèmes de communication 5G.

Un certain nombre de femtocellules HeNB peuvent être regroupées et adressées à une passerelle, ce qui réduit le nombre d'interfaces reliées directement au réseau central de l'opérateur mobile. Cette passerelle est un équipement de l'opérateur de réseau mobile qui est généralement situé physiquement dans les locaux de l'opérateur mobile. En outre, le concept de femtocellule mobile (MFemtocell) décrit dans la référence peut être une autre technologie prometteuse pour les futures communications 5G. Ce concept associe le concept de relais mobile à la technologie femtocellulaire pour répondre aux besoins des utilisateurs très mobiles, tels que les usagers des transports publics (par exemple les trains et les bus), et même les usagers des voitures particulières. Les femtocellules seront de petites cellules installées à l'intérieur des véhicules pour communiquer avec les utilisateurs qui s'y trouvent. De même, de grands réseaux d'antennes seront installés à l'extérieur des véhicules pour permettre la communication avec la station de base de la macrocellule directement ou avec les grands réseaux d'antennes distribués de la station de base.

La sécurité est un aspect essentiel de tout système de communication, et plus encore pour les réseaux de radiocommunication mobile. L'une des raisons les plus évidentes est que la communication sans fil peut être interceptée par toute personne se trouvant à une certaine distance de l'émetteur et disposant des compétences techniques et de l'équipement nécessaires pour décoder les signaux. Il existe donc un risque que la transmission soit écoutée, voire manipulée, par des tiers. Il existe également d'autres menaces ; par exemple, un pirate peut suivre les déplacements d'un utilisateur entre les cellules radio du réseau ou découvrir où se trouve un utilisateur spécifique. Cela peut constituer une menace importante pour la vie privée des utilisateurs. Outre les aspects de sécurité directement liés aux utilisateurs finaux, il existe également des problèmes de sécurité liés aux opérateurs de réseaux et aux fournisseurs de services, ainsi qu'à la sécurité entre les opérateurs de réseaux dans les scénarios d'itinérance. Par exemple, il ne devrait y avoir aucun doute quant à l'utilisateur et au partenaire d'itinérance impliqués dans la génération d'un certain trafic afin de garantir une facturation correcte et équitable des abonnés.

La sécurité est un élément important du système 4G également et de nombreux aspects sont en fait assez similaires dans les systèmes 4G et 5G. L'ère de la 5G pose toutefois quelques nouveaux défis. Par exemple, on s'attend à ce que la variété des appareils finaux utilisés dans les systèmes 5G soit beaucoup plus diversifiée, par exemple avec de nouveaux types d'appareils simples, d'appareils connectés, d'applications industrielles, etc. en plus du haut débit mobile bien connu des consommateurs finaux. Les aspects liés à la protection de la vie privée devraient jouer un rôle plus important à l'ère de la 5G, étant donné que notre vie quotidienne se déroule de plus en plus sur l'internet et que, dans le même temps, les capacités de calcul et de stockage (communément appelées "big data") permettent de suivre et de stocker presque tout ce qui se passe. Le nombre et le type d'appareils qu'un utilisateur final possède chez lui et qui sont connectés à des systèmes sans fil augmentent et, en combinaison avec les nouvelles capacités de stockage et de calcul, les utilisateurs finaux ont besoin d'assurance et de protection contre les comportements invasifs en matière de vie privée et les problèmes de sécurité.

La sécurité peut être assurée à plusieurs niveaux dans un système. La sécurité de la couche application est ce que la plupart des gens remarquent lorsqu'ils utilisent l'internet. Il s'agit notamment de la navigation sur le web à l'aide du protocole HTTPS et de l'accès sécurisé aux différentes plates-formes et serveurs disponibles sur l'internet.

Toutefois, la sécurité de la couche application n'est pas suffisante pour protéger contre le suivi des mouvements d'un utilisateur entre les cellules radio, ou contre les attaques par déni de service contre les appareils ou le réseau. Par conséquent, la sécurité de l'accès mobile sous-jacent et du réseau mobile est un élément clé pour permettre un système 5G fiable.

Il existe également des exigences réglementaires en matière de sécurité, qui peuvent varier d'un pays à l'autre et d'une région à l'autre. Ces réglementations peuvent, par exemple, concerner des situations exceptionnelles dans lesquelles les forces de l'ordre peuvent demander des informations sur les activités d'un appareil et d'un utilisateur, ainsi qu'intercepter le trafic de télécommunications. Le cadre d'un système de communication permettant de prendre en charge ce type de situation est appelé "interception légale".

Il peut également y avoir des réglementations visant à garantir la protection de la vie privée des utilisateurs finaux lors de l'utilisation des réseaux mobiles. Les exigences de ce type sont généralement inscrites dans les lois et règlements nationaux et/ou régionaux par les autorités responsables de la nation ou de la région concernée. La norme 5G doit toutefois fournir suffisamment de caractéristiques pour que les exigences réglementaires puissent être satisfaites.

Nous abordons ci-dessous les différents aspects de la sécurité dans les réseaux mobiles, en commençant par une brève discussion sur les concepts clés de la sécurité et les domaines de la sécurité. Nous abordons ensuite les aspects de la sécurité relatifs aux utilisateurs finaux ainsi qu'à l'intérieur des entités du réseau et entre elles. Nous concluons ce chapitre par une description du cadre pour l'interception légale. L'accent est mis sur la sécurité de la 5G telle qu'elle est définie par les normes 5G du 3GPP. Il existe de nombreux autres aspects de la sécurité dans un système de communication basé sur des logiciels, qui ne sont pas couverts par les normes 3GPP, y compris la mise en œuvre du produit, les aspects de virtualisation et de sécurité dans le nuage, etc. Ces aspects sont tout aussi importants, mais ils ne sont pas spécifiques aux normes 3GPP et ne sont donc que très brièvement mentionnés ci-dessous.

5.2 Exigences et services de sécurité du système 5G

5.2.1 Exigences en matière de sécurité

Lors de la conception du système 5G, le 3GPP a convenu d'exigences générales en matière de sécurité pour la norme 5G. Il s'agit notamment d'exigences globales pour le système afin de prendre en charge, par exemple, l'authentification et l'autorisation des abonnés, l'utilisation du chiffrement et la protection de l'intégrité entre l'UE et le réseau, etc. Il existe également des exigences de sécurité pour chaque entité telle que l'UE, la station de base (gNB, eNB), l'AMF, l'UDM, etc., et ces exigences comprennent le stockage et le traitement sécurisés des informations d'identification et des clés d'abonnement, la prise en charge d'algorithmes spécifiques de chiffrement et de protection de l'intégrité, etc. Certaines des exigences en matière de sécurité seront décrites plus en détail ci-dessous, lorsque nous aborderons les différentes caractéristiques de sécurité du système 5G.

5.2.2 Services de sécurité

Avant d'aborder les mécanismes de sécurité proprement dits du 5GS, il peut être utile de passer brièvement en revue certains concepts de sécurité de base qui sont importants dans les réseaux cellulaires. Avant d'accorder à un utilisateur l'accès à un réseau, il faut généralement procéder à une authentification (bien que des exceptions puissent être faites pour les services réglementaires tels que les appels d'urgence, en fonction des réglementations locales). Lors de l'authentification, l'utilisateur prouve qu'il est bien celui qu'il prétend être. Dans le système 5GS, l'authentification mutuelle est requise, c'est-à-dire que le réseau authentifie l'utilisateur et que l'utilisateur authentifie le réseau. L'authentification se fait généralement via une procédure où chaque partie prouve qu'elle a accès à un secret connu uniquement des parties participantes, par exemple un mot de passe ou une clé secrète.

Le réseau vérifie également que l'abonné est autorisé à accéder au service demandé, par exemple pour accéder aux services 5G en utilisant un réseau d'accès particulier. Cela signifie que l'utilisateur doit avoir les bons privilèges (c'est-à-dire un abonnement) pour le type de services demandés. L'autorisation d'un réseau d'accès est souvent effectuée en même temps que l'authentification. Il convient de noter que différents types d'autorisation peuvent être requis dans différentes parties du réseau et à différents moments, en fonction du service demandé par l'utilisateur. Le réseau peut, par exemple, autoriser l'utilisation d'une certaine technologie d'accès, d'un certain réseau de données, d'un certain profil de qualité de service, d'un certain débit, l'accès à certains services, etc. Une fois l'accès accordé à l'utilisateur, il est souhaitable de protéger le trafic de signalisation et le trafic du plan utilisateur entre l'UE et le réseau, ainsi qu'entre les différentes entités du réseau. Le chiffrement et/ou la protection de l'intégrité peuvent être appliqués à cette fin.

Le chiffrement et la protection de l'intégrité ont des objectifs différents et le besoin de chiffrement et/ou de protection de l'intégrité diffère selon le type de trafic. Le chiffrement permet de s'assurer que les informations transmises ne peuvent être lues que par les destinataires prévus. Pour ce faire, le trafic est modifié de manière à devenir illisible pour quiconque parvient à l'intercepter, à l'exception des entités qui ont accès aux clés cryptographiques correctes. La protection de l'intégrité, quant à elle, est un moyen de détecter si le trafic qui atteint le destinataire prévu a été ou non modifié, par exemple par un attaquant entre l'expéditeur et le destinataire. Si le trafic a été modifié, la protection de l'intégrité garantit que le destinataire est en mesure de le détecter. En outre, la protection des données peut se faire sur différentes couches de la pile de protocoles et, comme nous le verrons, le système 5GS prend en charge les fonctions de protection des données sur les couches 2 et 3 du protocole, en fonction de l'interface et du type de trafic. Ceci est expliqué plus en détail ci-dessous. Afin de crypter/décrypter et d'assurer la protection de l'intégrité, les entités émettrices et réceptrices ont besoin de clés cryptographiques. Il peut sembler tentant d'utiliser la même clé à toutes les fins, y compris l'authentification, le chiffrement, la protection de l'intégrité, etc. Toutefois, l'utilisation de la même clé à plusieurs fins doit généralement être évitée.

En effet, si la même clé est utilisée pour l'authentification et la protection du trafic, un pirate qui parvient à récupérer la clé de chiffrement en cassant, par exemple, l'algorithme de chiffrement, apprendrait en même temps la clé utilisée également pour l'authentification et la protection de l'intégrité. En outre, les clés utilisées pour un accès ne doivent pas être les mêmes que celles utilisées pour un autre accès. Si elles étaient identiques, les clés récupérées par un attaquant dans un accès aux caractéristiques de sécurité faibles pourraient être réutilisées pour casser des accès aux caractéristiques de sécurité plus fortes. La faiblesse d'un algorithme ou d'un accès se propage donc à d'autres procédures ou accès. Pour éviter cela, les clés utilisées à des fins différentes et dans des accès différents doivent être distinctes, et un pirate qui parvient à récupérer l'une des clés ne doit pas pouvoir apprendre quoi que ce soit d'utile sur les autres clés. Cette propriété est appelée séparation des clés et, comme nous le verrons, il s'agit d'un aspect important de la conception de la sécurité du système 5GS. Afin de réaliser la séparation des clés, des clés distinctes sont dérivées et utilisées à des fins différentes. Les clés peuvent être dérivées pendant le processus d'authentification, lors d'événements de mobilité et lorsque l'UE passe à l'état connecté.

La protection de la vie privée est un autre élément de sécurité important. Par protection de la vie privée, nous entendons les fonctions disponibles pour garantir que les informations relatives à un abonné ne sont pas accessibles à d'autres personnes. Par exemple, il peut s'agir de mécanismes garantissant que l'identifiant permanent de l'utilisateur n'est pas envoyé en texte clair sur la liaison aérienne. Si, par exemple, ces informations sont envoyées en clair sur la liaison aérienne, cela signifierait qu'une personne qui écoute pourrait détecter les mouvements et les habitudes de déplacement d'un utilisateur.

Les lois et les directives des différents pays et des institutions régionales (par exemple, l'Union européenne) définissent généralement la nécessité d'intercepter le trafic des télécommunications et les informations qui s'y rapportent. Il s'agit d'une interception légale qui peut être utilisée par les services répressifs conformément aux lois et réglementations en vigueur.

5.3 Domaines de sécurité

5.3.1 Vue d'ensemble

Pour décrire les différentes caractéristiques de sécurité du système 5GS, il est utile de diviser l'architecture de sécurité complète en différents domaines de sécurité. Chaque domaine peut avoir son propre ensemble de menaces et de solutions de sécurité.

La norme 3GPP TS 33.501 divise l'architecture de sécurité en différents groupes ou domaines :
1. Sécurité de l'accès au réseau
2. Sécurité du domaine du réseau
3. Sécurité du domaine de l'utilisateur
4. Sécurité du domaine d'application
5. Sécurité du domaine SBA
6. Visibilité et configurabilité de la sécurité.

Les groupes 1 à 4 et 6 sont très similaires aux groupes correspondants pour la 4G/EPC. Le groupe 5 est toutefois nouveau par rapport à la 4G/EPC. Le premier groupe est spécifique à chaque technologie d'accès (NG-RAN, accès non-3GPP), tandis que les autres sont communs à tous les accès. La figure 5.2 illustre schématiquement les différents domaines de sécurité.

5.3.2 Sécurité de l'accès au réseau

La sécurité d'accès au réseau fait référence aux fonctions de sécurité qui permettent à un utilisateur d'accéder au réseau en toute sécurité. Cela comprend l'authentification mutuelle ainsi que les fonctions de confidentialité. En outre, la protection du trafic de signalisation et du trafic du plan utilisateur dans l'accès est également incluse. Cette protection peut assurer la confidentialité et/ou l'intégrité du trafic. La sécurité de l'accès au réseau comporte généralement des éléments spécifiques à l'accès, c'est-à-dire que les solutions détaillées, les algorithmes, etc. diffèrent d'une technologie d'accès à l'autre. Avec la norme 5GS, un degré élevé d'harmonisation a été réalisé entre les technologies d'accès, par exemple pour utiliser une authentification d'accès commune.

Le système permet désormais d'utiliser l'authentification par NAS pour les technologies d'accès 3GPP et non 3GPP.

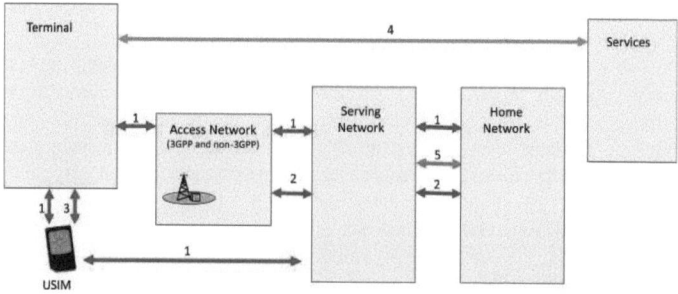

Fig. 5.2 Vue d'ensemble de l'architecture de sécurité.

5.3.3 Sécurité du domaine du réseau
Les réseaux mobiles contiennent de nombreuses fonctions de réseau et des points de référence entre elles. La sécurité du domaine des réseaux fait référence aux caractéristiques qui permettent à ces fonctions de réseau d'échanger des données en toute sécurité et de se protéger contre les attaques sur le réseau entre les fonctions de réseau, à la fois entre les FN au sein d'un PLMN et dans différents PLMN.

5.3.4 Sécurité du domaine de l'utilisateur
La sécurité du domaine de l'utilisateur fait référence à l'ensemble des dispositifs de sécurité qui protègent l'accès physique aux terminaux. Par exemple, l'utilisateur peut devoir saisir un code PIN avant de pouvoir accéder au terminal ou avant de pouvoir utiliser la carte SIM dans le terminal.

5.3.5 Sécurité du domaine d'application
La sécurité du domaine d'application correspond aux caractéristiques de sécurité utilisées par des applications telles que HTTP (pour l'accès au web) ou IMS. La sécurité du domaine d'application est généralement de bout en bout entre l'application dans le terminal et l'entité homologue qui fournit le service. Cela contraste avec les fonctions de sécurité précédentes qui fournissent une sécurité saut par saut, c'est-à-dire qu'elles s'appliquent à une seule liaison dans le système. Si chaque lien (et nœud) de la chaîne qui nécessite une sécurité est protégé, l'ensemble de la chaîne de bout en bout peut être considéré comme sûr. Étant donné que la sécurité au niveau de l'application passe par-dessus le transport du plan de l'utilisateur fourni par 5GS, elle est transparente pour 5GS.

5.3.6 Sécurité du domaine SBA
La sécurité du domaine SBA est l'ensemble des caractéristiques de sécurité qui permettent aux fonctions de réseau utilisant des interfaces/API basées sur des services de communiquer en toute sécurité au sein d'un réseau et entre domaines de réseau, par exemple en cas d'itinérance. Ces caractéristiques comprennent les aspects d'enregistrement, de découverte et d'autorisation des fonctions de réseau, ainsi que la protection des interfaces basées sur les services. La sécurité du domaine SBA est une nouvelle fonction de sécurité par rapport à la 4G/EPC. Étant donné que le SBA est une nouvelle caractéristique du 3GPP dans le 5GS, alors que les autres domaines de sécurité existent également dans la 4G/EPS, le SBA a été considéré comme un domaine de sécurité à part entière.

5.3.7 Visibilité et configurabilité de la sécurité
Il s'agit de l'ensemble des caractéristiques qui permettent à l'utilisateur de savoir si un dispositif de sécurité est opérationnel ou non et si l'utilisation et la fourniture de services dépendent du dispositif de sécurité. Dans la plupart des cas, les dispositifs de sécurité sont transparents pour l'utilisateur et celui-ci ne sait pas qu'ils fonctionnent. Pour certains dispositifs de sécurité,

l'utilisateur doit toutefois être informé de leur état de fonctionnement. Par exemple, l'utilisation du cryptage et de la protection de l'intégrité des données de l'utilisateur dépend de la configuration de l'opérateur et l'utilisateur doit pouvoir savoir s'il est utilisé ou non, par exemple à l'aide d'un symbole sur l'écran du terminal. La configurabilité est la propriété selon laquelle l'utilisateur peut déterminer si l'utilisation ou la fourniture d'un service dépend de la mise en œuvre d'un dispositif de sécurité.

5.4 Caractéristiques de sécurité du réseau 5G

1. **Isolation du découpage du réseau :** Le découpage du réseau crée des segments de réseau virtuels et isolés sur la même infrastructure physique, ce qui garantit que le trafic et les données d'un segment ne peuvent pas interférer avec un autre ou y accéder, améliorant ainsi la sécurité et l'isolation.

2. **Chiffrement amélioré :** La 5G utilise des techniques de cryptage avancées telles que l'AES pour protéger les données pendant la transmission, ce qui rend extrêmement difficile l'interception ou le décryptage des informations par des parties non autorisées.

3. **Authentification et gestion des clés :** Des mécanismes d'authentification robustes vérifient l'identité des appareils et des utilisateurs avant d'accorder l'accès, tandis qu'une gestion solide des clés garantit la sécurité des communications.

4. **Protection de l'identité de l'utilisateur et de l'appareil :** La 5G utilise des mesures telles que l'authentification SIM et les certificats pour protéger contre le vol d'identité et l'accès non autorisé.

5. **Sécurité de la virtualisation des fonctions du réseau (NFV) :** Les fonctions réseau virtualisées sont protégées contre les vulnérabilités, ce qui garantit la sécurité des composants réseau définis par logiciel.

6. **Sécurité dès la conception :** les réseaux 5G sont conçus dès le départ dans une optique de sécurité, avec des fonctions de sécurité intégrées et des considérations visant à contrecarrer les menaces potentielles.

7. **Intégration sécurisée des appareils :** Les appareils sont intégrés au réseau en toute sécurité, souvent par le biais de méthodes telles que l'authentification par carte SIM ou le provisionnement sécurisé, afin de s'assurer qu'ils répondent aux normes de sécurité.

8. **Sécurité accrue de l'interface radio :** Les mesures de sécurité au niveau de l'interface radio protègent contre les écoutes et autres attaques radio, préservant ainsi la confidentialité des communications sans fil.

9. **Audit et surveillance de la sécurité :** La surveillance et l'audit continus du trafic et des événements du réseau permettent de détecter les incidents de sécurité et d'y répondre en temps réel, ce qui renforce la sécurité globale du réseau.

10. **Sécurité du découpage du réseau :** Chaque tranche de réseau est renforcée par ses propres mesures de sécurité afin d'empêcher les attaques croisées, ce qui garantit qu'une tranche ne peut pas compromettre la sécurité d'une autre.

Dans le réseau 5G, un identifiant permanent d'abonné (SUPI) unique au monde est attribué à chaque abonné. Le SUPI suit le format de l'IMSI ou de l'identificateur d'accès au réseau (NAI). Le SUPI n'est pas partagé pendant la procédure d'établissement de la connexion. Au lieu de cela, un identifiant d'abonné caché (SUCI) temporaire est partagé avec le réseau jusqu'à ce que l'abonné ou le dispositif soit authentifié. Cette fonction protège les abonnés contre les stations de base malveillantes du réseau.

5.4.1 Questions et défis en matière de sécurité dans les systèmes de communication 5G

Les cibles les plus attrayantes pour les futurs attaquants dans les systèmes de communication 5G à venir seront l'équipement de l'utilisateur, les réseaux d'accès, le réseau central de l'opérateur mobile et les réseaux IP externes. Pour aider à comprendre les problèmes et défis futurs en matière de sécurité qui affectent ces composants du système 5G, nous présentons des exemples représentatifs de menaces et d'attaques possibles spécifiques à ces composants. Pour obtenir ces exemples, nous explorons les menaces et les attaques contre les anciens systèmes mobiles (c'est-à-dire 2G/3G/4G) qui pourraient affecter les futurs systèmes de communication 5G en exploitant les caractéristiques spécifiques de cette nouvelle plateforme de communication. Pour les exemples d'attaques, nous examinons également les techniques d'atténuation potentielles tirées de la littérature, afin de fournir une feuille de route pour le déploiement de contre-mesures plus perfectionnées.

1. **Équipement de l'utilisateur**

À l'ère des communications 5G, les équipements utilisateurs (UE), tels que les puissants smartphones et tablettes, occuperont une place très importante dans notre vie quotidienne. Ces équipements offriront un large éventail de fonctionnalités attrayantes pour permettre aux utilisateurs finaux d'accéder à une pléthore de services personnalisés de haute qualité. Cependant, la popularité croissante attendue du futur UE, combinée aux capacités accrues de transmission de données des réseaux 5G, à l'adoption généralisée de systèmes d'exploitation ouverts et au fait que le futur UE prendra en charge une grande variété d'options de connectivité (par exemple, 2G/3G/4G, IEEE 802.11, Bluetooth) sont des facteurs qui font du futur UE une cible de choix pour les cybercriminels. Outre les traditionnelles attaques par déni de service (DoS) basées sur les SMS/MMS, le futur UE sera également exposé à des attaques plus sophistiquées provenant de logiciels malveillants mobiles (par exemple, vers, virus, chevaux de Troie) qui cibleront à la fois l'UE et le réseau cellulaire 5G. Les systèmes d'exploitation ouverts permettront aux utilisateurs finaux d'installer des applications sur leurs appareils, non seulement à partir de sources fiables mais aussi de sources non fiables (c'est-à-dire des marchés tiers). Par conséquent, les logiciels malveillants mobiles, qui seront inclus dans des applications présentées comme des logiciels innocents (par exemple, des jeux, des utilitaires), seront téléchargés et installés sur les appareils mobiles des utilisateurs finaux, les exposant ainsi à de nombreuses menaces. Les logiciels malveillants mobiles peuvent être conçus pour permettre aux attaquants d'exploiter les données personnelles stockées sur l'appareil ou de lancer des attaques (par exemple des attaques DoS) contre d'autres entités, telles que d'autres UE, les réseaux d'accès mobiles, le réseau central de l'opérateur mobile et d'autres réseaux externes connectés au réseau central mobile. Par conséquent, les futurs appareils mobiles compromis ne constitueront pas seulement une menace pour leurs utilisateurs, mais aussi pour l'ensemble du réseau mobile 5G qui les dessert.

2. Réseaux d'accès

Dans les communications 5G, les réseaux d'accès devraient être très hétérogènes et complexes, comprenant plusieurs technologies d'accès radio différentes (par exemple 2G/3G/4G) et d'autres schémas d'accès avancés, tels que les femtocellules, afin de garantir la disponibilité du service. Par exemple, en l'absence de couverture du réseau 4G, l'utilisateur devrait pouvoir établir une connexion via les réseaux 2G ou 3G. Toutefois, le fait que les systèmes mobiles 5G prendront en charge de nombreux réseaux d'accès différents les amène à hériter de tous les problèmes de sécurité des réseaux d'accès sous-jacents qu'ils prendront en charge. Au cours de l'évolution des communications 4G vers les communications 5G, des mécanismes de sécurité renforcés devraient être mis en œuvre pour contrer les menaces de sécurité émergentes sur les réseaux d'accès 5G. Pour résoudre ce problème, il convient tout d'abord d'identifier les menaces potentielles pour la sécurité des futurs réseaux d'accès 5G. Ainsi, dans cette section, nous nous concentrons sur les attaques existantes contre les réseaux d'accès 4G actuels et les femtocellules HeNB, qui pourraient également être des attaques possibles contre les réseaux d'accès 5G.

Attaques contre le réseau d'accès 4G
- Localisation de l'UE
- Attaques basées sur de faux rapports d'état de mémoire tampon
- Attaque par insertion de message

Attaques HeNB Femtocell
- Attaques physiques sur le HeNB
- Attaques contre les informations d'identification de HeNB

- Attaques de configuration sur HeNB
- Attaques de protocole sur HeNB
- Attaques contre le réseau central de l'opérateur mobile
- Attaques contre les données des utilisateurs et la confidentialité de l'identité
- Attaques contre les ressources et la gestion des radios

5.4.2 Besoin de sécurité dans les réseaux 5G

Contrairement aux technologies sans fil de la génération précédente, la 5G prend en charge de manière native les services IOT massifs et les services de véhicule à infrastructure. Il est très important de protéger ces réseaux contre les attaques par déni de service distribué (DDOS) des pirates informatiques.

Les cas d'utilisation massive de l'IOT utiliseront le RAN 5G et les pirates pourraient potentiellement surcharger le RAN par des attaques DDOS, si le réseau n'est pas protégé.

L'introduction des MEC et des petites cellules, qui sont déployées plus près des abonnés et des appareils, crée de nouveaux vecteurs d'attaque pour les pirates informatiques, qui doivent être protégés.

La 5G s'adresse à des cas d'utilisation critiques tels que les chirurgies robotiques et il est essentiel d'empêcher les pirates d'exploiter les vulnérabilités de type "zero-day".

5.5 Sécurité du domaine du réseau

5.5.1 Introduction

La majeure partie du texte de ce chapitre a jusqu'à présent porté sur la sécurité de l'accès au réseau, c'est-à-dire sur les fonctions de sécurité qui soutiennent l'accès de l'UE au réseau 5GS. Toutefois, comme indiqué dans les sections introductives du chapitre, il est important d'examiner également les aspects de sécurité des interfaces internes au réseau, à la fois au sein d'un PLMN et entre les PLMN dans les cas d'itinérance. Cela n'a toutefois pas toujours été le cas. Lorsque la 2G (GSM/GERAN) a été développée, aucune solution n'a été spécifiée pour protéger le trafic dans le réseau central. Cela n'a pas été perçu comme un problème, car les réseaux GSM étaient généralement contrôlés par un petit nombre de grandes institutions et étaient des entités de confiance. En outre, les réseaux GSM d'origine ne géraient que le trafic à commutation de circuits. Ces réseaux utilisaient des protocoles et des interfaces spécifiques au trafic vocal à commutation de circuits et n'étaient généralement accessibles qu'aux grands opérateurs de télécommunications. Avec l'introduction du GPRS et du transport IP en général, la signalisation et le transport du plan utilisateur dans les réseaux 3GPP ont commencé à fonctionner sur des réseaux et des protocoles qui sont plus ouverts et accessibles à d'autres que les grandes institutions de la communauté des télécommunications. Il est donc devenu nécessaire d'améliorer la protection du trafic passant par les interfaces du réseau central. Par exemple, les interfaces du réseau central peuvent traverser des réseaux de transport IP de tiers, ou les interfaces peuvent franchir les frontières des opérateurs, comme dans les cas d'itinérance. Le 3GPP a donc élaboré des spécifications sur la manière dont le trafic IP doit être sécurisé dans le réseau central et entre un réseau central et un autre réseau (central). Par ailleurs, il convient de noter que même aujourd'hui, si les interfaces du réseau central passent par des réseaux de confiance, par exemple un réseau de transport physiquement protégé appartenant à l'opérateur, cette protection supplémentaire ne serait guère nécessaire.

Nous examinerons ci-après la solution générale de sécurité du domaine du réseau (NDS) qui a déjà été spécifiée pour la 3G et la 4G et qui est réutilisée avec le 5GS, mais nous nous pencherons également sur les nouvelles solutions 5GS qui ont été développées spécifiquement pour les interfaces basées sur le service (c'est-à-dire les interfaces qui utilisent HTTP/2). Dans ce domaine, les interfaces entre domaines revêtent une importance particulière, l'interface d'itinérance (N32) entre les PLMN ainsi que les interfaces entre 5GS et les tiers utilisés pour l'exposition au réseau.

5.5.2 Aspects sécuritaires des interfaces basées sur les services

Les interfaces basées sur le service sont un nouveau principe de conception dans les réseaux 3GPP, introduit avec la 5G. Par conséquent, le 3GPP a également défini de nouvelles fonctions de sécurité pour prendre en compte le nouveau type d'interactions entre les entités du réseau central. Par exemple, lorsqu'un consommateur de service NF veut accéder à un service fourni par un producteur de service NF, la norme 5GS permet d'authentifier et d'autoriser le consommateur avant d'accorder l'accès au service NF. Ces fonctions sont facultatives au sein d'un PLMN et un opérateur peut décider de s'appuyer, par exemple, sur la sécurité physique au lieu de déployer le cadre d'authentification/autorisation pour les services NF. Nous décrivons ci-dessous, à un niveau élevé, les caractéristiques générales de sécurité pour les interfaces basées sur les services, y compris la prise en charge de l'authentification et de l'autorisation. Pour protéger les interfaces basées sur les services, toutes les fonctions de réseau doivent supporter TLS.

TLS peut alors être utilisé pour la protection du transport au sein d'un PLMN, à moins que l'opérateur ne mette en œuvre la sécurité du réseau par d'autres moyens. L'utilisation de TLS est toutefois facultative et l'opérateur peut, par exemple, utiliser la sécurité des domaines de réseau (NDS/IP) au sein d'un PLMN, décrite plus en détail au point 8.4.4. L'opérateur peut également décider de ne pas utiliser de protection cryptographique du tout au sein du PLMN si les interfaces sont considérées comme fiables, par exemple s'il s'agit d'interfaces internes à l'opérateur protégées physiquement. L'authentification entre les fonctions de réseau au sein d'un PLMN est également prise en charge, mais la méthode dépend de la manière dont les liens sont protégés. Si l'opérateur utilise une protection au niveau de la couche transport basée sur TLS comme mentionné ci-dessus, l'authentification basée sur un certificat qui est fournie par TLS est utilisée pour l'authentification entre les FN. Si le PLMN n'utilise pas la protection de la couche transport basée sur TLS, l'authentification entre les NF au sein d'un PLMN pourrait être considérée comme implicite en utilisant NDS/IP ou en utilisant la sécurité physique des liens.

En plus de l'authentification entre les NF, le côté serveur d'une interface basée sur les services doit également autoriser le client à accéder à un certain service NF. Le cadre d'autorisation utilise le cadre OAuth 2.0 tel que spécifié dans le RFC 6749 (RFC 6749). Le cadre OAuth 2.0 est un protocole d'autorisation standard développé par l'IETF. Il prend en charge un cadre basé sur des jetons dans lequel un consommateur de services obtient un jeton d'un serveur d'autorisation. Ce jeton peut ensuite être utilisé pour accéder à un service spécifique chez un producteur de services NF. Dans 5GS, c'est la NRF qui agit en tant que serveur d'autorisation OAuth 2.0 et un consommateur de service NF demandera donc des jetons à la NRF lorsqu'il voudra accéder à un certain service NF. La NRF peut autoriser la demande du consommateur de service NF et lui fournir un jeton. Le jeton est spécifique à un certain producteur de service NF. Lorsque le consommateur du service NF essaie d'accéder au service NF chez le producteur du service NF, le consommateur du service NF fournit le jeton dans sa demande. Le producteur du service NF vérifie la validité (l'intégrité) du jeton en utilisant la clé publique de la NRF ou une clé partagée, en fonction du type de clés déployées pour le protocole OAuth 2.0. Si la vérification est réussie, le producteur du service NF exécute le service demandé et répond au consommateur du service NF.

Le cadre ci-dessus est le cadre général lorsqu'une FN accède à des services produits par toute autre FN. Cependant, le NRF est un producteur de service NF un peu spécial dans ce cas puisque c'est le NRF qui fournit des services pour la découverte de la NF, la découverte du service NF, l'enregistrement de la NF, l'enregistrement du service NF et les services de demande de jeton OAuth 2.0, c'est-à-dire les services qui supportent le cadre global basé sur le service. Lorsqu'une FN souhaite consommer des services NRF (c'est-à-dire s'enregistrer, découvrir ou demander un jeton d'accès), les caractéristiques générales ci-dessus pour la sécurité du transport (basée sur TLS) et l'authentification (basée sur TLS ou l'authentification implicite) s'appliquent également. Toutefois, le jeton d'accès OAuth 2.0 pour l'autorisation entre la FN et la NRF n'est pas nécessaire. Le NRF autorise plutôt la demande en se basant sur le profil du service NF/NF attendu et sur le type du consommateur du service NF. Le NRF détermine si le consommateur du service NF peut découvrir la ou les instances NF attendues sur la base du profil du service

NF/NF cible et du type du consommateur du service NF. Lorsque le découpage du réseau s'applique, le NRF autorise la demande conformément à la configuration du découpage du réseau, par exemple de manière à ce que la ou les instances de la NF attendues ne puissent être découvertes que par d'autres NF dans le même découpage du réseau.

5.5.3 Interfaces basées sur le service entre les PLMN en itinérance

L'interconnexion de l'internetwork permet une communication sécurisée entre les NF consommatrices de services et les NF productrices de services dans différents PLMN. La sécurité est assurée par les SEPP (Security Edge Protection Proxies) des deux réseaux, c'est-à-dire les SEPP de chaque PLMN.

Les SEPP mettent en œuvre des politiques de protection concernant la sécurité de la couche application, garantissant ainsi la protection de l'intégrité et de la confidentialité des éléments à protéger. Les SEPP permettent également de masquer la topologie afin d'éviter que la topologie du réseau interne ne soit révélée aux réseaux externes. Entre les PLMN ayant conclu des accords d'itinérance, il existe, dans la plupart des cas, un réseau intermédiaire qui fournit des services de médiation entre les PLMN, ce que l'on appelle un échange IP itinérant ou IPX. L'IPX assure donc l'interconnexion entre les différents opérateurs. Chaque PLMN entretient une relation commerciale avec un ou plusieurs fournisseurs d'IPX. Dans la plupart des cas, il y aura donc un ou plusieurs fournisseurs d'interconnexion entre les SEPP des deux PLMN. Le fournisseur d'interconnexion peut avoir ses propres entités/procurations dans l'IPX, qui appliquent certaines restrictions et politiques pour le fournisseur IPX. La figure 5.3 montre un exemple de réseau PLMN de desserte dans lequel une FN souhaite accéder à un service produit par une FN dans un réseau PLMN d'origine. Le PLMN de desserte a un SEPP de consommateur (cSEPP) et le PLMN d'origine a un SEPP de producteur (pSEPP). Chaque PLMN a une relation commerciale avec un opérateur IPX.

L'opérateur du cSEPP entretient une relation commerciale avec un fournisseur d'interconnexion (IPX du consommateur, ou cIPX), tandis que l'opérateur du pSEPP entretient une relation commerciale avec un fournisseur d'interconnexion (IPX du producteur, ou pIPX). Il pourrait y avoir d'autres fournisseurs d'interconnexion entre le cIPX et le pIPX, mais cela n'apparaît pas ici.

Les opérateurs d'interconnexion (pIPX et cIPX dans la figure) peuvent modifier les messages échangés entre les PLMN pour fournir les services de médiation, par exemple pour fournir des services à valeur ajoutée aux partenaires itinérants. Si des entités IPX entre SEPP veulent inspecter ou modifier un message, TLS ne peut pas être utilisé sur N32 car il s'agit d'une protection de réseau de transport qui ne permet pas aux intermédiaires d'examiner ou de modifier un message. Au lieu de cela, la sécurité de la couche application doit être utilisée pour la protection entre les SEPP. La sécurité de la couche application signifie que le message est protégé à l'intérieur du corps HTTP/2, ce qui permet à certains éléments d'information du message d'être cryptés tandis que d'autres éléments d'information sont envoyés en texte clair. Les éléments d'information qu'un fournisseur IPX a des raisons d'inspecter seraient envoyés en texte clair tandis que les autres éléments d'information, qui ne doivent pas être révélés aux entités intermédiaires, sont cryptés. L'utilisation de la sécurité de la couche application permet également à une entité intermédiaire de modifier le message.

Les SEPPs utilisent JSON Web Encryption (JWE, spécifié dans le RFC 7516) pour protéger les messages sur l'interface N32, et les fournisseurs IPX utilisent JSON Web Signatures (JWS, spécifié dans le RFC 7515 (RFC 7515)) pour signer leurs modifications nécessaires à leurs services de médiation. Il est à noter que même si TLS n'est pas utilisé pour protéger les messages NF-to-NF transportés entre deux SEPP dans ce cas, les deux SEPP établissent quand même une connexion TLS afin de négocier les paramètres de configuration de la sécurité de la couche application.

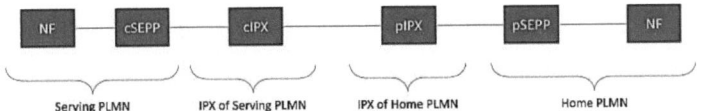

Fig. 5.3 Aperçu de la sécurité entre les PLMN (N32).

S'il n'y a pas d'entités IPX entre les SEPP, TLS est utilisé pour protéger les messages NF à NF transportés sur les deux SEPP. Dans ce cas, il n'est pas nécessaire de regarder à l'intérieur des messages ou de modifier une partie du message transporté entre les SEPP.

5.5.4 Sécurité du domaine du réseau pour les communications basées sur l'IP

Les spécifications relatives à la protection du trafic général du plan de contrôle basé sur IP sont appelées Network Domain Security for IP-based Control Planes (NDS/IP) et sont disponibles dans la norme 3GPP TS 33.210. Cette spécification a été développée à l'origine pour la 3G et a évolué pour la 4G afin de couvrir principalement le trafic du plan de contrôle basé sur IP (par exemple Diameter et GTP-C). Elle est toutefois également applicable aux réseaux 5G pour assurer la protection de la couche réseau. NDS/IP est basé sur IKEv2/IPSec et est donc applicable à tout type de trafic IP, y compris HTTP/2 utilisé avec 5GS.

NDS/IP utilise le concept de domaines de sécurité. Les domaines de sécurité sont des réseaux gérés par une seule autorité administrative. Par conséquent, le niveau de sécurité et les services de sécurité disponibles sont censés être les mêmes au sein d'un domaine de sécurité. Un exemple de domaine de sécurité pourrait être le réseau d'un seul opérateur de télécommunications, mais il est également possible qu'un seul opérateur divise son réseau en plusieurs domaines de sécurité. À la frontière des domaines de sécurité, l'opérateur de réseau place des passerelles de sécurité (SEG) pour protéger le trafic du plan de contrôle qui entre et sort du domaine. Tout le trafic NDS/IP des entités du réseau d'un domaine de sécurité est acheminé via une SEG avant de sortir de ce domaine vers un autre domaine de sécurité. Le trafic entre les SEG est protégé par IPsec ou, plus précisément, par IPsec Encapsulated Security Payload (ESP) en mode tunnel. Le protocole IKE (Internet Key Exchange) version 2, IKEv2, est utilisé entre les SEG pour établir les associations de sécurité IPsec.

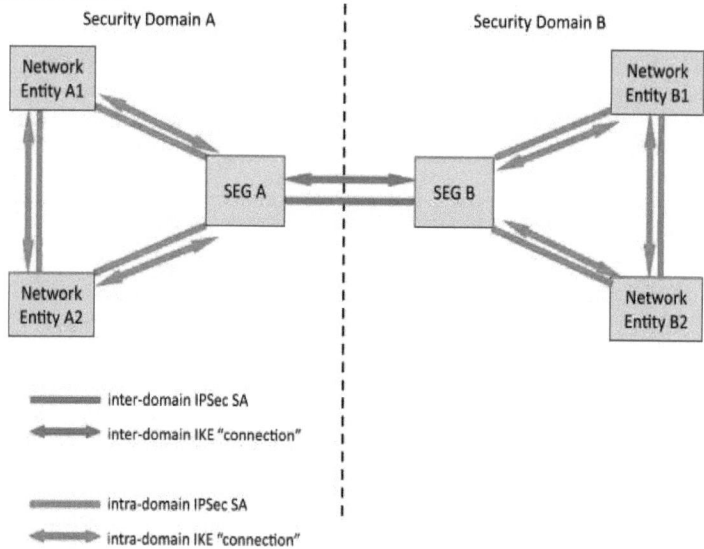

Fig. 5.4 Exemple de deux domaines de sécurité déployant NDS/IP.

Bien que le système NDS/IP ait été initialement conçu pour protéger uniquement la signalisation du plan de contrôle, il est possible d'utiliser des mécanismes similaires pour protéger le trafic du plan de l'utilisateur. De même, au sein d'un domaine de sécurité - c'est-à-dire entre différentes entités de réseau ou entre une entité de réseau et un SEG - l'opérateur peut choisir de protéger le trafic à l'aide d'IPsec. Le chemin de bout en bout entre deux entités de réseau dans deux domaines de sécurité est donc protégé saut par saut.

5.5.5 Aspects sécuritaires des interfaces N2 et N3

N2 est le point de référence entre l'AMF et la 5G-AN. Il est utilisé, entre a u t r e s, pour transporter le trafic de signalisation NAS entre l'UE et l'AMF sur des accès 3GPP et non-3GPP. N3 est le point de référence entre la 5G-AN et l'UPF. Il est utilisé pour acheminer les données du plan de l'utilisateur acheminées par tunnel GTP de l'UE à l'UPF. La protection de N2 et N3 à l'aide de solutions cryptographiques entre le gNB et le 5GC est importante dans certains déploiements, par exemple si l'on ne peut pas supposer que la liaison avec le gNB est physiquement sécurisée. Il s'agit toutefois d'une décision de l'opérateur. Si le gNB a été placé dans un environnement physiquement sécurisé, l'"environnement sécurisé" comprend d'autres nœuds et liaisons à côté du gNB.

Afin de protéger les points de référence N2 et N3 à l'aide d'une solution cryptographique, la norme exige que l'authentification IPsec ESP et IKEv2 basée sur des certificats soit utilisée entre le gNB et le 5GC. Du côté du réseau central, un SEG (tel que décrit pour NDS/IP) peut être utilisé pour terminer le tunnel IPsec. Cela permet d'assurer l'intégrité, la confidentialité et la protection contre le rejeu pour le transport des données du plan de contrôle sur N2. Pour l'interface N2, à la place d'IPSec, la norme autorise également l'utilisation de DTLS pour assurer la protection de l'intégrité, la protection contre le rejeu et la protection de la confidentialité. L'utilisation de la sécurité de la couche transport via DTLS n'exclut cependant pas l'utilisation de la protection de la couche réseau selon NDS/IP. En fait, IPsec a l'avantage de fournir une dissimulation de la topologie.

5.5.6 Aspects sécuritaires de l'exposition au réseau/NEF

Les NF peuvent exposer des capacités et des événements à des fonctions d'application tierces via le NEF. Cette exposition comprend la surveillance des événements par une fonction d'application externe ainsi que la fourniture d'informations de session à des fins de politique et de facturation. Le NEF prend également en charge la fourniture d'informations au 5GS, ce qui permet à une partie externe de fournir par exemple des informations comportementales prévues de l'UE au 5G (par exemple des modèles de mobilité) ou d'influer sur le routage du trafic pour les cas d'utilisation de l'informatique en périphérie. Pour assurer une exposition sécurisée des capacités du 5GS et de l'apport d'informations, ces fonctions ne devraient être fournies qu'aux FA qui ont été correctement authentifiées et autorisées, soit par des procédures explicites, soit implicitement dans le cas où le FA est approuvé dans le cadre du déploiement du réseau.

Pour l'authentification entre le NEF et une fonction d'application qui réside en dehors du domaine de l'opérateur 3GPP, une authentification mutuelle basée sur des certificats de client et de serveur doit être réalisée entre le NEF et l'AF en utilisant TLS. TLS est également utilisé pour assurer la protection de l'interface entre le NEF et la fonction d'application. Après l'authentification, le NEF détermine si la fonction d'application est autorisée à envoyer des demandes.

5.6 Sécurité du domaine de l'utilisateur

La sécurité du domaine de l'utilisateur comprend l'ensemble des fonctions de sécurité qui sécurisent l'accès de l'utilisateur à l'appareil mobile. La fonction de sécurité la plus courante dans ce contexte est l'accès sécurisé à l'USIM. L'accès à l'USIM sera bloqué jusqu'à ce que l'USIM ait authentifié l'utilisateur. Dans ce cas, l'authentification est basée sur un secret partagé (le code PIN) qui est stocké dans l'USIM. Lorsque l'utilisateur saisit le code PIN sur le terminal, celui-ci est transmis à l'USIM. Si l'utilisateur a fourni le bon code PIN, l'USIM autorise l'accès du terminal/de l'utilisateur, par exemple pour effectuer l'authentification d'accès basée sur l'AKA.

Voici les principaux aspects de la sécurité du domaine utilisateur dans la 5G :

1. **Authentification de l'utilisateur :** Méthodes d'authentification forte, telles que la biométrie,

Les PIN, ou certificats numériques, sont utilisés pour vérifier l'identité des utilisateurs avant de leur accorder l'accès au réseau ou à des services spécifiques.

2. **Onboarding sécurisé :** Les nouveaux appareils sont connectés en toute sécurité au réseau 5G, ce qui permet de s'assurer de leur authenticité et de leur intégrité avant d'autoriser l'accès.

3. **Sécurité des appareils :** Les appareils des utilisateurs, comme les smartphones et les appareils IoT, sont protégés contre les accès non autorisés et les logiciels malveillants grâce à des processus de démarrage sécurisés et à l'authentification des appareils.

4. **Communication sécurisée :** Les protocoles de cryptage, tels que TLS (Transport Layer Security), sont utilisés pour sécuriser les données en transit, garantissant que les communications des utilisateurs sont privées et protégées contre les écoutes clandestines.

5. **Contrôle d'accès :** L'accès à des ressources et services spécifiques est géré et contrôlé en fonction des niveaux d'autorisation des utilisateurs, de leurs rôles et de leurs permissions.

6. **Protection de la vie privée des utilisateurs :** La confidentialité des données des utilisateurs est une préoccupation majeure, et des mesures sont en place pour protéger les données des utilisateurs, souvent grâce à des technologies de préservation de la vie privée et à des réglementations en matière de protection des données.

7. **Sécurité des applications :** Les applications et les services auxquels les utilisateurs ont accès sont sécurisés par des audits de sécurité réguliers et des mises à jour pour remédier aux vulnérabilités.

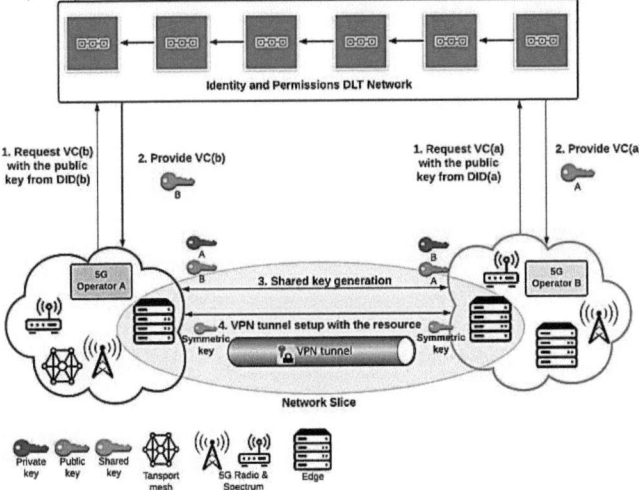

Fig 5.5 : Sécurité du domaine de l'utilisateur

8. **Sécurité des terminaux :** Les appareils et les terminaux des utilisateurs sont protégés contre les menaces par des logiciels et des politiques de sécurité qui détectent et atténuent les risques potentiels.

9. **Protection de l'identité des utilisateurs :** Des mesures sont en place pour protéger l'identité des utilisateurs contre le vol ou l'utilisation non autorisée, ce qui est essentiel pour prévenir la fraude liée à l'identité.

10. **Sensibilisation et éducation des utilisateurs :** Les utilisateurs sont sensibilisés aux meilleures pratiques pour maintenir la sécurité, y compris l'utilisation d'un mot de passe fort et des habitudes de navigation sûres.

La présente sous-section traite cet aspect brièvement et à un niveau élevé pour compléter les fonctionnalités 5GS globales ; il s'agit d'une description des normes 3GPP LI et non d'une fonction mise en œuvre dans l'un des nœuds des fournisseurs. La fonction LI n'impose pas d'exigences sur la manière dont un système doit être construit, mais exige plutôt que des dispositions soient prises pour que les autorités judiciaires puissent obtenir les informations nécessaires des réseaux par des moyens légaux, conformément à des exigences de sécurité spécifiques, sans perturber le mode de fonctionnement normal et sans compromettre la confidentialité des communications qui ne doivent pas être interceptées. Il convient de noter que les fonctions de LI doivent fonctionner sans être détectées par la ou les personnes dont les informations sont interceptées et par d'autres personnes non autorisées. Comme il s'agit d'une pratique standard pour tous les réseaux de communication déjà en service aujourd'hui dans le monde, le système 5GS ne fait pas exception à la règle. Le processus de collecte d'informations se fait par l'ajout de fonctions spécifiques dans les entités du réseau où certaines conditions de déclenchement amèneront ces éléments du réseau à envoyer des données de manière sécurisée à d'autres entités spécifiques du réseau chargées de ce rôle. En outre, des entités spécifiques assurent l'administration et la livraison des données interceptées aux services répressifs dans le format requis. Il convient de noter que le 3GPP consacre beaucoup d'efforts à garantir que, lorsque la conformité à la réglementation relative à la LI est requise, le système est conçu pour fournir la quantité minimale d'informations suffisante pour assurer la conformité, et pas davantage.

titre d'exemple, la figure 5.6 (adaptée de 3GPP TS 33.127) présente une vue simplifiée de l'architecture LI pour le système 5G. Les fonctions liées à la LI illustrées dans la figure sont les suivantes :

• L'organisme chargé de l'application de la loi (LEA), qui est généralement celui qui soumet le mandat au prestataire de services. Dans certains pays, le mandat peut être fourni par une entité juridique différente (par exemple, l'autorité judiciaire).

• La fonction d'administration (ADMF), responsable de la gestion globale du système LI. L'ADMF utilise l'interface LI_X1 vers les FN 5GC pour gérer la fonctionnalité LI.

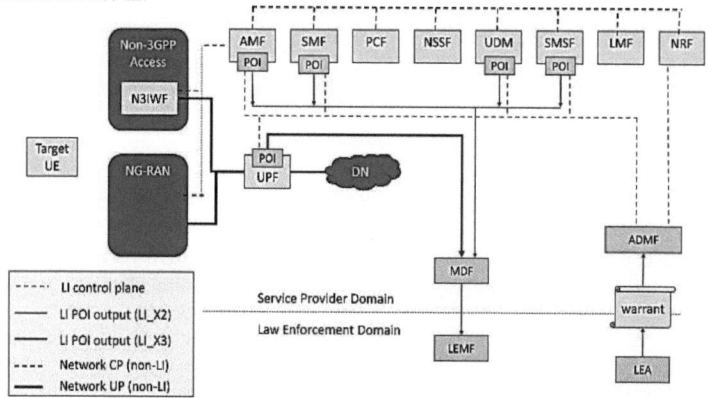

Fig. 5.6 Architecture de haut niveau de LI.

• Le point d'interception (POI) est la fonctionnalité qui détecte la communication cible, dérive les informations liées à l'interception ou le contenu des communications à partir des communications cibles et fournit le résultat au MDF. Le POI est situé dans les FN 5G concernées. Le POI utilise les interfaces LI_X2 et LI_X3 pour fournir le produit d'interception.

- La fonction de médiation et de transmission (MDF) transmet les rapports d'interception à la Law Enforcement Monitoring Facility (LEMF).

- Le service de surveillance des forces de l'ordre (LEMF) est l'entité qui reçoit le produit d'interception. Le LEMF n'est pas spécifié par le 3GPP.

Les informations relatives à l'interception (également appelées "événements") sont déclenchées par des activités détectées au niveau de l'élément de réseau. Voici quelques événements applicables à l'AMF :

- Inscription.
- Désinscription.
- Mise à jour de l'emplacement.
- Début de l'interception avec un UE déjà enregistré.
- Tentative de communication infructueuse.

Les événements applicables à SMF sont les suivants :
- PDU Établissement de la session.
- PDU Modification de la session.
- PDU Libération de la session.
- Début de l'interception d'une session PDU établie.

En fonction des réglementations nationales, les informations relatives à l'interception collectées peuvent également être communiquées par l'UDM. Ce bref aperçu représente les fonctions de haut niveau prises en charge dans le système 5GS pour répondre aux exigences de la LI. L'interception légale en tant que telle n'est pas directement liée aux aspects de l'architecture globale du nouveau système, et cette vue d'ensemble est incluse principalement pour des raisons d'exhaustivité. Il ne montre en aucun cas toutes les possibilités ou tous les aspects de cette fonction, et le 3GPP ne couvre pas les aspects éthiques importants lorsqu'il s'agit de fournir des fonctions aussi sensibles.

5.7 Cadre de qualité de service basé sur les flux

Le QFI est transporté dans un en-tête d'encapsulation (GTP-U) sur N3 (et N9), c'est-à-dire sans aucune modification de l'en-tête du paquet de bout en bout. Les paquets de données marqués par le même QFI reçoivent le même traitement d'acheminement du trafic (par exemple, ordonnancement, seuil d'admission). Les flux de qualité de service peuvent être des flux de qualité de service GBR, c'est-à-dire qui nécessitent un débit garanti, ou des flux de qualité de service qui ne nécessitent pas de débit garanti (flux de qualité de service non GBR).

La figure 5.7 illustre le processus de classification et l'acheminement différencié des paquets fourni par le NG-RAN pour les paquets de données en DL (c'est-à-dire les paquets arrivant à l'UPF qui transitent vers l'UE) et les paquets de données en UL (c'est-à-dire les paquets générés par l'UE, par exemple dans la couche d'application, qui sont envoyés au réseau). Les paquets de données sont des paquets IP, mais les mêmes principes peuvent être appliqués aux trames Ethernet.

En DL, les paquets de données sont comparés dans l'UPF aux règles de détection de paquets (PDR), installées par le SMF, afin de classer les paquets de données (par exemple, par rapport aux filtres IP 5-tuple dans le PDR). Chaque PDR est ensuite associée à une ou plusieurs règles d'application de la QoS (QER) qui contiennent des informations sur la manière d'appliquer, par exemple, les débits binaires. La QER contient également la valeur QFI à ajouter à l'en-tête GTP-U (en-tête d'encapsulation N3).

Dans cet exemple, les paquets de données de cinq flux IP sont classés en trois flux de qualité de service, puis envoyés vers le réseau 5G-AN (dans ce cas, le NG-RAN) via le tunnel NG-U (c'est-à-dire le tunnel N3). Le NG-RAN, sur la base du marquage QFI et du profil QoS correspondant par QFI reçu, par exemple, lors de l'établissement de la session PDU, décide de la manière de mapper les flux QoS aux DRB. Le protocole d'adaptation des données de service (SDAP), spécifié dans la norme 3GPP TS 37.324, est utilisé pour permettre le multiplexage si plus d'un flux de qualité de service est envoyé sur un DRB, c'est-à-dire que si le NG-RAN décide d'établir un DRB par QFI, la couche SDAP n'est pas nécessaire. Sauf si la QoS réfléchie est utilisée. Dans ce cas, la couche SDAP est utilisée, voir 3GPP TS 38.300. Pour le QFI 5, le NG-RAN décide d'utiliser un DRB dédié, mais les QFI2 et QFI3 sont multiplexés sur le même DRB. Lorsque le SDAP est configuré, un en-tête SDAP est ajouté au PDCP, c'est-à-dire qu'une surcharge est ajoutée aux paquets de données, et le SDAP est utilisé pour la correspondance entre le flux de qualité de service et le DRB. La correspondance entre le flux de qualité de service et le DRB peut également être définie à l'aide de la configuration RRCre, auquel cas une liste de valeurs QFI peut être mise en correspondance avec un DRB. Le NG-RAN envoie ensuite les paquets de données à l'aide des DRB vers l'UE. La couche SDAP de l'UE conserve toutes les règles de correspondance entre QFI et DRB, et les paquets de données sont acheminés en interne vers les interfaces de socket de la couche d'application dans l'UE sans aucune extension spécifique au 3GPP, par exemple sous forme de paquets IP.

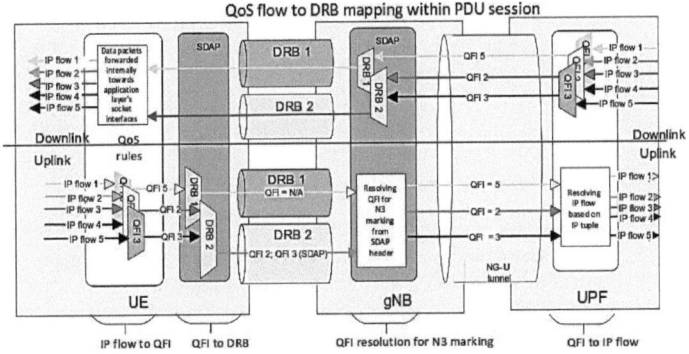

Fig. 5.7 Correspondance entre le flux de QoS et le DRB.

En UL, la couche application de l'UE génère des paquets de données qui sont d'abord comparés à l'ensemble des filtres de paquets installés à partir des ensembles de filtres de paquets dans l'UE. Les ensembles de filtres de paquets sont vérifiés dans l'ordre de priorité et lorsqu'une correspondance est trouvée, un QFI est attribué au paquet de données. Le QFI attribué et le paquet de données sont envoyés à la couche SDAP de la strate d'accès (AS) de l'UE qui effectue une mise en correspondance du QFI avec le DRB à l'aide des règles de mise en correspondance disponibles. Lorsqu'une correspondance est trouvée, le paquet de données est envoyé sur le D R B correspondant, et s'il n'y a pas de correspondance, le paquet de données est envoyé sur le DRB par défaut et l'en-tête SDAP indique le QFI de sorte que le NG-RAN puisse décider de déplacer le QFI vers un autre DRB. La configuration d'un DRB par défaut est facultative, mais le 5GC peut fournir des informations supplémentaires sur le flux QoS indiquant qu'un flux QoS non-GBR est susceptible d'apparaître plus souvent que le trafic pour d'autres flux QoS établis pour la session PDU et que de tels flux QoS peuvent être plus efficaces s'ils sont envoyés sans en-tête SDAP, par exemple sur le DRB par défaut. Dans la figure 5.7, le QFI 5 est envoyé sur DRB1, mais comme il s'agit du seul flux de qualité de service, il n'est pas nécessaire d'inclure un en-tête SDAP, tandis que les flux de qualité de service 2 et 3 sont envoyés sur DRB2 avec un en-tête SDAP indiquant le QFI du paquet de données. Le NG-RAN utilise les informations disponibles pour décider comment marquer l'en-tête N3 de chaque paquet de données et transmet le paquet de données à l'UPF. L'UPF résout les paquets de données en flux IP, et l'UPF effectue également tout contrôle du débit binaire et toute autre logique conformément aux diverses règles N4 fournies par le SMF, par exemple le comptage.

5.8 Atténuer les menaces dans le réseau 5G

5.8.1 Protection de l'infrastructure du CEM

Le MEC est l'une des entités vulnérables dans un réseau 5G, car il est déployé à la périphérie du réseau. Le risque peut être minimisé en déployant un logiciel de protection des points d'extrémité dans l'hôte MEC. Les applications et services MEC peuvent être protégés et sécurisés en configurant et en appliquant des politiques spécifiques à l'application ou au service. Par exemple, en configurant un contrôle d'accès basé sur les rôles pour les administrateurs qui gèrent les applications et les services de la MEC.

En outre, il faut mettre en place un système de surveillance afin d'améliorer la visibilité des applications, des services et des composants de l'infrastructure du MEC. Par exemple, suivre les activités des différents administrateurs connectés, collecter l'utilisation des ressources du système et les instantanés des performances du système à différents intervalles de temps, etc. Comme la MEC est ouverte à plusieurs tiers qui peuvent y exécuter leurs propres applications personnalisées, il est préférable de déployer des pare-feu pour la protection contre le DDOS, les logiciels malveillants et l'API.

5.8.2 Protéger le cœur du réseau

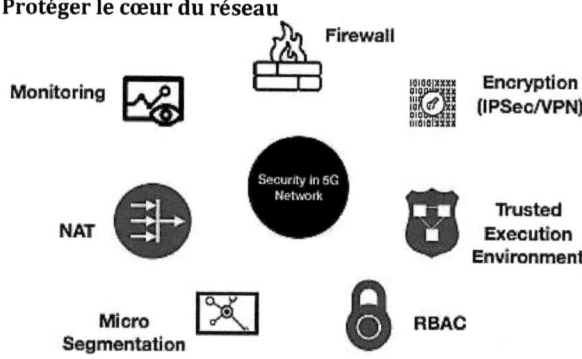

Fig 5.8 - PROTÉGER LE RÉSEAU DE BASE

Le réseau central peut être protégé à l'aide de plusieurs mécanismes. La micro segmentation est l'une des tendances émergentes dans le paysage de la sécurité. La micro-segmentation contribue à la protection du réseau central en permettant aux administrateurs de contrôler la communication entre les différents composants du réseau central. La micro segmentation permet de configurer des politiques à différents niveaux tels que le niveau de la machine virtuelle (VM), le niveau du système d'exploitation (OS), le niveau de l'application et le niveau du flux.

Les données échangées sur le réseau peuvent être protégées en les chiffrant à l'aide de méthodes traditionnelles telles que IPSEC et VPN. Le NAT permet aux administrateurs de réseau d'isoler certains réseaux internes et d'empêcher l'accès à ces réseaux depuis le monde extérieur. Les administrateurs de réseau peuvent déployer des fonctions CGNAT (Carrier Grade NAT) pour isoler les réseaux.

En outre, les fournisseurs de services peuvent déployer des pare-feu pour protéger le réseau et mettre en place une surveillance des fonctions du réseau central de bout en bout.

5.8.3 Protéger l'infrastructure virtualisée

La 5G apporte une complexité supplémentaire aux équipes opérationnelles dans le déploiement, la gestion et la sécurisation de l'infrastructure du réseau - car plusieurs composants de la 5G sont déployés dans une infrastructure virtualisée. Afin de protéger les fonctions de réseau virtualisées (VNF), les fournisseurs de services doivent activer des fonctions de sécurité au niveau du DNS pour empêcher les mauvais domaines et les mauvais interlocuteurs d'accéder au réseau.

Les équipes d'exploitation du réseau doivent déployer des logiciels de sécurité qui bloquent les VNF compromis, empêchent les sauts de VM et bloquent les paquets d'images de conteneurs présentant des vulnérabilités. En outre, les composants de l'infrastructure virtualisée doivent être surveillés en permanence pour une protection accrue.

5.8.4 Protection des dispositifs CPE et Small Cell

Dans le cadre de la 5G, plusieurs équipements tels que l'équipement de l'abonné (CPE) et les petites cellules sont déployés plus près de l'utilisateur ou dans ses locaux. Dans de tels cas, le chiffrement des données sensibles stockées dans des lieux physiques non sécurisés est indispensable. Tous les équipements CPE ou les petites cellules qui se connectent au réseau 5G du fournisseur de services devraient valider les microprogrammes et les logiciels de manière cryptographique au moment du démarrage. Lorsque des progiciels vulnérables sont détectés, les équipes de sécurité doivent être alertées et le logiciel doit être ramené à une version de confiance. Les appareils peuvent fournir un environnement exécutif de confiance (TEE) pour isoler les applications résidentes sur les appareils, en tirant parti des capacités matérielles. Chaque appareil se connectant au réseau doit s'authentifier au moment de la connexion au réseau. Cela peut être réalisé par une authentification basée sur un certificat. Les fournisseurs de services peuvent préprovisionner les informations d'identification de l'appareil dans le certificat et les installer sur l'appareil avant de l'envoyer sur le terrain.

En outre, la localisation de l'appareil peut être suivie en continu en intégrant une puce GPS dans l'appareil. La localisation de l'appareil peut être validée au cours du processus d'établissement de la connexion.

5.8.5   Principaux risques de sécurité pour les réseaux 5G

La gestion des risques de cybersécurité est un défi que l'on rencontre dans tous les aspects de l'infrastructure informatique. Cependant, le paysage des menaces se modifie quelque peu lorsqu'il s'agit des réseaux 5G. Les réseaux 5G introduisent de nouveaux risques de sécurité et exacerbent les risques existants. La complexité et l'interconnexion accrues des réseaux 5G créent davantage d'opportunités pour les attaquants d'exploiter les vulnérabilités.

Voici quelques-uns des principaux risques de sécurité liés à la 5G :

1. **Attaques par déni de service (DoS)** : Les réseaux 5G sont plus vulnérables aux attaques par déni de service, qui peuvent submerger un réseau par un flot de trafic et le rendre indisponible pour les utilisateurs légitimes. Cela peut être particulièrement perturbant pour les infrastructures critiques telles que les hôpitaux et les centrales électriques.

2. **Écoute clandestine** : Les réseaux 5G utilisent un cryptage plus avancé que les générations précédentes de réseaux cellulaires, mais ils offrent toujours de nouvelles possibilités d'écoute. Par exemple, les attaquants peuvent être en mesure d'intercepter et de décrypter les communications entre les stations de base 5G et les appareils des utilisateurs.

3. **Logiciels malveillants :** les réseaux 5G devraient prendre en charge un large éventail d'appareils, y compris des appareils IoT, qui sont souvent moins sécurisés que les appareils informatiques traditionnels. Les attaquants ont donc la possibilité de diffuser des logiciels malveillants sur ces appareils, ce qui peut compromettre la sécurité de l'ensemble du réseau.

4. **Attaque de la chaîne d'approvisionnement :** Les réseaux 5G sont des systèmes complexes construits à partir de composants provenant d'un large éventail de fournisseurs. Si un attaquant parvient à compromettre l'un de ces fournisseurs, il peut être en mesure d'introduire des vulnérabilités dans le réseau.

5. **Mauvaises configurations** : Les réseaux 5G étant complexes, il est possible que les administrateurs de réseaux fassent des erreurs lors de leur configuration, créant ainsi des vulnérabilités que les attaquants peuvent exploiter.

6. **Menaces internes : Les** réseaux 5G reposent sur un grand nombre d'appareils et de connexions, et utilisent des protocoles plus complexes, ce qui peut les rendre plus difficiles à sécuriser. Cela augmente le risque qu'un initié mal intentionné exploite les vulnérabilités du réseau.

7. **Manque de normalisation** : La technologie 5G étant relativement nouvelle, il y a encore un manque de normalisation en termes de protocoles de

sécurité. Il peut donc être difficile pour les opérateurs de réseaux de garantir la sécurité de leurs réseaux, car ils ne peuvent pas toujours s'appuyer sur des normes largement adoptées.

8. **Cyber-espionnage : les** réseaux 5G sont également vulnérables au cyber-espionnage car ils devraient prendre en charge un large éventail de cas d'utilisation, tels que l'internet des objets (IoT) et les véhicules autonomes, ce qui peut encore augmenter la surface d'attaque et le point d'entrée potentiel pour les pirates informatiques.

9. **Interopérabilité :** les réseaux 5G sont conçus pour fonctionner de manière transparente avec les réseaux cellulaires plus anciens, ce qui peut créer des opportunités pour les attaquants d'exploiter les vulnérabilités de ces anciens réseaux afin de compromettre la sécurité du réseau 5G.

Comment atténuer les risques liés à la sécurité de la 5G ?

Pour atténuer ces risques, il est essentiel que les opérateurs de réseaux, les fournisseurs et les régulateurs travaillent ensemble pour développer et mettre en œuvre des mesures de sécurité robustes pour les réseaux 5G. Ces mesures pourraient inclure la mise en œuvre de processus de développement de logiciels sécurisés, la réalisation d'évaluations régulières de la sécurité et l'obligation pour les fournisseurs de divulguer les failles de sécurité de leurs produits.

Voici quelques éléments qui pourraient vous aider à atténuer le risque de cybersécurité associé à la 5G :

- Mise en œuvre de processus de développement de logiciels sécurisés
- Procéder à des évaluations régulières de la sécurité
- Demander aux vendeurs de divulguer les failles de sécurité de leurs produits
- Mise en œuvre de protocoles de sécurité robustes
- Utilisation de solutions de sécurité telles que les pare-feu, les systèmes de détection d'intrusion et le cryptage.
- Utilisation de l'IA et de la ML
- Programmes réguliers de formation et de sensibilisation pour les employés
- Une meilleure collaboration entre les équipes de sécurité

Networks	Security Mechanisms	Security Challenges
1G	No privacy measures or explicit security	Eavesdropping, call interception
2G	Encryption-based protection and Authentication, anonymity	Radio link security, spamming, Fake base station and one way authentication
3G	Introduced AKA, secure access to network, adopted the 2G security, and 2 way authentication	Encryption keys security, IP(Internet protocol) traffic security vulnerabilities and roaming security
4G	Introduced EPS-AKA and trust mechanisms, integrity protection, 3GPP and encryption keys security	Increased IP traffic induced security on long term keys. Make it unsuitable for security of massive IoT

Tableau 5.1. Aperçu de la sécurité de la 1G à la 4G.

En partant des réseaux mobiles de première génération qui présentaient des problèmes de sécurité tels que la mascarade, le clonage d'utilisateurs et l'interception illégale, Wey et al. (1995), comme le montre le tableau 1, les réseaux de deuxième génération (2G) ont ensuite été confrontés aux problèmes du pompage de fausses informations et du spamming par le biais d'attaques généralisées et de la transmission d'informations redondantes. Cependant, les réseaux de troisième génération ont été confrontés au problème principal, en raison du service basé sur le protocole IP, qui a permis d'introduire les problèmes de sécurité de l'internet dans les réseaux mobiles. Ce problème continue de s'aggraver dans la quatrième génération (4G), car l'utilisation d'appareils basés sur le protocole IP augmente avec le temps. Ahmad et al. (2017). Dans la cinquième génération (5G), l'utilisation d'appareils IoT augmente, en raison de leur disponibilité dans presque tous les endroits possibles, qu'il s'agisse d'une école, d'un hôpital ou d'une maison, l'amalgame d'appareils et de services est en plein essor, ce qui suscite davantage de préoccupations en matière de sécurité. Les solutions utilisées jusqu'aux réseaux 5G ne suffisent plus à répondre aux besoins des systèmes et réseaux plus avancés. Le réseau en constante évolution exige désormais des solutions plus dynamiques Noohani et Magsi (2008). Les réseaux 6G sont plus avancés que les réseaux 5G Tariq et al. (2019), ce qui nécessite une plateforme plus sûre et plus sécurisée. Par exemple, la multi-location et la virtualisation, les mêmes réseaux mobiles sont partagés par différents services, n'étaient pas présents dans les réseaux précédents. La latence d'authentification dans les drones et la communication véhiculaire n'étaient pas des latences exigeantes. En résumé, les architectures de sécurité des réseaux précédents n'étaient pas aussi solides que celles nécessaires à la 5G ou à l'ère postérieure. En outre, il existe de nombreux nouveaux concepts et solutions qui pourraient être utilisés. Par exemple, les concepts de SDN Hu et al. (2014) : Permet la softwarisation de la fonction réseau (fournit des réseaux plus flexibles et une portabilité facile) en séparant les plans d'acheminement des données et le contrôle du réseau.

Cloud Computing Rost et al. (2014) : un moyen efficace de maintenir des données, des services et des applications sans posséder d'infrastructure. Virtualisation des fonctions du réseau (NFV) Han et al. (2015) : Elle place de nombreuses fonctions de réseau dans des zones de réseau séparées et supprime la nécessité d'un matériel ou de fonctions spécifiques au service.

Toutes ces technologies fonctionnent en termes de coûts et d'efficacité. Malgré cela, toutes ces technologies ont leurs problèmes de sécurité. Les entités de gestion de la mobilité (MME) et les serveurs d'abonnés domestiques (HSS), qui contiennent des informations personnelles, des données de facturation et d'autres informations, sont vulnérables en cas de violation de la sécurité.

De même, le SDN fusionne la logique de contrôle du réseau dans des contrôleurs SDN, qui restent plus exposés au risque d'être attaqués par des pirates informatiques par épuisement des ressources ou déni de service (DoS). La même chose pourrait se produire dans les NFV, connus sous le nom d'hyperviseurs. Ainsi, pour fournir un réseau plus sûr dans la 6G, il est nécessaire de mettre en évidence les lacunes de ces technologies et de trouver des solutions possibles.

Question à deux points Réponses

1. **Quelles sont les exigences du système ?**

Lors de la conception du système 5G, le 3GPP s'est mis d'accord sur des exigences de sécurité globales telles que le système devant prendre en charge, par exemple, l'authentification et l'autorisation des abonnés, l'utilisation du chiffrement et la protection de l'intégrité entre l'UE et le réseau, etc. pour la norme SG.

2. **Quels sont les inconvénients de l'utilisation de la même clé dans les systèmes cryptographiques ?**

- Un attaquant parvient à récupérer la clé de chiffrement en cassant l'algorithme de chiffrement et apprendrait en même temps la clé utilisée pour l'authentification et la protection de l'intégrité.
- Les clés utilisées pour un accès ne doivent pas être les mêmes que celles utilisées pour un autre accès.
- Les clés récupérées par un attaquant lors d'un accès avec des caractéristiques de sécurité faibles peuvent être réutilisées pour casser des accès avec des caractéristiques de sécurité plus fortes. La faiblesse d'un algorithme ou d'un accès se propage donc à d'autres procédures ou accès.

3. **Définir la protection de la vie privée.**

- Des mesures de protection de la vie privée sont disponibles pour garantir que les informations relatives à un abonné ne soient pas accessibles à d'autres personnes. Il peut s'agir de mécanismes garantissant que l'identifiant permanent de l'utilisateur n'est pas envoyé en texte clair sur la liaison aérienne.
- Si les informations sont envoyées en clair par voie hertzienne, cela signifie qu'une personne qui écoute pourrait détecter les mouvements et les déplacements d'un utilisateur.

4. **Énumérer les différents groupes ou domaines de l'architecture de sécurité.**

1. Sécurité de l'accès au réseau
2. Sécurité du domaine du réseau
3. Sécurité du domaine de l'utilisateur
4. Sécurité du domaine d'application
5. Sécurité du domaine SBA
6. Visibilité et configurabilité de la sécurité.

5. **Définir ARPF.**

L'ARPF (Authentication credential Repository and Processing Function) contient les informations d'identification de l'abonné, c'est-à-dire la ou les clés à long terme, et l'identifiant de l'abonnement SUPI. La norme associe l'ARPF à l'UDM NF, c'est-à-dire que les services ARPF sont fournis via l'UDM et qu'aucune interface ouverte n'est définie entre l'UDM et l'ARPF.

6. **Définir l'AUSF.**

L'AUSF (AUthentication Server Function) est défini comme un NF autonome dans l'architecture 5GC, situé dans le réseau domestique de l'abonné. Elle est chargée de gérer l'authentification dans le réseau domestique, sur la base des informations reçues de l'UE et de l'UDM/ARPF.

7. **Définir SEAF.**

La SEAF (SEcurity Anchor Function) est une fonctionnalité fournie par l'AMF et est responsable du traitement de l'authentification dans le réseau de desserte (visité), sur la base des informations reçues de l'UE et de l'AUSF.

8. **Définir le SIDF**

Le SIDF (Subscription Identifier De-concealing Function) est un service offert par l'UDM NF dans le réseau domestique. Il est responsable de la résolution du SUPI à partir du SUCI.

MODÈLE DE QUESTION PAPIER-1

Partie A

1. Définir l'unité de bande de base (BBU).
2. Énumérer les modes disponibles dans la couche RLC.
3. Expliquer le concept de préfixe cyclique dans l'OFDM.
4. Quelles sont les fonctions utilisées dans l'architecture du réseau central 5G ?
5. Énumérer les considérations de sécurité nécessaires pour l'architecture et le noyau 5 G.
6. Avantages des couches fonctionnelles de la MEC.
7. Définir les ondes du multimètre.
8. Définir le terme "drone".
9. Quels sont les défis de la 5G ?
10. Quels sont les différents groupes de l'architecture du domaine de sécurité de la norme 3GPP TS 33.5017 ?

Partie B

1. (a) Expliquer en détail l'évolution des réseaux d'accès radio.
   (OR)
1. (b) Quelle est la nécessité de la 5G. Comparez et opposez les technologies 4 G et 50.

2. (a) Expliquez en détail l'architecture du réseau central de la 5G.
   (OR)
2. b) Expliquer en détail l'architecture basée sur les services 5GC (5G Core) avec toutes les illustrations de services.

3. a) Expliquez en détail les protocoles 5G.
   (OR)
3. b) Définir l'informatique périphérique multi-accès. Avec un diagramme soigné. Expliquer en détail l'architecture MEC.

4. a) Expliquez en détail la gestion de la mobilité 5G.
   (OR)
4. b) Expliquez, à l'aide d'un schéma précis, ce qu'est la radio cognitive basée sur la technologie 5G.

5. a) Expliquer en détail la sécurité du domaine du réseau 5G.
   (OR)
5. b) (i) Expliquez en détail les notions de QoS et de sécurité du domaine des utilisateurs.
(ii) Expliquer en détail les techniques d'authentification primaire basées sur l'AKA 5G.

MODÈLE DE QUESTIONNAIRE - 2

Partie A

1. Comment l'Edge computing joue un rôle important dans la technologie 5G.
2. Énumérer les avantages de MMTel.
3. Illustrer la réponse à la demande - Service NF dans l'architecture basée sur le service 5GC.
4. Définir le découpage du réseau.
5. Dressez la liste des menaces de sécurité qui pèsent sur le réseau SDN.
6. Définir NAS.
7. Quels sont les éléments de l'assistance 5GC pour l'optimisation du réseau RAN ?
8. Définir CR
9. Définir le vecteur d'authentification transformé.
10. Définir la séparation des clés.

Partie B

1. (a) Expliquer en détail la prochaine génération (NG-Core) avec l'architecture de base.
(OR)
1. (b) Définir le CPEV. Pourquoi en avons-nous besoin ? Qui en a besoin ? Expliquer en détail les principaux éléments constitutifs du CEPV.

2. (a) Définir RATS. Avec un diagramme de configuration soigné. Expliquez en détail les technologies d'accès radio.
(OR)
2. (b) À l'aide d'un diagramme soigné, expliquez en détail l'architecture simplifiée de l'EPC 5G. Expliquez en détail l'architecture simplifiée de l'EPC 5G.

3. (a) Expliquer en détail le découpage du réseau.
(OR)
3. (b) Expliquez en détail les types de modes SSC. Avec la procédure d'établissement de session.

4. (a) Discutez en détail du commandement et du contrôle.
(OR)
(b) Expliquer en détail le partage et l'échange de fréquences.

5. (a) (i) Quels sont les défis du réseau 5G ?
(ii) Mentionner les exigences et les services des systèmes 5G.
(OR)
(b) Expliquez, à l'aide d'un diagramme soigné, le cadre de qualité de service basé sur le flux.

Références :

1. Réseaux centraux 5G : Powering Digitalization , Stephen Rommer, Academic Press,2019 2.
2. Introduction aux réseaux sans fil 5G : technologie, concepts et cas d'utilisation, Saro Velrajan, première édition, 2020.
3. La 5G simplifiée : L'ABC des communications mobiles avancées Jyrki. T.J.Penttinen, Copyrighted Material.
4. Conception du système 5G : An end to end Perspective , Wan Lee Anthony, Springer Publications,2019.
5. Comparaison des réseaux sans fil 3G et 4G, International Research Publication House
6. https://www.raconteur.net/technology/4g- vs-5g-technologie-mobile
7. Comparative studies on 3G,4G and 5G wireless technology, IOSR Journal of Electronics and Communication Engineering (IOSR-JECE).
8. Étude comparative de la 3G et de la 4G dans la technologie mobile, IJCSI International Journal of Computer Science

I want morebooks!

Buy your books fast and straightforward online - at one of world's fastest growing online book stores! Environmentally sound due to Print-on-Demand technologies.

Buy your books online at
www.morebooks.shop

Achetez vos livres en ligne, vite et bien, sur l'une des librairies en ligne les plus performantes au monde!
En protégeant nos ressources et notre environnement grâce à l'impression à la demande.

La librairie en ligne pour acheter plus vite
www.morebooks.shop

 info@omniscriptum.com
www.omniscriptum.com

Printed by Books on Demand GmbH, Norderstedt / Germany